风格与创造力
——设计认知理论

陈超萃　著

天津大学出版社
TIANJIN UNIVERSITY PRESS

图书在版编目（CIP）数据

风格与创造力：设计认知理论/陈超萃著. —天
津：天津大学出版社，2016.12
ISBN 978-7-5618-5718-2

Ⅰ．①风… Ⅱ．①陈… Ⅲ．①建筑设计–理论研究
Ⅳ．①TU201

中国版本图书馆CIP数据核字（2016）第290752号

策划编辑	韩振平　郭　颖
责任编辑	郭　颖
装帧设计	谷明杰　蒋东明　魏　彬　等

出版发行	天津大学出版社
地　　址	天津市卫津路92号天津大学内（邮编：300072）
电　　话	022-27403647
网　　址	publish.tju.edu.cn
印　　刷	北京信彩瑞禾印刷厂
经　　销	全国各地新华书店
开　　本	160mm×235mm
印　　张	22.5
字　　数	367千
版　　次	2016年12月第1版
印　　次	2016年12月第1次
定　　价	98.00元

给鸿经、元中及佳欣
To HungChing, Dexter, Virginia

前言

　　设计这个观念可由两个角度来解读，一个是从内心的活动行为过程看设计，另一个是根据设计产品的造型来分析。心智活动行为方面的解释是指解析所有推敲、酌量、盘算的心智活动。设计产品方面的分析则是指分析人类为满足某些目的做出的心智产物。前者的行为考虑是指程序性的心智盘算活动，后者则是心智盘算之后的心智结果。两个角度都是解释经过一系列操控许多不同的外在信息（感官领受），配合内在信息（智能），经历必要的心智程序，然后在心中合成，进而创造出一个能满足一些要求并符合一些约束限制（Constraint）的人造物品。这些在设计者脑海中所发生的一系列心智活动就被称为设计思考或设计思维。

　　到目前为止，研究设计思考的学者，已经从解题理论（Problem Solving Theory）、人类认知以及"信息理论学"等角度切入，解释设计是如何成形，设计者用什么方法创出一个设计成果以及如何能精确地形容设计从头到尾生成的因果关系等。关于这些相关的论题，在学界也出版了不少研究报告。然而在整个思考过程及其生成产品的关系里，有一些现象在过程中因运用某些认知形态而在产品中产生特征显现。这些现象，称为风格（Style）及创造力（Creativity），也被认定是因思考某些认知因素的操作而生，并用来区分设计的风格形式，划分建筑的类别及证实设计的创造能力。事实上，风格和创造力两者有某些程度上的关联性。我们必须深入了解心智是如何达到风格和有创意的界面的，唯有明确了解之后才能改进设计效率。但风格和创造力在设计思考中的本质以及两者在思考中的相关性，还没有被系统化地从认知、解题（Problem Solving）和信息处理的角度解释过，这就是本书要研究的重点。

　　中文里，说明人类对事情的看法、领会及做法是否推陈出新，

Preface

会用"创意"这词形容。创意在百度百科中的拆词解释,"创"是创新,"意"是意识、观念、智慧和思维。结合两字,"创意"则说明了"创造意识",指的是"对现实存在事物的理解以及认知,所衍生出的一种新的抽象思维和行为潜能"。但百度百科中独缺了对"创造力"一词的解释。本书开启一个新尝试,为创造力下定义——驱动创意生成的幕后"认知力量",从认知角度广义说明思维中创意背后的创新力量和潜能,也对创造力和风格发展出一个新理论。

至于本书是如何写成的,它起源于1983年我在匹兹堡卡耐基梅伦大学念博士学位时,由于我对设计思考有兴趣,所以花了很长时间研究设计大师是用什么策略方法做出他们的耀眼设计的,结果发现:设计其实就是由人类的认知来操控问题解决的程序。于是我修了许多"认知心理学(Cognitive Psychology)"的课,试着探讨研究设计思考的一些方法。那时,在心理学界,John Anderson正在发展记忆网络中以"相关性"联结智慧的理论架构,David Rumelhart(戴维·鲁姆哈特)也提出了"平行分布处理"的心智运作概念,Alan Newell则构思建立一个整体性的认知架构(SOAR,State,Operator and Result),这些当年盛行的独特研究构想带给我许多启发。于是,一系列的心理实验也因此开始,逐步探讨设计中的心理认知和思考过程。

第一个心理实验是在1985年完成的,这个研究是比较初学设计者和设计专家的心智影像及他们心中所存"表征"的不同之处。由录像带的数据发现,设计专家比初学者有更多成套的丰富的心智影像(Mental Image),也更系统地记在脑海中并被回忆出。这些成套有系统的智能模式,提供给设计专家许多机会,使他们能快速而且轻易地

前言

把影像作组合创新（Innovation），这也解释了为何设计专家比初学者有更强的创造力，因为老手已经花了很多时间、功力在实际操作设计上，成套的知识版本已经酝酿成熟，存在脑海中了。

第二个实验是在1986年，利用原案口语分析法（Production System）研究建筑师在做设计时是怎么想的。在该研究方案中，许多研究课题被精细地发展出来，包括将实验的操作过程程序化，所以口语数据的收集就更有规律，也因此研究出了将口语原始数据（Verbal Data）转化成口语信号的方法，落实了解析口语信号的程序以及如何系统化地将口语数据转换成解题行为图解等。事实上，在1986年前后，以"口语分析法"研究设计认知（Design Cognition）行为的方法还没有被明确运用过，因此我花了很多时间琢磨，试探所有分析数据的可能方法。幸亏那时我人在匹兹堡卡耐基梅伦大学，有幸能与心理系的前辈大师及学界先驱一起讨论，才有机会把在设计中的应用方法给予正确定义。这个实验引起了我的注意和兴趣，也因此让我走上了研究风格的道路。

在研究风格时，我探讨了风格的历史渊源，也用案例分析法在1988年年初首先分析了赖特（Frank Lloyd Wright）是如何创造出他的风格，然后归纳分析结果，设定一系列的风格理论（Theory of Style）框架。从那年年底开始，由产品的角度，先后设定假说，以四个心理实验测度出风格的执行定义、风格的测度以及风格的辨认等，并核实了假说所设定的预期结果。1989年年初，第七个实验开始探讨风格的生成因素，漫长的实验为期三个月，通过观察一位在匹兹堡成功执业的建筑师八个实际设计过程，来解析风格的实际生成因素。当然"原案口语分析法"是这个实验中的主要实验手法，也因此收集到大量的第一手设计思考数据，

Preface

并由之测定了这一系列实验中所设定的许多理论假说。该实验的最终目的是设定设计风格的认知理论。

在艾奥瓦州（或称衣阿华州或爱荷华州）州大开始授课后，我曾被几个学校邀请客座讨论"口语分析法"及其在建筑中的应用。这些年来，在执教和科研之中，也陆续用同样的实验技巧研究了为何一些设计师会比其他人更有创造力和风格度，是什么认知因素创出风格和创造力，其结果又有什么不同。在2000年第八个实验完成用口语数据分析设计的专业知识和风格的相关性之后，我就开始用案例分析法剖析设计思考。2001年以来，先后完成了五个案例，解读了几位大师的作品，由线索提供的证据发现了风格和创造力之间的关系，本书就要仔细讨论这些现象及其相互之间的关系。

本书的整个思想框架是先从英文版着手，写完英文版后再写中文版。因为整个"认知科学（Cognitive Science）"的学问源起于西方，所以整个学科的介绍就离不开西式的研究写作法。之后再以中文语法妥切解释西式科学的内涵。过程很吃力，也极富挑战性。尤其是引用英文文献及作者姓名时，如以中文直接音译，结果会变成一堆无意义的符号，也会让读者觉得很怪异。一些新的专有名称，在国内还没有被普遍接纳的翻译出现时，就很困扰，所以我在适当的时候采用中、英文并列的方法，也因此增加了篇幅。最后，我得强调，设计是一种技巧，我们必须学习如何做设计，如何想设计。同样地，我们也必须学着如何生成"个人设计风格"，也要学习如何创作，如何促成并加强"个人创造力"。这就是本书为何要试着提供这些数据的原因以及所要讨论的重点。希望一个风格和创造力的认知理论在本书中被深入完整地表达出来。

陈超萃于埃姆斯、爱荷华州立大学

感言

本书中把风格及创造力看成是两种"实体"（即不是观念性虚体）概念的研究，是在匹兹堡卡耐基梅伦大学奠定下的基础，并在爱荷华州立大学进一步展开。很幸运我在卡耐基梅伦大学有很好的环境，在奥码·艾肯（Omer Akin）、约翰·海斯（John Hayes）及司马贺（Herbert Simon）三位大师指导下做研究。奥码·艾肯带领我用心理学探讨建筑设计，他的严厉批评，让我的观念发展得更扎实。我对他们在实验室空间和器材设备上的赞助更是感激，因为这些昂贵仪器是收集研究数据及分析数据的主要工具。没有这些仪器设备，实验是做不出的。

我也得感谢约翰·海斯在风格实验系列中提供的帮助。没有他开的大学一年级"心理学"课程，没有同学在风格实验中的参与，风格是无法明确地以科学方法定义出的。在许多定期会面中，海斯给的评论和建议也让我深刻地了解到如何运作心理实验，如何分析数据。他的聪敏机智和在解题理论上的专长，激励我后来在创造力上的研究。

司马贺是智慧上、哲学上和灵性上影响我最深的长者。他介绍我如何以认知科学将思考模式化。由他处，我学到科学和艺术不是相互独立的。经由他，我了解到当你将自己开放到科学领域中、面对科学的广阔空间时，才会知道什么是做科学性研究的精准本质要求。也从他那里，我更了解到什么才是"最先进的境界"。但最重要的，是从他处，我学到是什么造就了一个好的而且令人尊重的科学家——能够捕捉到并做出最深入的发现。

非常感谢卡耐基梅伦大学参与我七个实验的所有受测者，包括学

Acknowledgements

生和教授。没有他们的参与，不可能收集到许多有价值的心理数据，从而证明实验中的假说，并且让"风格认知理论"更为扎实。尤其是理查德·克里瑞（Richard Cleary），他当年参与了风格测度实验，并对我早期研究赖特风格的项目提供绝佳反馈。另外一位重要的受测者是伦纳德·佩尔菲多（Leonard Perfido），佩尔菲多事务所（L. P. Perfido）的主持人，一位匹兹堡杰出的执业建筑师。他在三个月内花了许多时间在实验室中闭门做他的设计实验案，提供了非常丰富的口语数据，是令我尊敬的建筑师之一。

本书的最终理论是在爱荷华州大成形的。我得感谢同人，戴维·布洛格（David Block）参与了我研究专业知识是如何影响独特设计风格的生成一案。此外，我也得感谢这些年来在新竹交通大学、应用艺术研究所建筑组（1997年及1998年）、云林科技大学（2005年秋）、成功大学（2005年秋）及爱荷华州大修过我课的学生在课堂上的相互讨论及辩证。也因为这些讨论激发出了创造力和风格间（Between Style）关联性的概念。特别是在爱荷华州大设计学院2011年秋季班及天津大学建筑学院开的"设计认知及思考"选修课，让我有更多机会将这一理论逐步修订成一完整学说，体现了"思考什么是思考"的理论。另外，我也得感谢茉莉·布朗（Jasmine Brown）参与我指导的"重复性及韵律"研究案，并把她做出的设计图提供于书中第2章供参考。最后，如果没有2011年艾奥瓦州立大学出版基金（Publication Endowment Fund）和2014年秋季的教授专业发展项目（Faculty Professional Development Assignment, FPDA）之赞助，本书是写不成的。

感言

　　另外，书中许多图片取自网络"公有领域"，或细心挑自"知识共享授权"区的绝佳图片（Creative Commons License，网址为http://creativecommons.org），并依照"知识共享署名–相同方式共享"的惯例注明来源，做了参考交代，详细的版权规则内容可见维基百科网页说明。除此之外，还有其他来自第三者的图片，作者也尽全力联络所有图片的原创拥有者，但有些资源是转自其他资源，有些也已换了拥有者、失去通信地址。在这种情况下，如有参考漏失，则请读者告知，再版时会做修改。我也得感谢William Allin Storrer和Norman McGrath两位在学术和摄影领域的领军人物的慷慨支持，让我有幸自由使用他们的宝贵图片。

　　关于本书中文版，我得特别感谢天津大学出版社韩振平副社长的鼎力相助和郭颖编辑的专业设计以及戴路教授最后的结稿修订，没有这些专业的协助，本书中文版是难以出版的。最后，还要衷心谢谢家人的宽容，让我腾出许多时间专心完成本书的中英文两版。本书同时也是中国建筑工业出版社已经出版了的《设计认知：设计中的认知科学》一书之延续。

目录

Contents

目录

Contents

第1章　绪论

设计思考过程，从20世纪70年代起就开始被研究。其目的在于探讨设计师做设计时，整个智慧酝酿、知识运作、寻找策略、交付行动并付诸实现的心智现象。这些也就是心理学中的"认知现象"。经过这些年来的成果积累，所有与心理活动有关的设计过程，都被归纳成一种特殊的认知领域和特别的心理行为，被定名为"设计认知"。设计认知专注于探讨人类如何进行吸收、处理、生成、储存、回收及重复使用与设计相关知识的程序，并产生设计结果的心理过程。这些过程就是设计的"思考过程"。过程中的某些现象，不仅与其他学科领域中的思考方式不同，而且也是把设计观念由草案落实成实物的独特推动力。在这些心智活动及思考过程背后所存在的某些推动力，会铸造出一些"产品特征"浮现在成品中。这些产品特征，经由观者的视觉处理，可分辨出是该产品设计师的"个人设计风格"。也正因为设计风格的存在，杰出的设计产品会易于被公众认同，并且好的风格也会变成文化的象征之一。

有名的美国家庭用品，由迈克尔·格雷夫斯（Michael Graves）为艾烈希公司（Alessi）于1985年设计，并由塔吉特（Target）百货于1999年生产的水壶，就证明产品的特征是会形成公众声望的，同时也改变了今日美国人对家庭用品设计的看法。因为其他工业设计师在此水壶出现后，也群起追随同样的水壶风格，所以格雷夫斯引领的水壶设计风格确实改革了小件家庭用品设计的潮流。因此，设计"风格"的力量是强烈到足够带动文化、驱动设计风潮的。但在风格的本意解释上，却有不同的解读版本。例如，2012年3月美国《时代》杂志重新推出《时代风格与设计》的春季刊，介绍该季当时所发生的前卫艺术及建筑、室内及汽车设计，衣食住行等衍生出的设计作品。如编者在来信中所强调的：“风格不是事物的表面，而是固有的本质。不是包装的百合花装饰，而是百合花本身。”这本刊物刊出的是风格所呈现出的视觉现象，这是一种了解风格文化的方式。但本书所讨论的风格，却是从设计师的设计方法和方式角度切入的，研究风格是如何营造出心智活动以及如何辨识风格。

在这些心理现象之后，另一些认知性原动力会造成一个设计成品具有与众不同的设计成果。一个与众不同的产品具有以下的特性：它是有“价值的”，创造出的行为是“空前的”，并且是由一些特殊的“心智活动”所造成，这些特殊的“心智活动”即是“创造力”的来源。因此，独创之作必须是首创而且是原始的创作品。杰出的独创之作一般也被评定为有文化影响、公众共识并对社会有益的产品。因此，创造力和风格对产品及文化价值的影响甚大，也是两种影响设计产品的人类认知因素运作后的成果。如果这些认知现象和认知因素能被深入了解，则个人风格（Individual Style）和创造力都可被有意识地经由认知的角度改进增强，从而设计品质就能得到提升。例如，20世纪末及21世纪初的苹果公司产品就是很好的例子。史蒂夫·乔布斯（Steve Jobs）主导的苹果数码电子产品，不只将美学至上的设计理念做出一些独特的简约使用及便利的设计风格，带动了新潮流影响全世界，而且其思考方式也为设计工程、营运及管理开创出一个运用创造力的重要典范模式。但完整解说这些风格及针对创造力因素的研究，在本书之前尚未被充分体现。本书将率先由设计认知的方向，有条理地解说个人风格和创造力在认知方面所形成的因果关系。书中大多引用与建筑相关的例子，有些建筑物名称仍然用原有英文名，以免产生音译之后的误差，保持正确性。

本书共分为9章，重点是从认知科学的角度来看风格和创造力两者在人类思考中发生的过程。研究这两个主题的方法有些差别：风格部分专注在分析风格特征及生成特征的因素；创造力部分则集中在设计过程中生成创造力的认知因素。因为是探讨创造力发生的刹那过程，所以研究创造力的重点方向较偏向于设计过程中所用的特别设计方法，而非专注于探讨重复出现的设计形态。因此，对思考极端重要的设计表征（Representation）之生成原因以及表征对创造力的影响等内容就占了主要的篇幅，并且比其对风格的影响部分多些讨论。这也是因为表征对风格的形成有些间接而且无形的影响。

本书第2章详细介绍了"设计研究"的历史变化、设计认知的概念、解题理论以及所有与风格及创造力有关的认知因素。本章试图提供一个从认知科学角度看人类思考过程的透彻了解，并拟定所有在设计过程中可能形成风格和创造力的原因。因此，所有在设计过程中会发生的思考机制形态、思考方式和思考的策略，都以实例逐项简洁地加以说明。特别是生成风格和韵律（Rhythm）的主要认知机制的重复性，是以阿尔瓦·阿尔托（Alvar Aalto）的设计案例以及一位学生的设计作品作为解释这一理论的证据。理论上而言，如果要研究设计思考中的风格和创造力，势必涵盖下列的研究项目：①了解什么是人类认知；②对思考行为有一个全盘性的综合印象；③有足够的智慧，适当地运用研究方法探讨人脑在解决问题时，是如何处理内在的情报信息的；④深入确定生成风格和创造力的可能变量；⑤预测未来研究设计思考的方向；等等。本章包含所有这些研究项目，这些项目也是本书开宗明义的目的和专注的范围。

风格历来被看成是艺术的一部分，其哲学概念在19世纪之前也被看成是美学的一部分，19世纪之后才发生改变。因此，本书第3章就对19世纪前后的美学研究历史先做分析，解说艺术哲学观的先后变化，以作为背景资料。在20世纪后随之而发生的代表性之重要艺术运动也配以适当图像做解释。相对地，在风格上的先后之哲学性研究，包括音乐、绘画、工业设计、时装设计及建筑设计中的风格也同样做了历史性回顾。由于风格的本质定义是在文艺复兴时期（Renaissance）之后才开始被了解成形，的因此19世纪之前学者所认同的风格本质、学界所认定的风格特色及坊间流传的学说就在本章做了简单回顾，以提供一个完整的历史背景介绍。只有在20世纪中叶之后，才有学者提出风格的研究，进而转向探讨风格是如何由设计者创出。这些观念，特别是个人风格的概念，在本章就从设计成品和创作过程这两个角度做了明晰的解释。

第4章经由四个有系列的心理实验来解释风格的自然特质。比较了三位建筑师弗兰克·劳埃德·赖特的大草原风格、理查德·迈耶（Richard Meier）的现代风格以及查尔斯·穆尔（Charles Moore）的地域性本土风格（Vernacular Style）之后，风格的执行定义，即"特征定义出个人风格"的构想就在本章中提出，并通过第一个实验得到证实。该实验也证明风格间的风格度是由个人风格中的特征数决定，特征愈多就越能把风格凝聚成强风格。第二个实验比较了赖特的特征数群，从收集的实验数据中找寻风格在同样风格中的风格强度（Strength of Style）。结果证明在设计产品中存在的三个特征数是辨认该风格的最低门槛数，在产品中如有三个或小于三个特征数，则认出其风格的可能性就相对比较低。第三个实验探讨了赖特设计作品中，各种特征的出现率及其会被认出是草原风格的概率。于是测度风格（Measurement of Style）的观念在这个实验中证明了在产品中三个特征数是该风格会被认定的风格数。因此，产品中的特征数就被用来作为测度风格强度的尺度。在该实验的资料中同时发现特征和特征间会有互动，一些特征和某些特征在一起有比和其他特征在一起更容易被认出的高比例。第四个实验测试了特征的被辨认度，目的在于探讨特征被改变后的相似性。实验结果发现如果一个特征原形的几何性被改变多于40%，则变了形的特征就不再被认为是属于同一风格的特征，或者它并不属于该风格的特征类。这个结果，可以用来设定两个影像的相似度（Similarity），决定是否该归属于同一个特征，以判断其版权归属。

第5章由探讨驱动赖特于1900到1910年间做出草原风格的原动力，来解释风格是如何创出来的。这一案例明晰地说明如何用有系统的方法，辨识赖特重复特征的风格定义。于是通过研究赖特的本人著作以及他人写赖特的著作所收集到的资料，可以找到许多发生在他设计案中重复的设计因素，包括设计限制、方法和规则等。这些找到的认知因素也就更进一步地和其重复出现的实物造型特征相配对，并且归类出设计流程和特征间的关联性。研究结果发现赖特会重复使用许多个人偏好的特征（不少于6个）以及一套固定的设计限制、立面文法（Elevation Grammar，也称立面法则）、格网和单元系统于他草原时期风格（Prairie Style）的许多设计方案中。因为他不懈地使用如此多的因素而创造出相当多的特征，所以他的草原风格就强烈得足以能够被观者轻易辨出。

第6章则从设计过程的角度解释风格是如何在设计过程中生成的。这个观念类似于第5章探讨赖特草原风格的创造方法，但不同于第4章的案例分析法，本章的研究取自于八个正式的设计实验。通过对宾夕法尼亚州匹兹堡市一位著名建筑师的设计口语数据分析，落实了设计过程中所发生的与风格相关的认知形态。通过研究收集到的口语数据结果，发现这位建筑师重复使用了一些他自己从经验中发展出的个人设计文法以及往日设计过的旧案翻新等。他有一些确定的偏好特征会重复用在新的设计里。他也喜爱将光线引导入室内的方法。但因为他所重复使用的特征并不特别强烈明显，所以他的风格被看成是弱风格。本章就通过实验来解释是何种认知机制促成了个人设计风格的生成。回顾这几个章节，确实是构筑出了一个结构性的论述，解释了由认知方向看风格的本质（第4章）、风格的特色（第5章）以及风格在真正设计中是如何生成的（第6章）。这一系列的实验也为风格的认知学说提供了一个完整且严密的理论框架。

第7章介绍了不同领域对创造力的研究历程，包括社会心理学、个性心理学、认知心理学、工程、科学性发现、教育以及神经科学等，目的是探知所有这方面的过去研究及未来趋向。事实上，创造力这个名词，在文艺复兴之前的意思和用法与现代的词意和用法是不同的。在古代，创造力这个概念被认为来自第三者，即由美神或宙斯所赋予的灵感（Inspiration）鼓舞而成，并非来自于创作者的个人意识。在文艺复兴之后，创造力才开始被认为是人类个体的创造来源。到19世纪末期，创造力开始被科学化地用在研究智慧及杰出天才的智慧表现上。1950年开始，创造力在心理学上的研究就开始盛行，并且风起云涌、非常热烈。学者陆续从不同的角度设立了许多对创造力的理论定义，研究日常生活中的创造力，钻研创造力的层次，讨论评断创造力的方法，并测试在教学中增进创造力的教育及学习方法等，所有这些研究概念在本章中做了全面性的总述，希望能为设计创造力设置出一个概念性框架。

第8章介绍了在解题过程中具有创造力的所有认知因素，并利用案例做仔细分析。四位建筑大师的设计作品，包括赖特（Frank Lloyd Wright）、奥托·瓦格纳（Otto Wagner）、伦佐·皮亚诺（Renzo Piano）及安藤忠雄（Tadao Ando）等，都被引用为解释概念的例子。收集到的出版著作中的相关数据显示，风格强度和创造力程度之间确实存在着正比关系。赖特的风格是强风格，也是最杰出的创造者，具有最高度的创造力，因为他的作品有最多的特征数创出并展现出。瓦格纳有较少的特征在其设计生涯中被创出，而且也较少重复于不同的作品中，因此他的风格和创造力在这组中排名第二。安藤忠雄的设计显示出了一些特定的特征，展示了其风格及其独特的创造能力。他的设计更显示出表征这一个主要认知因素被他独特地应用到了极高的境界，因而产生了特别的风格和创造力。皮亚诺的部分设计则被看成是群体风格（Group Style）和群体创造力，因为他挂名的设计都是团队作品。通过这四个案例研究，风格和创作力在设计领域中的关联就被明晰地阐述了出来。

第9章是本书结论，对思考及认知的研究以及生成风格和创造力的认知机制做一总结。对将会生成风格和创造力的认知运作做了总结之后，一个风格和创造力的关联就以一个数学公式来表达。至于如何改进认知技巧以便改进风格和创造力，作为风格及创造力认知学说的一部分，也跟着于本章提出。它所定义出的学说也以生态有效度（Ecological Validity）做评估，证实本书所提的发现是否能够扩展到实际问题中并被有效地运用。最后，相关的未来研究，特别是与神经科学跨领域合作的相关研究也被简要提出，作为本书的最后结语。

本书中所有通过个案分析的概念以及通过心理实验证实而发展出的理论，希望能为业界，包括工业、建筑、图案、时装和工程执业设计师及相关领域学者提供一些启发及灵感帮助。书中第4章至第6章中的理论概念，有部分内容曾简短地于《设计研究》季刊、《环境及计划B：计划及设计季刊》和《建筑及计划研究季刊》中为文讨论过。但本书更深入地为"风格及创造力学说"（Theory of Style and Creativity）提供了详尽和完整的解释。对于未来的研究，希望能更深入地证实本书中所提出的一些理论和概念细节。本书的英文版已被世界著名的施普林格出版社（Springer）于2015年收录于"应用哲学、知识学及理性道德研究"（SAPERE）专辑系列，英文书名是 *Style and Creativity in Design*。中文和英文两版之间不是一对一的直译，而是采取不同的语法贴切地把同样的观念妥当地以不同方式解释出来，让中文读者能更深入地领悟如何科学地解读人脑思考行为和艺术现象。两版可以说是两本独立的书，而不是翻译本，不是一加一等于一，而是一加一等于二，欢迎对照中、英文两版进行阅读。

第 1 篇
概念框架

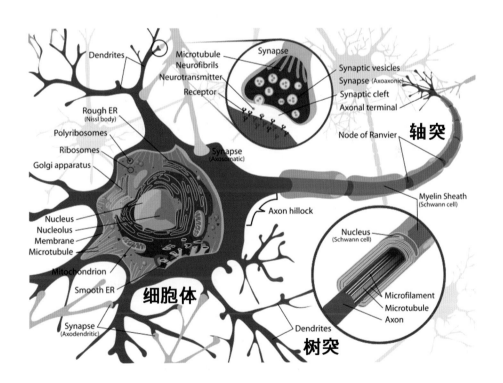

细胞体

轴突

树突

第2章　设计认知的介绍

2.1　设计的定义

设计，几乎是对世界上所有事情作构思及规划的活动，而且所有设计都具有一个基本特质，即所有设计都是被一些意念所驱动，经过一系列的行为体现而产生的某些设计结果。因此，设计是过程，是人造物品，是学科领域，是动词，也是名词。依美国传统英语字典的解释，做设计，从动作（动词）的角度看就是：①在心中构思或塑造出观念，即发明；②要达到一个目标或目的，即盘算；③创造或策划出一个特别目或特殊效果。如把这些定义综合成一个完整的概念性框架，那么设计就可以被解释成是在心中构想一个宗旨，编筑一个目标，或者策划一个目的的行动。在另一方面，对于设计，从实体（名词）的角度看则是：①一幅图画，或草图；②一个图形表征；③一个特别计划或方法；④一个有理有据的目的；⑤一个斟酌过的企图（American Heritage Dictionary，2014①）。这里，目的及企图都被看成是实体元素，因为它们是经过创造行为而衍生的产品。因此，设计是一件被创作出的物体，一个生成的方法，一个发展出的目的，或是一个为日常例行生活所孕育出的意图。依此而言，因为人随时随地都在做设计，所以设计应该被看成是人类生活中一个关键性的根本要素。事实上，它也是"人类智慧"的关键性构件之一。因此，设计值得我们严格地论述和认真地研讨。

如果从与制造人为对象相关的领域（如建筑、平面图案、时装、工业、

①美国传统英语字典，2014 年的网址：http://ahdictionary.com/。

室内装潢以及工程设计等）来看，则设计可被特别定义为："人类所有为满足一些需要而制造出一些物品，或为适应某些目标而作出一个结构体的创造性努力。这些努力要求专业地考虑美感、机能使用、社会象征和市场销售供求。"所有这些努力事实上也是为某些事情而考虑的，也是一种解决问题的活动，要求的结果虽然不一定是最美丽的物品，却也可以是令人满意的解答。但如果把这个定义浓缩，可简短地写成"设计是人类为满足某些功能而创造出满意的解答或美丽的人造物的现象"。这个定义就涵盖了设计活动的本质，解释了设计行为的基本内质和这些智慧努力执行之后的预期结果。这个结果就是智慧性地创造出答案或美丽的人造物，而且为这些创造所下的功夫，也必得要考虑设计后所必须满足的功能要求，这也部分说明了设计思考的现象。

事实上，日常生活中，每天都有令人惊奇的大量的设计产品出现，被大众选用。任一产品如果被恒定使用于生活中，则会给人类福祉带来不同层面的戏剧性影响。这些产品的影响出自于设计所产生的连带性因果关系，例如家庭用品的"可用性"会影响用户生产力的效率（Norman, 2002），建筑造型中的形态会让观者在建筑环境中产生不同的视觉感应（Holl, 2006），在工作环境中的色彩及材料的使用会影响该环境里当事人的认知表现（Chan, 2007）。因为设计产品会影响人类的健康福利及日常生活的业绩，所以我们对设计必须要有一个全盘性了解。特别是设计思考，可以帮助我们弄清楚设计是如何生成的，这样设计师的设计能力将会增强，设计质量将会提高。确实，设计思考是解决问题的部分行为，也是用来创造人工品以及解决日常生活相关事宜的能力。我们做设计或解决设计问题时所用的认知技巧，其实也和解决日常生活问题所用的技巧相似。

2.2　设计思考及认知

如果说设计是一系列创造物体的心智活动，那么这些活动就可被看成是知识的运作过程，是被有意识地操作的人类思考行为。在认知心理学中，思考被定义为人类有意识地运作认知的现象，所以，设计活动就是通过运作认知所执行出的一系列思考活动。从另一方面来看，设计产品也可被看成是因为认知运作而生出的设计思考结果。无论研究设计是从过程还是从结果着手，其解释的底线都是设计终归是人类认知运作所创造出的。

中外学者研究"设计思考"的根源，亦即思考的方式，已经有数十年，并试图为其设下定义。彼得·罗（Peter Rowe）是第一位把这个词用在他的《设计思考》又称《设计思维》书名上的，解释了建筑师和都市规划师解决问题的程序（Rowe, 1987）。如果将不同领域中许多已经做出的科学化研究进行综合归纳，则一个较清晰的认知图片开始浮现，而且很明显，"设计认知"这个词也开始被用来将设计过程中所发生的活动分门别类。逐渐地，一个学科也就成形了。例如"设计认知"的自然本性可由计算器运算的模拟象征方式来看（Cross, 1999），或根据解决问题的角度方位做研究（Cross, 2001）。查克·伊士曼（Chuck Eastman）则用该词比拟人类运作信息的方式，他使用不同的理论和实证范例来探讨人们处理设计信息的过程（Eastman, 2001）。

虽然经过这么多年许多学者投入心血的研究，但在"设计认知"方面始终缺乏一个明确而且科学化的执行定义。在目前新科技迅速发展和研究工具日新月异之际，应该明确地重新检核这个学科，重复思考这个主题，以便与相关领域中已经发展出的新科技密切配合。本章就针对这个新发展，回顾传统的研究结果，反思已用的研究方法，复审走过的方向，并建议出一个新方向，特别是由建筑设计的角度切入。只有在"设计认知"被充分定义及了解之后，才能确切地分析出设计师如何有风格并且有创意地做出设计，以及在设计过程中风格和创造力是如何发生的。

2.3　设计研究的发展历程

如果我们同意司马贺[①]在1969年出版的《人工科学》一书中所倡议的理论，即研究设计的手段应该由科学方法着手，或者只要是经过科学性历程做出

---

①司马贺是 Herbert Simon 的中文姓名（详细请见 Chan, 2008：17）。

的设计，都应该被看成是设计研究的成果，那么所有艺术家或学者只要以系统的方法或严谨的步骤所做出的有创意的作品或研究成果都应该被看成是设计研究类。司马贺在该书中提议，设计科学应该是一套坚实、有分析性、可形式化、可辩证、可观察、可传授的智慧性学理（Simon, 1969）。依此类推，所有经过系统化的探索程序所做出的设计就应该可被传授、记载或研究。毕竟有些艺术师在他们的创作过程中，会经过反复的验证执行，逐步探讨创作方式，做出最后的作品，这些过程是可被模仿复制的。另一方面，学者在研究艺术家的创造过程时，也会应用许多不同的方法探讨艺术家可能的创造历程，并且归纳推论（Inductive Reasoning）创作的智慧，以便他人模仿复制。因此，艺术家有系统地进行艺术创造，或学者有系统地研究设计思维或研究某些艺术品创作生成的因素等，都可看成是设计研究的一部分。

以这个"应该用科学化方法有系统地研究设计"为前提，我们可回顾15世纪在佛罗伦萨所发展出的"15世纪艺术"中有名的"几何图形透视法"，那就是最早以科学化研究而产生画透视图法起源的例子（Hartt, 1994）。另外一个设计研究例子是用实体模型代表建筑设计的发明（Invention）。例如在文艺复兴时期所创造出的小比例模型（现存所知最早的模型是为康斯坦丁大帝做的圣彼得大教堂的木头小模型），就是一个用模型代表设计这种"研究设计"方法的第一个成果，也为后代设计立下以做模型来辅助思考设计的典范。至于现代以系统化方式探讨设计研究的例子，应该是从20世纪初期荷兰现代艺术运动"风格派"（或新造型主义，De Stijl）集团所作的作品为代表（Cross, 2000）。De Stijl在荷兰语中是风格之意，是由画家及建筑师特奥·凡·杜斯堡（Theo van Doesburg）在20世纪20年代早期所领导的先锋艺术运动。他们的设计原则是由功能主义着手，作为主要的设计考虑，再加下列三个限制：①用方格形，以相互滑动的切入式进行构图；②消除表面装饰性；③规定只能用主色调搭配黑白色彩。由于该集团的设计创造里，每个人都要遵守明确的次序化例程和设计法则，因此他们的艺术创作过程被看成是系统化的设计。也因为他们的设计规则和方法被许多不同领域的艺术家及设计师追随，所以该集团的创作努力就被赞同为"以科学性原则有系统地安排设计布局"这个设计研究潮流的先驱。

1920年之后，包豪斯设计学院（Bauhaus，School of Art and Craft）这座工艺美术学校，配合在英国盛行的美术工艺运动（Arts and Crafts Movement），在课程里发展出了构筑性设计观念，以结合工艺及实践为主调，将艺术及科学合而为一。瓦尔特·格罗皮乌斯（Walter Gropius）所带领的包豪斯，确实创出了一个建筑设计教育的新方向。他们强调忠实于材料，而且直接使用材料才是最具功能考虑的设计方法。包豪斯的学生被要求学习工艺、绘图、草图以及设计和色彩的理论课。包豪斯的教授也同时在数学上做研究，并对如何将情感和感觉组合成一个完整的认知体系做表征性分析。这些想法其实是沿用当时的完形心理学①（Gestalt Psychology）所发展出的理论（Wertheimer，1923）。瑞士艺术家保罗·克利（Paul Klee），在1921—1931年间任教于包豪斯时，在他的课程里用形态组合的规律摸索设计中的情感和感觉（Teuber，1973）。由于这些美术工艺运动及包豪斯思潮的影响，1920—1930年间，探讨设计的科学方法就开始出现，因此形成了一个研究领域并特别被定名为"设计学习"（或称之为设计研究，Design Study），一些大学也设立了相关的硕士学位。

在两次世界大战时期（1914—1918年，1939—1945年），战争活动驱使工业生产达到自动化以便能大量生产炸弹、船舶和武器，所以战争工业所用的厂房设施和生产设备也在战时达到了最高的灵敏、精密程度。其他的如房屋、食品或运输等民生工业，由于在战时没有被照顾到，在战后无法满足大量生产需求的程度，可是战后民生工业急迫需要大量生产，因此战时的大量军事生产方式就为民生工业设下了自动化的典范。生产设计的研究也开始专注于如何达到有效的机械化以便改进生产效能。然而，单个设计师的能力有限，不能充分掌握日益提高的工业产品的复杂度，因此有系统而且具有程序性的生产方法就成了研究焦点。战争结束后，由于劳工短缺，一般工厂已经开始觉悟，并要求在

---

①完形心理学研究人类的感觉领会如何在心中组成一个整体的感应。其研究重点集中在视觉这方面，尝试了解我们在领受物体时，物体的整体性（totality）与其综合体性（sum）的不同。此学说主要的概念是说明人类认知的行为是由受观体在人类视觉中的时空构成而定，亦即整体大于部分之和。也因为此学说在1920—1930年的发展，让我们在视觉认知现象方面得到充分了解，因此其后对工业设计、绘图、图案以及字体学设计产生深厚影响。细节请参照《设计中之设计认知》一书（陈超萃，2008）。

生产大量化及自动化这两个关键问题上做技术性突破。劳工问题及战后由生产军事装备转型到生产民生用品的困境，也让厂家设法寻求新的自动生产方法来应对变化，例如20世纪50年代的工业设计就开始研究在设计中如何有系统地生产，让生产过程更为方便和有效率。

20世纪50年代到60年代，设计学习的研究重点主要被设计中的系统理论及系统分析所影响，并且奠定了后来的"设计方法运动"的基础（Cross，1984）。系统理论及分析源自于当时的信息处理学（Information Processing Theory）及运筹学（Operations Research）这两个研究学科中的理论，同时也启发了学者研究设计方法的兴趣。在当时，设计方法也被认为是一种被硬性规定的刻板设计方法。不过，该运动也唤起了学者的注意，使他们开始投入时间，努力探讨有系统的设计程序，并且定出了一些系统性方法让设计师采用。1962年于英国召开的第一届设计方法研讨会中所发表的两篇论文，引起了许多设计师的兴趣。

所说的第一篇论文是洁·西·琼斯（J. C. Jones）的研究。琼斯是个大型电子产品工厂的工业设计师，1950年他利用人体（类）工程学（Ergonomics）作为考虑因素，了解工程师在设计电子设备的过程中如何妥当地应对使用者的需求。当他研究发现工程师并没有考虑用户的行为时，他重新设计了工程师的设计过程，提议首先要满足使用者的要求，然后才去满足机器的运作需求。如此一个在设计中有次序的运用过程，让直觉设计和理性考虑并存的理念，就大致上被看成是一种设计方法了。除了在设计过程中生成并应用设计方法外，琼斯提出设计是分析、综合并评估的重复循环式过程。这个概念中的分析期单元要求在分析问题的时段中，要为所有设计要求列出一份清单，细心研究这些要求的交互关系，梳理出一个理性的设计任务说明书；综合期是为每个设计任务寻找解答，并且做出一个合乎整体而且有最少冲突的设计解答；评估期是要测试所有已做出的可能解答的正确性，并选择最终的解法。这三个程序会依照所需要的功能，在设计中重复循环运作（Jones，1963）。他简单地形容重复出现的三个基本的设计行为阶段（Jones, 1970: 63）是"把问题打散成小问题（分析期）"，"把这些小问题以新方法整合成一个整体（综合期）"，"测试以便发现实际应用新解法的后果（评估期）"。他所做的研究事实上是为了：①减少设计错误，减少重复设计及延误时间和人力上的浪费；②做出更富想象力和更进步的设计结果（Jones, 1963）。

上述第二篇论文也算是个1962年的古典例子，是在建筑及都市设计方面，由克里斯托弗·亚历山大（Christopher Alexander, 1963）发展出的"模式语言"（Pattern Language）设计方法。模式语言的基本概念是解决设计问题的方法，可由所选取的设计形态（模式）做组合。对亚历山大而言，语言会有词汇，这些词汇是一套收集而成的对某些问题的解答，称为设计形态模式。整个概念的框架是说在人类环境中都存在有实体，这些实体是几何体，也是人类某种文化的三维化身，更是由人类行为所定义出的社会机构体制。人类的活动可用来分别出社会的体制，并且将其定位于特定空间中。于是，反过来说，空间也就可以用来将社会体制分类，并且定位于特定的活动群里，例如住宅里的空间可体现家属的家庭文化，在都市里的空间也可体现在该都市里的居民文化。不同的环境有其自我形态定律，这是由建造者的建造行为产生的。行为的形成，是由建造者组合个人心中影像的成果所引导而生成的。这种影像组合系统，对亚历山大而言，就像人类语言。这个系统允许做出不同的组合，而且每个系统的形成也是由这种影像组合而成的。影像代表形态模式，不同形态组成不同影像，就像组合词汇而形成一种语言，这也就是为什么亚历山大称这种系统为模式语言（Alexander et al., 1977）的原因。

模式语言中的模式事实上是对应于自然语言中的文法规则的，因为每个形态模式都是流畅无拘的影像，也能自如地与其他影像相组合。在建筑中，模式形态可被描述成是一建筑物的整体配置布局，或都市规划中大尺度的社会因素、区域经济、建筑构件、结构工程及建筑物等。至于模式间的文法规则及模式形态里的内在解答，则不是已被套定的简单安排，每位设计师都可创造出自己的语言规律，并且分享。于是，分享的语言经过演进，就可达到一个更完备的整体性。对亚历山大而言，好的模式会被广为流传，而坏的模式也会被逐渐淘汰。因此，在这种情况下，经由设计师不断地持续性改变和修订，总会发展出一个完整、均衡，而且是全面性真实的整体环境。1996

年，在美国计算机协会（Association for Computing Machinery，ACM）年会上，他强调任一模式语言的目的都是要使创造出的物体具有整体性，具有形态上的一致性。

语言中每个模式的定义，依亚历山大的解释，是包括一个在日常环境中重复发生的问题、一个对此问题的解答，而解法的安排方法是它可使用无数次并且不会以相同的方法重复出现（Alexander et al, 1977: X）。按照这个定义，模式就有下列的标准形式。

1 一张相片，展示此模式代表性的建筑例子。

2 一段介绍，设定总体的模式脉络，并解释这个模式如何能帮助完成更大的模式。

*** （三个钻石标明问题叙述的开始。）

3 一个短标题，少于两个句子，简要说明问题的本质。

4 问题主体，解说模式的经验背景、有效性的证明以及这个模式在建筑中可能体现的不同层面及运作方式。

5 解答部分，明确叙述所需求的实体及社会人文关系，考虑如何在总体脉络中解决所列出的问题。解法部分的说明是把要建构此模式所需要做的事情，依序有条理地一一明列。

6 一份示意草图，附上标题说明主要的单元，以图形展示可能的解法。

*** （三个钻石代表这个模式主要部分已结束。）

7 一段说明，阐述要将此模式完成所需的其他模式，或能充实或补强此模式的其他局部模式。

因此，模式语言大致包括一个"问题陈述"说明问题的总体脉络、一个明确列出规则的"解答"、一个大致示意解法的"草图"以及一个将解法和其他问题组合的"局部脉络说明"等四个主要部分。表2-1是模式的一般性构架范例。在《模式语言》一书中所定出的"厨房烹调料理台"的布局模式（Alexander, et al，1977，模式#184: 854）和其在"厨房"（Alexander, et al，1977，模式#139: 663）中的位置，被选于本节中用作范例，并简化列于表2-2中作为参考。图2-1是其解法的示意草图（Alexander, et al，1977: 856）。

表2-1　模式的格式

模式的格式（问题）
一图片例子
介绍段落，问题的总体性脉络
***
问题的标题
问题的主体
解答及方法
草绘示意图
***
与解法相关的其他局部模式

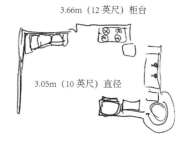

图2-1　烹调料理台图例

表2-2　烹调料理台布局的模式

名称	烹调料理台模式 #184
问题脉络	在农舍厨房（#139）或任何厨房，特色来自于炉子、食物及料理台的安排
问题标题	如果厨房的料理台太短或太长，则烹调作业会不舒适
问题陈述	厨房设计最好的安排是个紧凑的空间，可节省大部分的行动程序。紧凑的布局会省下烹调步骤，但也会造成烹调料理空间的缺失。有研究显示许多厨房欠缺足够的料理台空间
解决方法（规律文法）	要达到厨房料理台的平衡，则将炉子、洗菜槽、食物储藏及料理台等依下列方式安排： 任何四个中的两个单元，至少得分开3.05m（10英尺）； 料理台总长度，即除掉洗菜槽、炉子及冰箱外，最少3.66m（12英尺）； 任何的烹调料理台部分不可少于1.23m（4英尺）
解法脉络	将此模式放在厚墙（#197）、有阳光的料理台面（#199）、开放式储物架（#200）的模式里

　　如表2-1及表2-2所列的语言格式，我们将"问题陈述"这一阐述问题脉络的单元以英文字母X代替，Y是解法，Z则是所要解的问题。模式语言中最根本的特质是其列出的问题及解法间存在着各种脉络。脉络X不只要和问题Z配对，而且要在"解答语法"Y中被考虑到。例如烹调料理台的大脉络是考虑将料理台放在农舍厨房（模式#139）或任何厨房里，而其解答脉络又得放在有充分阳光的工作柜台模式（#199）上，或放置于邻近厚墙模式（#197）边，又或贴近开架式的储物架模式（#200）边，至于解答的好几种可能法则，就依序明列于解答部分中。当设计师采用模式做设计时，不同的组合会因为所列出的规律极具弹性地创造出许多不同的解答方案。在执行上，模式语言可看成是一套有体

系的单元构件，所有单元则依模式连成，模式就是一套精心安置的设计规则，依附于设计单元上，用以解决经常性发生的问题，所以模式也可以说是精心定义而成的成套设计规则。

亚历山大于1963年发表的论文中举了一个有名的印度村庄设计的例子，来解释如何运作这种语言。在该例中，他观察所有问题的外围关联，做出一份141个设计需求清单，然后以配对式方法研究这些需求的相互关系。经过他手写图形理论（Graph Theory）式的计算机程序，通过计算机运作，判断这些成对的关联是否相依互存，如果两个设计需求间存在着互动，就将这两个需求配成一对结合起来，并依重点组合，最后做出12个子系统。这12个子系统再进一步合成4个主要子系统。如此，整套的设计需求以所链接的配对集合体，就定义出一个总体设计，并以线性图形表现出来。这个线性图形就是一个完整的二维结构体，代表此村庄的设计结果。当然，每个子系统中的构成分子都有其各自的影像来表达其个别的图形观念。

模式语言对设计教育有极大的影响。许多学者也讨论模式语言在设计教学中的应用，但对其形式仍有下列的关切：①设计师遇到的设计问题的真正实际情况，可能会和语言中所给予的"问题情况"X有出入，但因设计者会聚焦在与问题情况X相关的因素，做出假设的解法Y，导致不够深入了解问题本身，因此得不到妥切的解法；②在某种情况下，问题情况X可能不会无误地反映在解法Y及问题Z的真正情况上，因而解法会被误导（Lang, et al, 1974）。即便在设计中有如此的反应，模式语言的概念仍然对其他研究产生影响。这是因为模式语言的概念能从模式的角度帮助设计师解决复杂的系统问题，这也和计算机科学中用模式作为面向对象（Object-oriented）的方式相类似。在面向对象程序语言（Object Oriented Program，OOP）中，每个对象都有其脉络、问题及解答，而这些对象也都可分享并进化。因此，在《模式语言》正式出版之后，它就逐渐被应用在软件工程（Gamma, et al, 1994）、计算机科学（Buschmann, et al, 1996）、软件设计（Fowler, 2002）及人机接口设计（Tidwell, 2005）领域中。

在1960—1970年间，为了有系统地管理设计过程而发展出程序性技术作为设计补助的研究类中，布鲁斯·阿彻（Bruce Archer）的研究成果是一个值得注意的好例子。阿彻曾经发展出一个模型，用以解释解决工业设计问题的系统化方法(Archer, 1965)。他指出工业设计有六个连续阶段：①收集设计问题，分析问题，准备细节化的方案并估计预算；②收集数据，准备做出性能规格，重新厘清所提方案及价格；③准备做出设计提案大纲；④发展设计的原型；⑤准备并执行对解案做验证性的研究；⑥准备厂家所需的制造规格文件。这六个阶段理性上涵盖了从设计开始到结束完工的整个过程，并以一个完整的清单将工业设计过程里的227种可能活动列出，供工业设计师作为设计参考。这些连续性的阶段，对阿彻而言，有时会交互重叠，有时会混淆，有时也在遇到困难时会回归到早期设计时间重新进行思考。他解释工业设计的艺术基本上就是由功能、制造和市场营销等大范围中抽调出的因素调和而成。其实，在实际设计活动中，一些设计案例复杂到必须涵盖不同的技术及结合其他专业的参与，因此设计师必须要设定一些假设或做出决策，而这些假设及决策有时是无法从所收集到的数据中得到帮助的。在这种情况下，任何在不完整数据下假设出的设计解法提案，都必须要经过一系列的市场测试，或进行可行性分析，才能正式提交（Archer, 1965）。阿彻也应用管理科学及运筹学，配上逻辑性运作，将整个设计过程进行结构性安排，以利于纺织、服装、珠宝、陶瓷以及室内等不同设计行业的运作。整个过程的结构，也能适合各行业遇到的设计问题，并可反复地应用其运作模式来解答所有的设计问题（Archer, 1970）。阿彻的整个研究显示：除系统方法论之外，解题理论及运筹学这两个学科也对其研究产生影响。这种影响显示出研究设计的方向已趋近科学化。

1960—1970年设计方法解决期（Methodological Approach to Design）时段里（Cross, 1984），在设计方法论这个方向已经展开了许多研究，达到了一定的水平，也触动了不少设计方法的研究，获得了显著的成果，并发掘了许多设计必备阶段的实质成效，刺激振奋了教育界。一些特别的团队也因此成立：包括设计研究学会（Design Research Society, 1966年成立于伦敦）、设计方法团（Design Methods Group, 1967年设立于柏克莱）以及环境设计研究学会（Environmental Design Research Association, 1968年设立于北卡罗来纳）等。这些团体从1962年起就开始成立研讨会，出版研究会论文或新闻通讯等（Cross，1984; Bayazit, 2004），但这段时期内完成的研究却偏重于配上简单数学图解和流程式模型，观察设计经验和过程现象。设计中的一些形态和结构可通过观察这些设计过程中的现象得出叙述性的解析。但这些研究也被批评是只看结果没看手段，也仅仅是对过程的一般描述而已，并没有深刻切入到设计思考，亦即人类自然天性的核心。因此，这些年来发展出的逻辑性解说和设计方法理论并没有让设计从业者倾心，学者们也认识到这一弱点（Archer, 1979）。有趣的是，亚历山大本人也指出这些"设计方法论"的观点对设计是没有帮助的，因为它缺乏能产生好建筑的设计动机和机会（Alexander, 1971）。同样地，琼斯也摒弃了设计方法论并改变了他的研究方向（Jones, 1977）。所以，第一代的设计方法无法迎头赶上真实世界中日益提高的复杂程度。

这时候，解题理论（Problem Solving Theory）已经开始引导学者领悟设计问题的复杂本质，特别是"弱构问题"（Ill-defined Problem, Ill-structured，也称非明确界定问题，Rietman, 1964; Rittel & Webber, 1973; Simon, 1973）的结构性。1980年初，有三个因素影响了设计方法论的研究，让研究产生了一些变化，开始倾向于研究"设计思考的方法"，并将重点变成了探讨设计活动及思考的本质。

第一个因素是科学化研究法。科学化研究法受启发于"经验论"（或称经验研究论，Empiricism）和"实证论"（Positivism）。经验论认为感官经验才是所有知识的本源。这个学说采取的方法是靠观察或实验来验证假设或理论以取得知识。与经验论并行的是实证论。实证论和经验论有些相似，但却受到自然科学的诱导，认为知识的基础是由可观察、可衡量的事实构成的。这些知识存在于我们周遭，等着学者有系统地、客观地去发现事实的本相，再用变量界定现象间的因果关系，并且归纳成普遍性的规则，使得他人可以依序利用这些科学知识做进一步的预测或进行更深入的发展。

第二个因素是学者开始注意到设计师的思考路程是和心理历程有密切关系的，并且设计是一个解决问题的心理过程。这一因素有一个强烈的基本前提，即"日常生活里的一切设计，都被看成是解决问题类，而且是源自于人类的天性本能"。为了要解决复杂的设计问题，使其符合使用者的需求，设计就必须是解题及做决策的心智活动。因此，对设计的研究，开始专注于发掘基本的人类智慧和认知天赋，并以此为重心。

第三个因素是考虑将系统理论应用于设计的恰当性。就像1950—1980年间的研究倾向于以"分析—综合"的程序为研究重点，但这些程序被批评是因为它们并不适用于"不完善问题"的设计。因为系统设计以及其附带的系统程序并不能全面覆盖现代设计问题的复杂性。尤其是系统程序，大多数是以线性方式进行。因此，在程序性的方法研究上，就变成了借由研究设计过程去了解设计活动的本性。另一方面，如果设计师要改进他们的设计程序，则对设计思考的方式也必得先有更深入的了解才行。

随着这些变化以及经验论和实证论研究方法在第二次世界大战后的盛行，设计思考研究于1970年开始，以"流程图"分析设计形态成为了分析设计者的设计手法。这时，建筑研究即开始以经验论和实证论方法为出发点，学者开始设定他们的研究课题的假说，从事心理实验，收集分析数据，建立抽象、简洁的模型，广泛地解释设计过程中复杂的心理活动与认知现象。这就将研究带到了科学性探讨设计的"思考过程"新方向。这方面的研究，包括由开放式访问调查到实验室操作探测性实验等，钻研设计师在设计时做些什么。所用方法，尤其是收集及分析数据的方法非常科学化，包括配上特定问题的问卷访谈、研究设计师的个别设计案件以及要求设计师以"口语思考"（Verbal Thinking）并录下口语数据等方法。每个方法的细节将于本章中"学习方法"的篇幅中仔细解释。

20世纪80年代之后，设计思考的研究开始集中于了解在设计活动中所运用或涉及的认知机制[①]。从那时开始，许多关于认知的研讨会也开始逐渐组成，最有名的是1991年在荷兰代尔夫特理工大学由Cross、Dorst和Roozenburg设立的"设计思想研讨会"（Design Thinking Research Symposium，DTRS）。由于第一次会议的成功，随后每两年依序召开，着重于研究设计能力的本质，设

---

①认知机制指的是认知过程中所包含的认知元素运作，也因为使用或运用这些认知元素而产生认知结果。

计师如何思索以及探讨以一般性的方法了解做设计等。每次年会都有自己特别的主题：例如1994年在荷兰代尔夫特理工大学研究口语分析的运用（Cross, Christiaans & Dorst, 1996），1996年在土耳其伊斯坦布尔科技大学研究描述性的设计模型（Akin, 1997），1999年在麻省理工学院的表征研究（Goldschmidt & Porter, 2004），2001年在荷兰代尔夫特理工大学研究跨领域运用（Lloyd & Christiaans, 2001），2003年在悉尼科技大学研究专家设计师的设计本质（Cross & Edmonds, 2003），2007年在伦敦艺术大学研究如何分析设计（McDonnell & Lloyd, 2009），2010年在悉尼解析不同领域的设计思考（Stewart, 2011）以及2012年在英国诺桑比亚大学对一个给予的设计课题会产生所有的不同反应的分析（Rodgers, 2012）等。这些研究也将设计思想带到另一个境界，并对思考的研究给予高度评价，列成与其他研究领域并驾齐驱的个别领域。细节可在英国开放大学设计团组[①]的网页中读到。

回顾这些历史，第一代的设计研究是受20世纪60年代的数学、运筹学和系统理论学之影响，方法是先提出一个状况，然后以一套行动对应，当状况切合问题情况时，一系列行动就会随之发生以便完成设计。但由第二次世界大战后所产生的第一代的研究设计现代手法，却被学者认为无法用来解决复杂的现实问题。到1980年后，第二代研究方法产生，设计研究开始转向研究设计的本性。这个转向的变动采纳认知科学中的理论，先开始设定一些对设计现象及行为的假设，然后进行心理实验去测定、证明或修正这些假设。这种第二代研究的转换就变成20世纪末期主要的研究潮流，风行到21世纪，所有学者对设计师"如何思想"这一课题所付出的努力，也产生了许多深入的研究成果和适切的了解。

当信息技术在20世纪90年代兴旺起来后，设计行业也跟着由传统的"铅笔及纸"转向使用计算机系统做设计。学者们开始了解传统的图案思考（Graphic Thinking）方法以及绘图所用的表征最后会被数字表征影响到，研究也必须专注于探讨这些变化。学者们也同时了解到第二代研究方法中的心理实验方法能

---

①英国开放大学（Open University）设计团组网址：http://design.open.ac.uk/cross/Design ThinkingResearchSymposia.htm，登录日期 2016-5-19。

提供分析数据的机会进而发展出电算模型，仿真设计思想。于是新的"设计电算及认知研讨会"（Design Computing and Cognition，DCC）就在2004年于麻省理工学院成立（Gero, 2004），并随后陆续召开会议（Gero, 2006; Gero & Goel, 2008; Gero, 2010）。这个系列的研讨会专注于研究能做出设计的电算理论及系统。其研究重点是先预测设计过程，然后发展代表这些过程的电算模式，并由其电算结果重新判研其过程等。事实上，参与DCC研讨会的学者对组合电算和认知这种研究方式所期望的并不是发掘人类认知和电算之间的关联，反而是看电算如何能激化认知，这也是受人工智能这门学科的影响。有名的"深蓝二代"——下西洋棋的机器是个好例子，这个例子充分解释了电算中机器运作的人工智能和人类思考的自然智慧的关联（Cross, 1999）。就像Casti对西洋棋计算机系统所下的结论（Casti, 1998），他说："我们没办法由下西洋棋机器的筑构角度来了解人类认知能力和方法。"但该计算机系统确实打败了西洋棋世界冠军棋手加里·卡斯珀罗夫（Garry Kasparov）。当然，在1997年卡斯珀罗夫与"深蓝二代"的比赛，也启发了我们人类棋手对下棋时运用认知策略的关注。同样地，我们也可能从电算的角度去学习人类认知的本质。

当对设计中的心智活动得到一些了解之后，研究也开始探讨如何改进人类的认知。例如，美国计算机协会（ACM）的创造力及认知（Creativity & Cognition，C&C）部门就将不同领域的艺术家、科学家和研究学者结合在一起，探讨不同领域中的人类创造力。这个部门的重点[1]是："我们试着理解人类在多方位所表现出的创造力，要设计新的交互技术和工具以便增强扩大创造力，并用电算媒介技术发掘从艺术到科学以及从设计到教育等全方位各角度的新的创造过程及人造物品。"

同样地，另一个跨学科研究领域"空间认知"（Spatial Cognition）也开始形成并组织起学术讨论会，定期交换研究结果。"空间认知"这个领域专注于研究人类如何采集、组织、修改及修订从空间环境中通过视觉认知而学到的知识。空间认知也被认为是一般认知的必要基础，因为对空间的认知涉及我们

---

[1] ACM 的创造力及认知研讨会网址：http://dl.acm.org/event.cfm?id=RE326。

如何获取、修改、记忆及从脑海中检索内存有关空间图像信息的程序。在2003年，一个"空间认知：推理（Reasoning）、行动及相互作用项目"就由德国研究基金会在德国不来梅大学及弗赖堡大学（Universities of Bremen and Freiburg）设立。该组织（SFB/TR8）对空间认知的定义[1]是："对与空间环境相关知识的收集、组织、利用和修订的关切。这些知识可能是真实或抽象的，也可能是人为或与机器相关的。研究项目囊括由探索人类空间认知到机器人的移动导航。SFB/TR8团队的研究目标是研发出以人为本的空间协助系统的认知基础。"该组织的研究当然也包括由探讨人类空间认知本质到发展机器人移动导航认知系统，这一系列的研究课题也为人类在空间中的"感知领会"这个方面提供了一些必要的了解。

这些年在"设计学习"方面的沧桑研究历程，自20世纪60年代开始的系统化设计方法运动，到20世纪80年代引用认知科学中的理论发掘设计的本质，一直到21世纪初期发展出的电算研究法，设计认知所开拓累积出的理论已经足够用来描述设计活动中所发生的基本认知形态。一些由实验证明得出的理论，也说明设计过程中涉及的认知运作、因素和机制确实是存在的。因此，由认知科学这个角度切入，那么所有设计中的认知机制和功能就可总结成下列几个类别形态：①设计是"解题活动"；②设计是做"联想组合"；③设计是由"目标和约束制限"所驱导的；④设计是"行动后反思"（Reflection-in-Action）及"筑构问题"的活动；⑤设计是寻求"表征"的过程；⑥设计是利用"认知策略"的程序；⑦设计是某些"推理"的运用；⑧设计是运用"反复性"的认知手段生成设计成品。这八种已知的设计认知形态是依赖某些"认知机制"的运作而达到一些认知的"功能"。

2.4 八种认知机制及功能

经过归类这些理论形态，设计思维的特色就大致可以勾勒描绘出来，并解

---

[1] SFB/TR 8 空间认知的网页地址：http://www.sfbtr8.spatial-cognition.de/。

释于下面，目的是用来解析创造力和风格的形成原因。就如同1990年艾伦·纽厄尔（Allen Newell）所倡议的"状态、运算及结果"（Status，Operation，and Result，SOAR）系统，这是在人工智能中为发展统一范式而做出的认知模型系统。理论是综合一般认知能力成一体系，并让智能代理（Intelligent Agent）有能力掌握全方位认知（Newell，1990）。此系统理论已被电算科学及人工智能的学者用来尝试发展人类行为模型。相似地，如果有统一规范的设计认知理论也被有条理地发展出来，那么就更能帮设计师了解设计思维、风格及创造力，也更能适切地将思维数字化。事实上，下列段落所要详细介绍的这些形态，确实是描述设计过程是如何被推动进行的一般认知现象，包括知识是如何获取的、设计方案是如何达成的、设计念头是如何生成的以及造型是如何被创出的现象等。这些现象同时发生在许多设计行业中，并且是共同涉及的认知因素公共公分母，也是设计风格和创造力的基本驱动要素。

2.4.1 设计是解题活动

在1970年盛行的科学性研究设计思维的新运动是受司马贺的影响。司马贺提议研究设计的课题要由探索设计过程着手，因为研究"过程"的方式能提供一些方法，让学者有系统地预测并阐释一些可能发生的心智现象，包括设计行为和认知形态等[1]（Simon，1969）。自此之后，研究方向从过去发展系统化方法以便管理经营整个设计过程（Alexander，1964; Broadbent，1969; Jones，1970）转换到了了解设计者是如何以惯例常规的程序去解决问题（Wade，1977; Cross，1984; Akin，1986）。由于这些变化，研究的潮流开始聚焦于把设计活动看成是破解问题的手法（Simon，1969），而这个潮流也被"解题模式"这个理论所带动。

解题模式是纽厄尔和司马贺 (Newell & Simon) 于1956年发展出来的。在他们的看法中，人是信息情报的处理器，计算机也同样是情报处理器。因此，人脑是可以被模式化的，如同电子计算机般处理信息。同样地，人类解决问题的行为也可以被模式化，转换成一种信息处理系统，设置在计算机中执行，以解释人类是如何进行处理、运作信息的（Newell & Simon，1972）。随

---

[1]在他1969年出版的《人工科学》一书中，司马贺替设计知识下了很明晰的定义。

后，这种研究人类的信息处理方向结合了电算科学和心理学而成为了"认知科学"（Cognitive Psychology）。这个学科在解题能力上着力，也是一个与人类智能相关的重要心理行为的研究。什么是问题（Problem）？所谓问题，是当一个人碰到一个状况，在他或她意图完成该事，但无法马上知道该采取什么行动，或找到什么方法去达到目的时，问题就存在了。因此，解题（Problem Solving）是一种思考形态，其过程涉及一些高层次的认知因素和过程。

在历史上，解题活动的研究最先是由完形心理学家（Gestalt Psychologist）于20世纪30年代着手、开展出一些实验去研究视觉行为，他们的研究开创了关于"视觉认识"（Perception）一些有趣的成果（Kohler, 1930; Koffka, 1935）。到20世纪60年代，纽厄尔、萧和司马贺（Newell, Shaw & Simon, 1958）也发展出了一些系统纲要，来描述人类被不熟悉的课题挑战时是如何应对的。他们在解题这方面的研究是在实验室环境里做实验——实验采用短时间内即可解出的问题，并收集解答过程中的大量数据做分析。曾经做过的实验课题包括要受测者解答一些结构良好似"谜题"般的问题，问题的解法曾以当时可写出的计算机程序进行仿真，以便明确地探究受测者的解题策略。这些问题包括传教士和食人族过河（Missionaries and Cannibals）[1]、河内塔（Tower of Hanoi）[2]、西洋棋动法[3]、验证欧几里得几何学和密码算数（crypto-arithmetic）[4]等。

20世纪70年代，解题研究的学者进一步将所有发生过的问题区分成类，并探讨各自的问题本质。基本上，根据问题的复杂度，大致可分成五大类。第一类是由常识或根据经验猜测即可解答的日常生活中的例行性问题

---

[1]传教士和食人族谜题：三位传教士和三位食人族来到河边，找到一只小船只能载两人过河。如果在河任何一边的食人族数多于传教士，则传教士会被吃掉。问题是这六人如何安全如数渡河？细节可见网址：http://www.learn4good.com/games/puzzle/boat.htm 及 http://en.wikipedia.org/wiki/Missionaries_and_cannibals_problem。

[2]河内塔：河内塔是法国数学家 Edouard Lucas 于 1883 年的发明。原塔有八个圆盘依大到小堆积在三个桩钉之一上。问题是把整个圆盘由一桩钉移到另一桩钉，但一次只能移一个圆盘，而且移动时大盘不能放在小盘上。圆盘数可有三到八的谜题安排。细节可参见网址：http://www.cut-the-knot.org/recurrence/hanoi.shtml 或 http://zh.wikipedia.org/wiki/ 河内塔。

[3]西洋棋动法：Irving Chernev 于 1957 年出版了著名的《西洋棋逻辑：步步棋法》，使用了特别的表达方法解释 33 局大师棋中每一步棋的详细棋理。

[4]密码算数：把两个整数数列相加等于另一数列，这些数列都由字母取代。有名的例子是"SEND 加 MORE 等于 MONEY"和"GERALD 加 DONALD 等于 ROBERT"。问题是找出这些对应的阿拉伯数字。详见网址：http://en.wikipedia.org/wiki/User:Paolo_Liberatore/Crypto-arithmetic_puzzle。

（Routine Problem）。第二类是必须根据某些规则或固定程序才能解决的程序性问题（Procedural Problem），如会计、算术或工程等问题。第三类是有许多能令人满意解决方法的开放性问题（Open-ended Problem），如设计问题。第四类是解题者必须发掘出一个临界性的关键元素，当这个关键元素被找到后，则所有其他元素都能到位并且问题就能迎刃而解的深入性问题（Insight Problem），如科学发现式的问题。第五类是随时间改变而问题会改变类，这种问题的解法不只是会有后果发生，而且也需要不断地重新回顾，如社会政策性问题（Social Policy Problem）等。

当研究问题的自然本质产生了有趣的学术报导后，研究开始进入到两个大方向。第一个方向是找出方法应用在大规模的"语意信息"（Semantic Information）[1]上，例如医学诊断问题和解说大量的光谱照片信息等。这一类的研究集中于结构良好、有清晰的目标、更有明确限制（Constraint）的课题上。当对解题已具有相当了解并能充分应用到实际问题上之后，一个结合计算器科学和人工智能的新兴学科——"专家系统"（Expert System）便随之浮现。另一个方向则是专注于如何明确了解题目本身，尤其是当要解的课题目标复杂、结构不明确，而且问题本身在解答的过程中也会随之变化的时候。建筑设计过程即是此类研究项目之一。建筑设计的问题本身会随着设计进展而发生变化。在20世纪70年代，"弱构问题"一词即被定名，用来区别于"良构问题"（Well-structured Problem，也称明确界定问题，Well-defined Problem）。

艺术、人文、社会科学以及工程领域中的问题一般都归属于弱构问题（Reitman, 1964; Newell, 1969）。弱构问题通常有极大的问题空间（Problem Space），没有固定的解题方法或目标程序。任何步骤过程都会产生出一个可能是满意但非最理想的解答。反之，良构问题则存在于填字游戏、西洋棋、一般算术计算、自然科学学科或数学领域中，通常是有明确的目标，经由一些固定不变的推理即可依序化解。这些推理可能是一些公式或规则，而且这些问题的解答步骤会是有限的，并且解法也是有限的。当正确的公式或规则被找到，

---

[1]信息（Information）是没有经过整理和分析的原始数值。语意信息是将原始信息的数值数据组织，再经过一些方法或程序——通常是加入一些语意内涵的考虑——将其转化成某种形式以便做决策制定之用。

特定不变的步骤被采用执行之后，问题即可迎刃而解（Simon, 1973）。一个解决良构问题的方法是通常用在工业中的"故障排除法"（Trouble Shooting）。故障排除涉及系统化地运用程序列表方式，逐一定位已存于工程系统中的问题并依序逐个修正。依此类推，"弱构问题"同样可被依序分解为一些子问题，每一个子问题可再分解为次问题，再分解次问题到可被掌握的小问题单元，一直分解到问题被解决后才停止。

关于问题的一般特性，可由问题状态的角度做下列分析，即每一个问题都有它的起点、中止状态和许多中间状态。为了达到最后的解答状态，选择操作单元的行动必须在每个状态中逐步进行。每一个问题中可用的信息以及可执行的行动组成其特别的宇宙世界，这个世界就称为"问题空间"（Problem Space, Newell & Simon, 1972）。关于解题的本质，许多研究曾透过实验手法探讨其行为特征（Newell, Shaw & Simon, 1958; Newell & Simon, 1972；Eastman, 1970; Akin, 1979; Chan, 1990）。一般解题活动可被简叙为：搞清楚问题，臆测可能的解答，测试最好的解法，决定问题是否已经被解决。但详细而言，解题活动应该包括下列八个认知程序：①识别并选择问题；②分析所选的问题；③产生可能的解答；④选择并规划出解答；⑤实现解答；⑥评估解答；⑦决定问题是否已解；⑧把最终的解决方案存在记忆中作为日后使用的知识架构。这些解题认知状态是一般考虑问题的思考程序。在设计行业里，每个程序中都有其特别的设计认知操作，细节在后面的知识及人类智能的章节中会做详细介绍。

20世纪70年代，霍斯特·锐特尔（Horst Rittel）和马尔文·韦伯（Melvin Webber）从研究规划社会政策的角度提出了一个很尖锐的问题：在社会学家解决社会政策问题时，是否能采用科学家在解决工程问题时所用的相似解题手法（Rittel & Webber, 1973）。这个质疑是基于下列理由：①政策问题一般是无法被肯定地完整描述出的；②正统古典的解决科学及工程问题的认知方式是无法运作在开放式、有弹性的社会系统中的；③社会政策行业中的认知手段和职业风格是无法在层面更广泛的社会问题里行得通的。因此，他们用了"棘手问题"（或险恶问题，Wicked Problems）来区别于自然科学及工程领域中的"驯服问题"（Tame Problems，或良构问题）。

　　对锐特尔及韦伯而言，自然科学的问题是可明确定义出，也能找到解答的，因此这些问题大都是"驯服"类的。政府部门的规划问题却是不完善的结构，而且解答是以难以捉摸的政治判断作为基调的，这就会把问题带到反复寻找解答的轮回困境中。例如该做什么来减少街头犯罪。街头犯罪是一种涉及无数变量的问题，任何解答都会影响到并启动其他相关问题，因此社会政策问题本质上就是棘手的，不像良构问题那样具备真实或正确的解法，棘手问题的解答不是"真或假"，而是"好或坏"或者是"较好或较坏"。在比较"良构问题"有许多适用而且极可能是会令人满意的解法时，"棘手问题"却有两种特色，即问题本身可能是其他问题的因或果而且会重复发生，解法的体现必须服从法律并且有行动后果的责任负担。更重要的是任何做出的解答都可能对广大人口有着深远的影响。比如说我们不能先修一条地下铁，等着看它运作得如何，然后在发生运作不当之后再改正设计。就像锐特尔及韦伯所争议的，解法的每个尝试都是重要并存在着后果的行动，即使问题会再发生，或解法会再重新检查。这解释了社会政策问题的特殊性和它与科学发现、自然科学以及设计问题的不同之处。他们的结论是说城市规划师所处理的社会问题是棘手险恶的，因为他们要对他们所做的行为负责，而且他们没有权利犯错。有学者争论说政策问题是一种被人们定义出的问题，而不是被辨识或发掘出的，其实它们是针对现实世界真正的人文状况加上某些参考框架之后的产品（Dery，1984）。

　　解决"良构"和"弱构"两种问题手法的不同之处在于：解决良构问题时，解题者本身大部分时间都知道问题是什么，解法有限，评估解法的步骤不多，而且目标状态也很清楚，解决良构问题对法律公权力的影响也不大；棘手问题则与弱构问题非常相似，但处理棘手问题的行动却是有法律依据的，而且付诸实现的解决方法是不能有错。三种主要问题中思考活动的先后次序和某些存在或不存在的思考特征简单列于表2–3中作为参考。打钩栏是指在解该种问题时必定会实现的行为或程序。

　　设计问题被归类为弱构问题，与棘手问题在某种程序上是相似的，而且设计问题解法也应该是正确无误的，否则它应该被修改。例如圣地亚哥·卡拉特拉瓦（Santiago Calatrava）1996年于威尼斯大运河设计的桥梁就经历过建成后数次被更改结构的情况，这归因于结构上的机械不稳定性以及桥梁本身重量过重，如果解法（即已建成的设计）不更改则会造成大运河河岸塌方的严重后果①。

表2-3　解三种主要问题行为的认知程序及特征

解题程序	良构	弱构	棘手
确定问题	已知	不确定	未知
分析所选的问题	√	√	√
产生许多可能的解法	有限	无限	无限
选择并规划解法	√	√	√
体现解法	√	√	√
评估解法	√	√	√
决定问题是否已解	明晰	不明晰	不明晰
发展未来可用的知识方案	√	√	√
行动后果	有限	有限	法理责任
问题重现性	无	无	有

在研究设计思考方面，解题理论曾经启发过学者以心理模式仿真设计师如何做设计，如何思考设计。其实，解题理论以及它与认知心理学的密切关联确实提供了一个很好的研究架构，可科学化地解释人类如何学习、处理、储存以及寻找设计数据。20世纪50年代，在将人类思考形态模式化这方面已经发展出一些研究方法，使得解题理论更能为"风格和创造力"的研究提供一个基本研究平台。例如早期对创造性思考的假设是说创造性思考是一种特别的解题行为（Simon, Newell & Shaw, 1962）。这个假设也同样适用于假定创造性的设计思考也同样是一种特别形态的解题行为。

由于解题理论的启发，研究设计师做设计的手法就被引导到了以心理学模型将其过程模式化。这种把设计思考模型化的主要观念具有辨认人类处理情报信息的特点。特别重要的是将设计师在心智中进行设计数据处理的一些心理机制和运算操作单元验证出来，同时找出适当的观念性表征（Conceptual

---

①对圣地亚哥·卡拉特拉瓦桥梁设计的评语可见维基百科网页，网址：http://en.wikipedia.org/wiki/Santiago_Calatrava。

Representation）以便适切地将其设计过程模式化。"表征"是指将某物体或某事件以另一事或物来象征代表。"观念性表征"（Conceptual Representation）则是指以一些抽象概念适切地代表某些事物。这方面有过许多研究尝试。例如查克·伊士曼（Chuck Eastman，1970）曾在"空间—计划"的课题中观察认知的程序并解释设计中"生产—并—实验"过程的特性；福斯（Foz, 1972）观察在设计"原基"（Parti）发展的过程中的设计行为；奥玛·埃肯（Omer Akin, 1979）发展出一些过程模型，解释设计过程中的一些认知因素；简·达克（Darke, 1979）也尝试着探讨建筑师在设计期间是否会在心智中对其客户存在着心智影像或期待；乔治·斯坦尼（George Stiny）和莱昂纳尔·马其（Lionel March）也曾发展出设计语言的观念，以信息处理学为起头，创造了"形式文法"（Shape Grammar）；也有学者通过观察赖特1901—1910年间的设计作品，研究赖特设计的过程，而发展出研究赖特的"草原住宅风格（Prairie House Style）"的设计理论架构（Chan, 1992）。

在这方面大多数的研究都是集中于探讨设计行为，目的是找出适当的模型或程序去解释这些行为过程以及行为所产生的现象。这些研究的努力也都把设计行为看成是一种心智解题过程。也因此，这些过程就可被更进一步地发掘：①在解决设计问题的过程中，有哪些"外在的信息"被注意到；②那些"内在的信息"（即知识）又是如何有效地被利用到解题上的；③知识是如何在记忆中组构而成的；④在使用设计绘图、电子模或实模的设计表征时，其各自不同的认知过程是什么；⑤哪种设计策略（Design Strategy）会被用在过程中。这些有待探讨的课题，如下列数节所解释的，与认知过程和存在于记忆中的知识结构有极强的关联，而且这些课题特别涉及在做设计时知识是如何生成、维持、运用、进行以及表达出等的根本认知特质。

2.4.2　设计是做联想组合（知识的本质）

在一般设计教育中，当一个设计题目被指定为设计习作时，老师会鼓励学生去找相关而且相似的前例，在实例中去学习如何解决手边设计问题的方法。这种由案例学习的方式是联想组合的理论之一。但这种学习的过程如何能被科学化研究，并确证此理论呢？在1950年，阿伦·图灵（Alan Turing）提出了

"人脑就是计算机"的著名隐喻（Metaphor），说明计算机是一个信息处理单元，人脑同样是一个信息处理单元，因为两者在输入、输出以及中央处理控制上都有相似的机制（Turing, 1950）。在人的心智中吸收、储存、回收并利用知识的现象，可看成是许多分离的系列处理阶段。如果知识可被数字化地表现出来，并且可在计算机中有系列地以计算机电算程序写成，那么这些程序就可仿真知识，以算法（Analogy）逐步执行，让机器做出聪明人脑运作智能的事件。于是电子计算机就可实现与人做的相同事情。这个观念与早期试着了解知识如何由"自觉意识"控制并在人脑中进行运作的研究相关。

　　人类如何运作知识是研究认知的课题之一。"认知"（Cognition）这词是指"心智中转移、调谐、叙述、储存、回取和利用信息的过程"（Chan, 2008）。信息（Information）在这种说法层面上就是所谓的知识。人类组织知识，并结合现实，将知识套入现实中的行为就是认知，也就是智慧。在心理学上，知识已被分成两种主要的类别："陈述性知识"（Declarative Knowledge）和"程序性知识"（Procedural Knowledge）。陈述性知识是一种静态信息，包括已知事实和概念；而动态的程序性知识则包括执行某一事件的已知程序知识和体现这些程序的步骤方法（Posner, 1973; Winograd, 1975; Anderson, 1980）。程序性知识在练习或操作一段时日之后会转化成自动化的技巧。相对地，陈述性知识会在执行某事时，被逐渐转移到程序性知识的形式中。比如绘画，在学到绘图技巧并练习过之后，在某些固定不变的情况下，绘画会变成自我驱动或自我调规的自动行为。也因此，在绘画里，画家必须把一些想法（陈述性知识）融入绘图的惯例手法（程序性知识）中以便达到更高的绘画境界，例如巴勃罗·毕加索（Pablo Picasso）的立体派绘画、萨尔瓦多·达利（Salvador Dali）的超现实绘画或用透视图强调某些建筑设计特色等，都是将陈述性知识融于程序性知识中的结果。

　　至于个人知识又是如何建成的，瑞士著名的发展心理学（Developmental Psychology）学者让·皮亚杰（Jean Piaget），曾经从探讨儿童认知发展的角度解释过建成知识的学习过程。皮亚杰的理论是儿童的智慧发展期间都在定期地创造、再反复创造他们自己真实世界的模型，每个时期都由整合简单概念演进到高层次概念，达到心智成长。儿童知性的发展有两个过程（Piaget, 1953）。一个过程是同化（Assimilation），皮亚杰假设无论何时人们在对应世事要达成个人需求或成立概念设想时，儿童总是处在同化整合外来信息的过程中。当儿童面对一个新事件时，人脑会根据记忆中已有的知识形态去解释这些外来的信息，并整合原有的认知结构。另一个过程是调适（Accommodation）。调适发生于原有的知识体系与新信息发生矛盾时，人脑会修正原有的结构以解释外来信息，配合新环境的要求。儿童在遇到新事件发生时，他们可能会修改原有的知识结构，也可能会形成全新的结构。皮亚杰说明知性的发展是一系列的演进阶段，任一阶段都必须完成一些结构以便下一阶段的开启，在任一成长阶段的尾期，孩童都会建立一个在那阶段对真实世界看法的知识框架（或结构）。当面临一新阶段发生时，儿童就得有个旧期看法版本作为依据，重建它或者修改它，以便旧期概念所发展出的概念充作下期知识开展的基础（Piaget, 1967）。

这种知识的产生是人类智能演化过程的一部分。如把这个理论放到宏观角度解释智能，那么知识的生成是由经验累积而成，而刚学到的知识会与已存的知识链接起来。这种涉及相互关联物体的学习法，例如刺激和响应或响应和后果关联等，称为联想学习法（Associative Learning，Gluck et al. 2007）。联想学习，如脑神经心理学（Neuropsychology）所解释的，是一种获取世界知识的重要认知机制（Frith, 2007）。这个理论是说我们所学到的是"任何随意的刺激"，并且是和"奖励"或"惩罚"刺激之间的关联（Frith，2007: 88）。下面一个以色彩代表水果是否成熟的例子，有趣地解释了这个现象。如果水果成熟了，其颜色可能会少绿或多红，而人们会更喜爱比较成熟（红些）而非生涩（较绿）的水果。于是，我们学到了由色彩决定哪种水果会是好水果。这种由色彩连接成熟（随意刺激）及好水果（奖励刺激）的联想，提供给我们足够知识做出选择好水果的判断和决定。

从业界（设计专业人员）的角度而言，程序性知识也和执业中的在职训练学习方法相关，亦即职业设计师除了从教科书或专业季刊杂志中学到新知识之外，也在日常作业里从不同设计方案里持续学到新知识。比如说，设计师会在"行动程序中"反思而学到更多，也会在沉思中得到更丰富的立即直觉（亦即陈述性）知识。这种在"行动中反思"（Reflection-in-action）而学习的论点（Schon, 1983）说明了程序性和陈述性知识之间的认知互动关系，也就是在运作"程序性知识"中获取新设计知识。这种在执业行事中学到的新知识，也有部分会是根据行动中的作为而生成或归纳得出的新事实或新概念，转而形成设计者本人的陈述性知识。通常由旧知识所产生的新知识，两者之间会有一些联系存在，这就与新知识在心中是如何建构，在记忆中是如何储存的形态有关。

那么，知识是如何在记忆中组构而成的呢？在心理学中，知识在记忆里的结构曾被理论性描述成是在心中以网状组织连接而成的团块元素，这些元素被解释成是由不同联想（Association）或关系连接组合而成的感应知觉和概念。元素间或事件间能形成联想组合有下列可能：事件发生时间的接近程度（发生时间愈接近就愈能连接在一起），事件连接发生的频繁度（事件相互发生的机会愈频繁就愈能连接），事件间相似或相异对比性（愈相似的事件会愈被连在一起，对比愈强的事件也会有某些联想发生），事件的原因及结果（因和果的事件通常会被看成是一体的），或在学习中形成有关联的相关意义或相似经验等。这个理论也被哲学家仔细讨论过，尤其是赫尔曼·艾宾浩斯（Hermann Ebbinghaus, 1850—1909），他是第一位以科学方法研究记忆中团块连接的人，他应用一套无意义的音节字母（两个辅音夹一个元音）测验如何在记忆中记存并回记这些字母。他的理论是说给予受测者的无意义字母里是不可能会有任何先前已建成的相关意义或经验存在的，因此在要求受测者记忆这些字母时，他们会组构新记忆。他研究的目标是要探寻这些无意义字母之间的记忆连接是如何在没有先前知识或学习经验的情况下创出的。运用先前知识和学习经验做出新知识的关联是一般人的学习方式（Davis & Palladino, 2002）。但他的实验结果反而证明，最能形成的关联是由时空相近性决定的，即在空间及时间中密结在一起的事项会容易被连接记住。

艾宾浩斯主张记忆是一系列接收经验的过程，并且将经验储存起来供日后回忆。记忆事项的过程涉及事项与事项间新关联的形成，并且"重复性背诵"会加强这些新构成事件的关联性，也会增加它们被记住的可能性。至于记忆无意义的音节，重复的背诵接触会让记忆和回忆增强。因此，艾宾浩斯提议，当两个事件间的关联已建成，则此两个事件就会以关联性方式储存在记忆中，日后这些事件可由建成的关联被回记出（Ebbinghaus, 1913）。后来的人类记忆结构研究，由结合事件间的意义和经验而发展到了语意网络理论[①]（Semantic Network Theory, Collins & Quillian, 1969；Collins & Loftus, 1975）、基模理论（Schema Theory, Rumelhart & Ortony, 1977）和网络理论（Network Theory, Anderson, 1980）。这些后续理论提议，人类记忆应被看成是一团有阶级层次结构的节点或组块（Chunk，或称组集）的网络形式。团块是由许多不同的关联构成的，个人知识储存在信息团块或基模中形成心智概念。

那么知识是如何储存在大脑中的呢？象征性而言，人脑应可看成是硬件；心智是软件，是管理脑中信息的"意志心理"（Consciousness）。当信息经过感官输入到记忆中时，信息需转换成一种可存于大脑的形式，这就是编码过程。心智编码的过程细节不详，但脑中信息码的形态在心理学中被探讨过。存在脑中的信息内容也是重要的研究项目之一。例如知识储存在记忆中是由感官输入类别而决定的，因此音乐有音码，图片有视觉码（Visual Coding），而观念则有语码。然而，当信息数据被认知，编码完成，并传过"短程记忆"（Short-term Memory）之后，是如何被适当地存放于"长程记忆"（Long-term Memory）中的呢？这个问题在认知心理学里被亚伦·佩维奥（Allan Paivio, 1971, 1986）研究过，他提出了双码论，即当人们看到图片或文字时，心里会同时发展出视觉图片和语意文字两种代码，但视觉代码是特别为图片形成的，而语意代码是为文字形成的。人类在视觉认知过程中可同时掌握并生成双码而发入记忆中。（但文盲不懂文字又如何能和图片码结合回记影像呢？文盲依附在记忆中视觉码的文字语码可能与他人的文字语码不同，又或者文盲缺乏文字码（Verbal Coding），但描述该图片视觉码的音码是与常人相似的，而

[①]在语意网络理论中（这是最早发展出也是最有影响力的理论），记忆的结构像是一个有节点的网络，每一个节点是一个象征，代表某一概念、某一单字或某一形象特征。节点与节点之间是由能将两个节点联结的"联想"（Association）或"关系"结合而成。语意网络里的运作方式是"扩散激发"或经由"联想"而做出所谓的搜寻信息或回记信息。但在语意网络理论或网络理论中，节点与节点间、或组块与组块间的"联想"特性就被批判是无法适当涵盖至节点（字或特征）里的所有信息情报，或节点中的全面性含意内容（Harley, 1995）。另外在网络阶层系统中数据的搜索寻找过程也被批评是不精确的（Rosch, 1978）。相似的考虑也在基模理论中被点到。基模理论的概念与其他网络理论相似，也说明知识是存在于信息组块或基模中，基模就是人类形成知识概念的心智建构。这些知识表征的主要理论结果也曾经被学者做过计算机仿真记忆结构。

且以音码对事情的反应也与一般人相同。）

这种双码论（或多码论）对研究设计视觉思考有极大的启示。因为对设计师而言，用心智影像帮助思考已不是新鲜事。设计师通常会在心智里运作基本几何影像的空间关系，然后以图形或模型表达出这些心智影像。草图影像会先在脑海中作出，然后再转移到图桌上进行语意码解析。这种视觉和语意双码的观念就在研究壁炉的心智影像案例里得以成功印证。该研究以双码论探测知识的内在表征（Internal Representation，或称内在表象），发掘出设计专家和外行新手存在于记忆中的设计知识结构的差异（Chan, 1997, 2008）。这个研究发现建筑师建构建筑知识倾向于以建筑功能组构设计专业知识。在要求绘制记忆中的壁炉图形的实验里发现，当回记壁炉时，从记忆中抽取视觉代码（图形成分），同时绘出图形码构件的前后线条，确实是有相关的建筑功能存在，亦即有功能相关的物体会依序被回记画出，这表示存在记忆中的视觉代码构件也是依建筑功能（或机能）联结而存在的，所以会依序被回记。该实验收集到的数据显示，有经验的建筑师有75%的壁炉构件绘制是以构件功能为序先后绘出的；而外行新手只有52%回记出的信息是有机能相连的，其他48%的构件线条之间毫无关联、无序而出。这个研究也发现专家建筑师能回记并且以语意码说出名称的组块（平均值＝73）确实大于外行新手的记忆组块（平均值＝40.5）。这个研究说明建筑知识在记忆里是依层次以功能相关性把建筑构件组织成记忆团块而产生的。

一般而言，有经验的专业设计师会利用设计单元（或事件）的功能，有系统地在脑海中储存设计信息，因此能整合更多知识，回记速度更快，也更有能力将所知情报解套到新的问题环境里。在西洋棋（Chase & Simon, 1973）、绘画（Gombrich, 1960）和建筑设计（Chan, 1997）的研究中，也同样证明了一些高段西洋棋士、知名画家和设计大师，都在长年累月的实践中累积了大量成套的专业知识，并将这些知识发展成记忆团块。在这些知识块中，有些是以前的设计成果，称为"先决模型"（Pre-solution Models）或"案例"，是未来新设计或新问题的潜在解法之一。所有这些知识块也会逐渐形成西洋棋高手的下棋策略、著名画家的绘画技巧和设计大师的专业设计智慧，继而发展成其个人记忆中成套的"指令剧本"（Repertoire），成为棋将、绘画大师和设计名家们的主要创造源泉之一。这里所提的设计者个人指令剧本或先决模型的内涵，从认知心理学的角度来说，是解释设计师有创造力原因的第一个概念（DC1）。

知识在记忆中呈块状储存的相似观念也在脑神经科学（Neuroscience）[①]中被证实。学者用记忆类别区分记忆里的知识种类。例如，"语意记忆"（Semantic Memory）被归类为与意义、领悟和学到的普通知识相关的记忆，"事件记忆"（Episodic Memory）则属于对事件、时间、地点、情感的记忆以及所有与经验相关的知识。综合"语意"和"事件"两种记忆，则构成"陈述性记忆"（Declarative Knowledge）。这些记忆都储存于脑中相同区域。在另一方面，"程序性记忆"（Procedural Memory）是与技巧程序有关的。一些脑神经科学研究曾发现程序性记忆和事件记忆是用不同脑区而且各自独立运作发生的。也有研究相信语意记忆存在于侧头叶新皮质（或侧头叶新皮层）中，这个区与处理声音有关，而且是"主要听觉皮层"的所在。脑中的侧头叶区（图2-2）涉及口语及视觉两种语意机能。但这个区内也有和记忆的形成有密切相关的"海马区"（Hippocampus）存在。有证据显示海马区与形成新的事件记忆及一般的陈述性记忆有关，也是用来存放并处理空间信息的区域。因此，侧头叶新皮质不只和语意记忆有关系，并且与记忆的形成也有极大的关系。这些简短介绍基本上说明了知识是如何依类别存放于不同脑区的，而且不同脑区各自处理不同的信息。

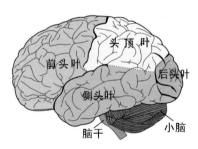

图2-2　脑中的侧头叶区图例（图片来源：http://commons.wikimedia.org/wiki/File:Gray728.svg#mediaviewer/File:Brain_diagram_ja.png。登录日期2014-7-8）

那么，知识又是如何在记忆中回收的呢？语意网络理论（是第一个也是

---

①设计思考是大脑心智中信息处理（IP）的程序。打个比方，大脑是硬件，心智是意识，是处理信息的软件系统。目前脑神经科学研究硬件结构，认知科学则专注于软件操作。在未来，我们必得探讨这两者是如何合作进行信息处理的。本章中简单地介绍人类在思考时脑和心是如何连在一起作业的。更多的详细数据可参考Frith（2007）写的《编造心灵，大脑如何创建我们的心理世界》一书。

影响最深的现代认知理论）说明，记忆中知识的储存像"网点"，网点象征知识团，每个网点代表一个特别的概念、一个字或一个形态特征。任何两个网点间的连接都是由能结合两者的"关系"（Association）联系而成的。回收知识的运作方式是由"激活扩散"（Spreading Activation）或借助"联系"作搜寻指引而成。激活扩散是说在记忆网络中，一个概念节点被激活后，就会顺着网线路径去激活其他与其相连的概念节点。这说明知识是由联系或联想而学到并成组地储存在脑中，而且由已存的联系或联想回忆出来的。例如心理学中的语言学习，有心理学家研究得出人类学习语言是学习句子里单字与单字间的相关意义，得出领悟而发展出记忆中的知识。在回记时，只要一个单字被触及，相关的单字会被连带回记出。也有学者（Blank & Foss, 1978）研究指出当人类在阅读理解（Reading Comprehension）中碰到问题时，如果在适当的语义脉络里，为单字间提供一些适当的"关系"进行推敲，就会有助于对整个句子的了解。其他研究"有组织"或"无组织"的单字群回记实验中也发现，单字群间如有某些关联性存在，那就比无组织单字群的回记率更高（Bower, 1970）。最新研究也说明，人类对没有胜算的选项会偏爱于以旧经验作为是否选择该选项的依据，因为这个依据建立了事件间某些理性的联系（Wimmer & Shohamy, 2012）。脑神经心理学也提议人类侧头叶里的海马区会编存同时出现的事件或事件之间的关系属性，构筑两者间的连接链并存盘于记忆中。就因为连接链在脑细胞中建成，所以当碰到一件新事件时，海马区会完成其形态编码，跟着激活其他的相关神经元（Neuron），并把旧记忆单元和新单元进行整体统合，形成新知识。这再次说明，脑硬件和心智软件两者是对知识记忆如何相互组构、储存和回忆的认知现象。

最后当我们要回记知识时，知识又是如何呈现在心里的呢？这就与思考时概念出现于脑中的原型以及知识的内在表征的规格有关。这里所谓的规格，就是代表知识心智码的结构，与结构元素的本质以及元素间相互关系的本质有关（Kosslyn & Pomerantz, 1977）。有研究认为在心里是有心智物体存在的。这些物体是抽象性的命题（或主张，Proposition），明确地表达与其他物体的关系，以及其各自的内涵、交互的参考还有内在的真实价值等都有可评估的属性存在（Minsky & Papert, 1972; Anderson & Bower, 1973）。这种知识形态的说法也解释了记忆中存在的元素是由抽象的命题（或网结）形成一套网状结构（Pylyshyn, 1973）。另外，视觉模态（Visual Modality）也是一套心智信息知识，被组织成有意义的单元存在记忆中，依各部分的空间组织关系被回记（Reed, 1974）。心智影像其实是容易回忆的，并且是用来解决需要运作图像处理的问题类。

　　除了网络理论之外，知识表征的研究从1980年开始转移到"连接模式"（Connectionism）的观念，连接模式是参考脑神经系统里的神经网络观念而提出的另类网络模式。这个理论相似于人脑中神经单元操作的方式。在该神经网络中，每个网点类似于人脑的"神经元"①操作单位（图2-3），每个单位有其质量，质量用来测定、衡量节点间的连接强度。"连接模式"又称"平行分配处理系统"，因为其处理的过程是平行方式，并且处理后的结果也外输到其他

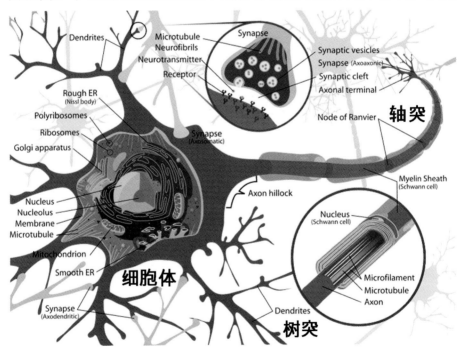

图2-3　脑神经元细胞结构示意图（图片来源：维基公共领域，http://commons.wikimedia.org/wiki/File:Complete_neuron_cell_diagram_en.svg。登录日期2016-5-19）

①神经元是脑神经系统中的基本功能单元。每一神经元可看成是强有力的微型处理器，因它有三个组件类似于计算机的组织。第一单元是细胞体，储存着所有经营管理细胞机能的信息。第二单元是树突，是负责收取外来信息的接受区。第三单元是轴突，负责放送信息到其他神经元的发送机构。

单元里（McClelland & Rumelhart，et al, 1986）。这个理论创造了一个了解"心智"和"脑"相互关系和本质的全新的另类观念架构，也适合用来研究设计思考。

总而言之，人类在记忆里组织知识是靠"联结或联想"，回记知识也靠"联结或联想"。联结是臆测一物随之唤醒另一物的倾向，这种唤醒倾向可能引发自两物间的相似性、在时空里的邻近性、相联的频率程度或因果关系等。这个联结或联想[①]认知概念学说在研究"记忆"中是历来研究的重点核心，也是心理学的中心理论之一。但语意网络和网络理论中知识团块间的联结性却受到学者评判，尤其是语言信息的储存能力。因为某些联结性无法适当地在团块中存入全面（字或特征）的信息（Harley, 1995），而且经由网络阶层寻找信息的方法也不经济（Rosch, 1978）。同样的评判也发生在基模理论里。但是联结或联想已经被认定是主要的记忆心理学理论，即脑中知识是由许多不同联结的知识团块组成的。所以，联结或联想就是人类智能运作中一个主要的认知因素。如果一个设计师能将记忆中的一个知识团做出特殊联结，回记它，并应用于设计中，则此设计结果会是脱俗的，也会是有创造力的。这个在设计中能将知识信息多样化的联结或联想形态，是解释设计师有设计创造力原因的第二个概念（DC2）。

2.4.3　设计是由目标和约束限制所驱导的

"解题"（Problem Solving）作为名词而言，是将问题逐步往前推到解答产生为止的一序列行动的现象。如果解题者手中没有要完成的问题目标在握，则不易于有策略地达到妥当解决的最后境界。尤其是真实世界中的问题更是复杂，无法一蹴而成，更没有一步就解决的简单解法存在。解题者务必建立一些问题目标和次目标，之后依序逐步完成，才能按部就班地完成整个目标任务（Thevenot & Oakhill, 2006）。所以，解决问题就是以目标驱动的程序活动。

同样地，在设计领域，做设计是一种主动性的解决问题方式（Baker &

[①] 英文中的 association 是"联结"，是两个人或组织之间的联合性，或是在思考或"联想"两个抽象概念或对象之间的连接性。在中文中有相互挂钩、瓜葛之意，本章就以联结或联想写出。详细可见网络大英百科全书，网址：http://www.britannica.com/EBchecked/topic/39421/association。

Dugger, 1986）。包括定义一个设计概念，做些研究工作去优化这个概念，做实验测试这个概念，并且做些必要的事情，准备最后的产品生产。当设计者在发展这个概念时，他们必须要了解该设计问题的本质，发掘要面对的课题，了解问题的细节，并且制定策略做出一个可行的脚本。这些活动通常囊括许多不同形式的思想形态，以便设立设计假说，决定考虑议题，提供设计意图，并提出可行方案等。如果这些活动发生在解题程序之初，则这段启动这些活动的时期可被称为"设计意图发展期"，是决定解题大纲的基础时期。在这段时期结束时，一个设计概念会被提出，随后为完成这个概念，一系列的衍生阶段也陆续有目标地生成。所以，这些陆续跟随的阶段就是设计问题的系列性目标阶段。设计活动就是为了要完成这些目标的任务而阶段性进行的（Akin, 1986: 20），每个目标里也有一些约束限制被技巧运作，以便缩小寻找解答的范围（Simon, 1969）。

设计过程中的目标程序也可被看成是解决设计问题的游戏计划（Game Plan）。一项研究解决建筑设计问题里认知过程的报告证实，在设定的设计案中，设计师确实会有个人的目标计划创出（Chan, 1990）。在该实验研究里，设计师被要求在大基地中设计三卧室的单户住宅。总建筑（楼板）面积限制为2200平方英尺（204.4平方米），业主是在大学任教的专业建筑透视绘图师。设计要求甚低，目的是要研究设计师如何做设计以及在密集的设计创造过程中哪种设计知识会被用到。在将近4个小时（232分钟）的实验中收集到的原案口语数据显示，总共有22个设计目标被逐次成功完成，其中14个是主要目标，其他8个是为解决这些主要目标而发展出的次要目标。数据同时显示，当一个主要目标完成时，设计师很清楚下一个目标是什么，并以关键词简短快速报出，而且新阶段和前阶段通常是散离的，没有密切关联的。该研究同时发现，在开始解题的第一个了解问题阶段，一个概括性的目标计划会被筹备出用来作为引导后续行动的程序方针，并且被逐一依序完成。有数据显示，如果一个"主要目标"无法完成，而问题还没有解完，则一个"次要目标"会策略化地立即被发展出以便继续解题行动。这种在第一阶段就预定好目标序列的现象是为了解、设置并将设计问题结构化（Problem Structuring）的程序。这个由主要目标定出的主要结构，也需要在设计过程中逐渐发展出次要目标，拟定次要结构，以便调整优化主要结构，找出一个令人满意的解案（Chan, 1990）。

在另一个研究设计思考案例中也发现设计师有他自己解决问题的一般设计方法，会用自己发展出的逻辑算法巧妙地解决设计问题（该实验的另一个重点是研究建筑师个人风格，Chan, 2001）。口语数据显示，建筑师用"每平方英尺的平均造价"作为前提决定建筑面积的大小。他将业主提供的资金除以每平方英尺的单位造价，得出一个总楼板面积，并参照业主兴趣做出所需单元和尺寸比例的列表，之后再由调整房间大小修改总楼板数得出最后的建筑面积和长宽尺寸[①]。在这之后，建筑师开始发展出一个设计草案（Design Scenario），这个草案是一个综合性的概念框架，将所有的设计设想和考虑做综合，作为潜在的设计方案（Chan, 1993）。这些步骤方法也重复用在该实验中其他的设计方案里。所以，一个普遍适合某种建筑类型的设计通用法或设计算法是在多年专业实践中发展成熟的设计知识之一（Chan，1990，1993）。当设计师碰到新设计而且是没有做过的新类型时，他也会做出新计划，尝试新方法，并记住新方法。希斯（Heath, 1984）解释，任何设计师发展出的新方法都是个人化方法。不同建筑类型就要有适当的方法来配套，例如不同于住宅或机场的旅馆设计，就要运用不同的建筑技术、建造法，这些都要经过专业训练。

在设计过程中要达成目标，通常会采用一些信息作为引据的指标，减少寻找解答的工作能量，或用一些操作单元创出解决方案。这些信息或单元称为约束限制，是外在或内在加入设计的限制，也形成了设计约束（Design Constraint）的参数。外在约束（External Constraint）是业主（或甲方）、使用者（或客户）、入居者、法规或设计问题中与环境相关，交付给设计师的设计考虑。在设计业中，当甲方委托设计师做设计时，会把所企望的理想告知，这是甲方给的希望约束。在使用者及入居者方面，有时不是甲方也不是乙方对产品（或空间）使用功能有正确的看法或要求，设计师必须对使用的便利性和无障碍使用的需求，做适当的安排和考虑。在工业产品设计中，法规制定者会对

[①]根据实验者的口语数据，实验者也口语说明这个演算方法是由《模式语言》一书中所学，是在实际中应用的设计方法之一（Alexander et al，模式语言，1977: 466）。

产品使用的健康影响制定为大众着想的法律限制。在建筑设计中，某些基地因素会影响建筑方位、动线流通和立面的设计，还有营建材料的规格要求、建筑法规以及都市规定条例等，都有些规范设定，设计时也得纳入考虑。所有这些需求或期待都是外在给予设计者的考虑要素，也因此统称为外在约束。

当外在信息逐渐增加，问题愈加复杂时，解题者必须梳理问题，在许多可选的可能性中寻找适当的解决方案。为了有效率地解决复杂问题，设计者一般会有策略地先明了问题，明确问题，辨别应该考虑的设计要素，排除非相关信息，应用所有与设计要素相关的情报作为搜索解法的有效依据，以便提出适切的解决方案。在这个思考框架下，一般是依靠记忆中已存的信息或由研究收集到的设计情报对问题做仔细分析，将问题的结构明确化，并发展出一个设计草案，生成几个相关的解法选项。这些知识情报，无论是由记忆回收的，还是由研究收集的，都是设计师自己生成的自我内在约束（Internal Constraint）。内在约束是解题者经过认知推理运作后的结果。在建筑设计里，内在约束通常占据设计问题的大多数思考要点（Lawson, 2006）。因为建筑师会在设计早期以甲方业主赋予的外在约束为根本，以一些内在约束为手段，决定空间数目、大小、种类及质量。在同一份研究解决建筑设计问题里认知程序案（Chan, 1990）中的口语数据证明，设计师在设计开始时，就回想他以前的设计经验，应对所给的外在约束，发展出他的内在约束。这些发展出的早期内在约束就变成了他在整个设计过程中先后保持不变的总体约束限制（Global Constraint）。也基于这一套约束限制，一个概念框架就可以大致形成，再经过设计泡泡图（Bubble Diagram）和流程图做空间关系的考虑，一个解决方案就生成了。因此，内在约束是设计者（或解题者）为生成解答而由记忆回收或由知识生成所得的信息情报。

关于设计中所有应用到的设计约束的种类，布莱恩·罗森（Bryan Lawson）就将其按特色归类为基本的、实用的、正规的以及象征的四类（Lawson, 2006）。基本约束（Radical Constraint）是指要设计的物体或系统所需基础性，而且是主要的考虑要求。实用约束（Practical Constraint）是指在现实中对如何做出物体技术问题的考虑。正规约束（Formal Constraint）是与组织物体时所用的几何比例、外形需求以及色彩纹理相关的规律法则。象征约束

（Symbolic Constraint）则是象征性的意义用来创成物体。这些被归类的约束是由谁设置生成的，而决定它们是内在还是外在约束呢？如果约束是由设计师本人首先自我决定并强制应用在设计中的，则是内在约束，否则就是外在约束。很明显地，我们可以总结说设计问题是由外在力量所给的外在约束结构而成，由设计师经过内在约束处理将其规制化，再由执行一系列目标、运作一系列行动产生满足所有约束的最后思考产品。如果设计师（或解题者）能独特地运用外在约束，独创地征用内在约束，或在目标中采取特别的行动，非传统性地满足约束而创出非传统的解答，则一个独特的有创造性的设计会生成。此一独特的目标秩序或独特应用外在及内在约束的概念，是说明设计师有设计创造力的第三个因素（DC3）。

　　如前所言，设计师运用内在约束，一则减少做设计决策的频率次数，二则缩小寻找解决方案的空间和能量。从设计策略的角度而言，敏锐运用内在约束会让设计过程更有效果，也更有效率。当然，外在约束也会产生不同的效果。但过多的外在约束会为决策设限，束缚知识运作，压缩寻找解答的空间，更不能有弹性地进行创造性思考，或进行独特的知识联结。例如博物馆和公众建筑设计就比商业设计的约束少，而大多数经典建筑作品都是建筑大师所做的剧院、博物馆、文化或会议中心等公共设计。因为在设计公共建筑时，建筑师能利用更多的内在约束，限制想象力的外在约束更少，如普利兹克建筑奖（Pritzker Prize）得奖的作品，公共设计就比商业设计多，也更容易让他们做出更杰出的建筑。商业建筑，特别是商业城或商业中心类，会有更多的商户单元要求、运作经费形态要求、商业种类以及开发商期望的建筑外观造型要求等种种限制。这些由开发商设定的约束，就多于公共建筑所要求的约束。所以公共建筑类的设计环境能提供更多的创意空间。另外一个更少外在约束会奖励创造力的例子是斯蒂文·霍尔（Steven Holl）设计的北京现代城。霍尔在电视节目访谈[1]中解释，他的业主——万科开发商——能提高营建经费，配合所有霍

---

[1] 2007 年 7 月 23 日，查理·罗斯（Charlie Rose）在美国公共电视台访谈斯蒂文·霍尔时，霍尔就说："北京 MOMA 现代城的开发商所设定的设计要求非常低。"万科开发商会接受霍尔的所有设计提案来建造。

尔提出的设计概念。霍尔提到业主的建设理念是："我们会建所有（你）提出的设计元素，我们有信心能销售这些公寓，最重要的是（这个设计案中）设计的精神层面。"因此，创造力存在于较少约束的设计环境中，设计环境约束（Design Environment Constraint）的条件是说明设计师有设计创造力的第四个因素（DC4）。

2.4.4　设计是行动时反思及设定问题的活动

在日常生活中，人会持续思考每天发生的事。有时候人可能没有问题存在，有的话也只是作息惯例中的小事件。在这种情况下，有人会问自己一些问题，看下一步要做什么让作息持续下去，或者找新问题、新解答让日子过得更好。在另外的情况下，人手边也可能会有些问题等待解决，这时他们会先问自己一些关于待解问题的重要性、关键性状态以及要完成的时效期等其他假设的问题，以便设置一个解题优先表。这些对存在问题的重要性及危急性的考虑，正是在解题之前先设好一些约束，决定解题目标和程序。这种不停反问自己的现象就是在为日常生活作息的行动定流程，或在没问题中找新问题，或为待解决的问题制订优先计划表的认知行为。

当问题列入考虑后，解题者还得对问题做个了解，找出相关信息，决定需求，辨识期待的结果，然后在心中将问题做好布局，找出对应的行动，把预期结果做出，一直做到解案完成为止而结束。这一系列步骤可以说是解决一般普通问题的标准解题方法。但在整个过程中，人们会一直问些假设的问题，并用其将寻找行动和解法的效果优化。这种以问问题的方法去了解问题，去设置动作的程序以及为生成解答而设置一些策略性约束的方法也同样在设计思考中发生。

在设计里，当设计案件被甲方委托设计后，许多次要问题逐渐形成，也因此比良构问题更为复杂。一般设计师会依"次要问题"之间的关系掌握问题。根据次要问题之间的关系以及其和整个问题框架的关联，定义出这个设计的"问题构架"（Problem Structure）。由认知角度而言，一个问题的构架也可以解释为组合所有的目标程序、与设计单元相关的知识表征以及完成解题目标所附加的设计约束等的综合流程体。这个组合体，在设计过程中形成，是将问题构架化的整个认知结果的成品（Chan, 1990: 69）。当然"问题的结构"也可解读成考虑问题状况前后的逻辑推理脉络，详情可见《设计认知：设计中的认知科学》一书（Chan, 2008）。因此，"构架"一词说明了问题的脉络和问题在任何情况下的特色状况。一旦问题的构架形成，一个大致的设计草案就会生成。通常，最原始的问题结构大约是在解题的开始时刻就形成了（Dunn, 2004; Chan, 2008）。这个时期也被称为"定义问题期"（Bardach, 1981, 2000），或"界定问题期"（Vesely, 2007）。在这个初创期，解题者会进行一系列的假设反问，了解问题并创出一个草案。当问题被充分了解之后，这个基本的结构会逐渐调整、修改或更新，亦即"问题结构化"的现象。从设计角度来看，一个问题结构通常是经由绘制草图、泡泡图，或任何其他做建筑实模或电子模型的形式生成的。设计者通常会持续在同样的结构上保持设计，也会重新定义这个结构。有学者形容问题结构化的现象持续发生在解题期间（Logan & Smithers, 1993）。问题未解，结构化的过程就不会停止。但在结构化过程中，如解出次要问题的结果突然与其他次要问题发生冲突，则问题结构和当时解出的部分解案就会立刻被适当修正或重新定义。对他们而言，问题结构化的过程是探讨问题架构和调整架构的过程。无论如何，在整个过程中，设计师会不停地反思、自问，以便落实、保持、修整或重新定义问题的架构。

由于解题过程中有许多"次要问题"发生，大架构中就包含许多"次要问题"依附在内，每个次要问题对应的次要解答也存着一个关系结构，称为"解答结构"（Solution Structure）。"解答结构"是生成解答的序列次序、代表解答生成的前后关系。设计是累积许多次要解答形成的一个总体大解决方案。任一答案解出的刹那会影响到问题结构本身，或影响到下一子问题解答的生成。这些问题结构及解答结构的所有脉络都可用"解题行为图略"（Problem Behavior Graph）以图形显示（Newell & Simon, 1972；Chan, 1990，2008）。如果把问题架构和解答架构两个系统合并，则可充分掌握整个问题情况。在认知方面，设计师会持续地检查两个架构以检验问题情况。所以，设计思考过程会有下列形态和认知活动发生。

（1）定义问题期：这一时期中，最早甲方给的外在约束会被演绎成一套设计问题的重点和意图。一些疑点也会产生，有待澄清。这些过程行动会让设计本身进入一个准备阶段，启动适当的研究（Woolley & Pidd, 1981）。这时，设计者会问些问题，澄清问题的全部脉络关系。先前定出的问题陈述，会被拓展或者重写。在这个时期结束后，整个设计问题会逐渐被完整地定义出来。

（2）创出解答期：当解题活动往前移动时，设计师会问些假设的问题，模拟问题情况，产生一些可选择的解答。这与下西洋棋相似，西洋棋大师会在下棋之前做一些棋步推理，然后选取一个最有可能赢的棋步。在设计中，设计师也会问些与设计相关的假设问题，仿真一系列的假设行动做取舍决定，给出一些可选择的解决方案。

（3）决定和评估解答期：当设计师必须决定选取设计方案时，设计师会想出所有可能的问题，衡量问题前后脉络连贯的可能情况，模拟未来的情景，预测可能的潜在冲突或可能衍生的问题，以便做最好的选择，满足整个解答结构。在这一时期，设计师也必须时常问问题，以便随时充分掌握设计问题的情况和进展。

设计过程中，为沟通问题的情况而问问题的认知现象在唐纳德·舍恩（Donald Schon, 1983）的"行动中反思"理论里解释得很清楚。舍恩说设计过程是反思行动。设计师也会在询问"如果怎样，将会怎样"的问题中学到许多设计知识。舍恩指出设计过程存在许多变数，无法用一个有限的模式去仿真整个设计过程。任何设计的行动都有可能得出完全出乎想象的结果。当它发生时，设计师应该从意外的变化中思考新做法，做出新认同和新步骤。在这种情况下，当一个设计师做了一个动作，原来的问题情况会发生变化，同时"反馈"（或反驳）给设计师，设计师也必须反"反馈"到问题情况中。这整个对话过程是反思的过程。无论设计师做了什么动作，他必须为意料之外的结果做反思，接受问题情况的反馈，做出新的领会，并且重新架构问题，为未来行动做准备。当回答的问题给了反馈时，设计师会在行动中反思而继续架构问题。根据问一些"如果……将会……"的问题，承认并接受当时的情况来修改设计立场，在微观中考虑大局，由探索转到背书承诺等，这些都是在问题情况中反思对话的现象（Schon, 1983: 103）。所以，舍恩的结论是：我们的设计思考会在做事时为"问做什么事"的立场随时重新定位（Schon, 1987）。这也说明了问题架构化和重新架构过程的自然本质。

罗森（Lawson）更进一步解释了过程反思概念中的"行动中反思"及"行动后反思"的差别。行动中反思与架构问题、推动解题程序以及评估解答的活动有关。设计师会连续地反思对当前问题的了解以及解答的合法性（Lawson, 2006）。行动后反思则与质疑当前问题是否解得正确、哪种次要问题已经考虑过或没考虑以及涉及所有代表、构成以及推动问题的局部程序有关。这些活动是对应于检查问题进展情况的。在某些例子中，一个新解法的生成会完全改变问题的情况，这种时刻就称为关键性的问题情况（Critical Problem Situation）。在研案设计问题的实验中发现，当设计者找到一个解答（在该研究中，设计师是在立面设计中处理凸窗的屋顶形状问题），并画在图上时，他会立刻发现一个关键性情况，逼着他要改变设计（Chan, 1990）。这种关键性的情况指的是有可能会改变问题结构或解答结构，并正处于要重新架构问题的紧急时刻（Chan, 2008）。当然，在该案中，设计师了解到当时生成的解答会变动内部造型，破坏空间特色，违反他最初的愿望，于是他放弃了该解法而改换其他解法（Chan, 1990）。这也说明行动中反思的现象是与问题架构化过程的活动有关的。

总之，行动反思会让设计师在设计历程中发现可能的新问题，或者在评估解答构架时会重新定义整个问题的构架。基思·多斯特（Kees Dorst）及奈杰尔·克罗斯（Nigel Cross）曾经解释说，在（工业）设计过程里如果重新调整并重建问题的构架，确实会引导出有创意的设计解案的生成。在要求9位有5年以上工作经验的工业设计师为荷兰火车车厢设计一个小型废物处理系统的口语数据中，他们确定了创意设计生成的现象。由该研究，他们总结出创意设计归因于设计问题的构架形成的情况以及其原创性（Originality）。有创意的设计似乎更关注于"同时发展并改良"问题的形成及解答的"概念内容"（Dorst & Cross, 2001）。约翰·埃贝哈德（Eberhard, 1970）也给了一个办公室设计的例子。在该设计过程中，设计师问甲方是否有门把手就是开门或关门最好的方法，随之他追问究竟这个办公室是否需要门。埃贝哈德表示，这个现象是回归性思考，尤其是在更进一步地分析问题，收集到更多信息后，设计师会明了为生成一个有创意性的解答方案，有必要改变问题的结构（Eberhard, 1970）。这种在解题开始就架构问题，再从行动反思中重组问题的认知活动现象，确实解释了设计思考中创意的来源。因此，由行动反思促成的问题组构以及再组构是说明设计师有设计创造力的第五个因素（DC5）。

在设计领域之外的其他解题活动中，问题架构，也就是舍恩（Schon）所说的组构问题框架（Problem Framing）的概念，已经被公认是重要的解题程序。许多研究也探讨如何系统性地依照子问题间的相互关联，发展整个问题框构的技术，让解题程序更有效率（Vesely, 2007）。在运筹学中，为帮忙决策者对问题提供共同认知的问题框架，一种问题结构法（Problem Structuring Methods，PSM）也被研究发展出来（Rosenhead, 1996）。甚至在土木工程学中，一项研究用重组问题框架配合解案框架生成的演进法，也被应用到计算机仿真"设计问题和潜在解答共存"的计算机程序算法中（Maher & Poon, 1996）。

2.4.5 设计是寻找表征的过程

知识，如前面数节所描述，是在记忆中以团块的形式储存的。当知识累积到某一阶段，某种技术的指令剧本也就逐渐在脑中形成。指令剧本的概念代表记忆中某种特别的知识团块。为了有效地利用这些知识团块解决问题，必须用某种象征符号将其转成表征，然后外显呈现。如此，不可见的知识就变成了可视的。因此，表征（Representation，或称表象）是用来作代表的物体或行动呈现出的代表性，意指将某物体或某事件以另一物或事来代表，也指代表在现实中发生事务的一种表达手法（Echenique，1972；Hesse，1966）。这里，表征可看成是名词，或是动词，它是被象征的产品，也是作象征动作时内含的方法（Greco, 1995）。

在解题程序中，某些表征是逐渐在心中或外部形成的。形成方法是引进数据信息，剔除无关信息，并且演绎相关信息，创造出能生成解决方案的手段方法。这种手段方法如由脑中知识得出并形成与问题相关的心中表征，就称为内在表征，一般是理性主张、论断、知识基模或心智影像以同构类体的形式存在。为了有效率地解题，最重要的是在解题刚起步时就建立起适当的内在表征，然后不断地调整表征去适应问题情况，一直到解决方案终结为止。在某些情况里，内在表征是当时外在课题的真实投影，也是问题的抽象性架构。但在做设计的情况下，在心中发展出的内在表征必须以某种形式呈现于外，变成可见的所谓外在表征（External Representation，或称外在表象）。外在表征是运用知识配合环境中的课题架构，以实际对象（模型）、象征性符号（代号）、图形（素描）、脚本（语言代码）、程序（计算机函数）表达出的成果，也可能是隐藏在物体造型中的规则、约束、关系或逻辑等（Zhang，1997；Chan，2009；2011）。

这些外在表征是可见、可触及的物体，代表所要建构出或要建盖成的形。而这个形是设计者心中经过一些心智努力所酝酿出的设计理念或概念。在心中，这些概念就以一些内在表征呈现出来，让设计者能内视。因此，内在表征就是以某种形体映显出的一些设计概念、方案、知识、视觉影像或心智影像，其本质是无法触及的，是观念化的，但当时活跃于脑海中的抽象物。也因为内在和外在表征有某种程度的相关依赖性，所以解良构问题异于解弱构问题，所应用的认知程序也相异。

对于良构问题，外在表征大都已经设定并给予解题者，解题者必须在心中建立一个或者多个内在表征，然后寻找要执行这些内在表征所需的适当规则并且运作，以满足外在表征代表的课题，直到问题解决为止。被肢解的棋盘问题（MC）是一个很好的例子（Newell，1965；Wickelgren，1974；Anderson，1980；Korf，1980），这是一个标准的8×8西洋棋盘，两个斜对角的角落格子被去掉

了（图 2-4）。问题是要以31个黑白骨牌完全把62个余下的格子盖上，每个骨牌覆盖的是棋盘上相邻的黑白格子。此例中，棋盘是外在表征，为了要解决此题目，心中也得建立某种内在表征的形象，以形象配对外在表征进行解题。读者可先作自我实验。

在一个实验报道中发现，受测者在解此肢解棋盘问题时，脑海里用的内

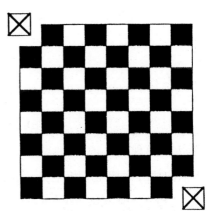

图2-4　被肢解的棋盘问题（Mutilated Checkerboard Problem）

在表征大部分是黑白骨牌、方块数目或几何特性的排列图形（Kaplan & Simon，1990）。因为每个骨牌覆盖的是两个黑白格子，所以用骨牌盖格的起步法似乎可行，但用30个骨牌盖上30个黑白格子之后，题目还是无法解，因为无法以第31个骨牌盖上两个同样颜色的余留方块。但如将骨牌的表征变换成两对黑或白的方格数目，就会让解题者由方格数目理解最重要的逻辑推理，即以30白≠32黑明确证实为何这种覆盖法是不可能的（Korf，1980）。因此，找到正确的内在表征，或在过程中弹性地变换表征都是解决良构问题的关键。

至于作家、画家、程序员、律师、规划师、政策立法者以及设计师等面对的弱构问题，通常没有明确的外在表征能交给解题者，让解题者知道什么是所期待的最后的解题结果。所以，解题者得先建立内在表征，再用某些外在表征让内在外显，逐渐地将问题往前推（Hayes，1981；Eastman，2001）。在设计中，设计师也得先在心中发展出一些设计概念，这些不可见而且是概念性的想法（可能是抽象概念、构想、知识团块、视觉图像或心智影像等），也得用内在表征将其实体化，然后再用某些外在表征的媒体将这些概念外显。能生成外在表征的媒体，包括传统的用铅笔画在纸上的素描或任何图形，文艺复兴时期（15世纪）开始盛行的手工模型，1937年后在电子计算机里创造出的电子模以及由数字技术制造的原型模式（Prototype Model）等。最后的结果是一个可见且可触的外在表征被创造出来，代表将被实际建造或生产的物体。这些实体造型是由设计师经过一系列的心智活动，将抽象概念实体化的成果。举个例子，在建筑设计中，建筑师必须在心中思考一些心智影像，用草图或三维模型把影像表达出来。在这个过程中，建筑师必须重复修改心中影像，配合外在草图，或修改外在草图，配合内心影像。因为内在及外在表征同时都是设计师自己发展出的成品，他有许多无穷尽、多样化的媒介可选取采用，作为生成结果的手段工具，所以弱构问题提供给设计师更多富有发展创造力思考的空间机会，来做出更有创意的产品。就如斯蒂芬·科斯林（Stephen Kosslyn）所形容的，人类有可能将问题中的物体可视化，并在心中用影像表现来解决这个问题（Kosslyn，1975）。如果设计师能创造出不平凡的心智影像，并且运用这些不平凡的影像解决设计问题，那么某些有创意的造型就会生成，这时创造力就显现了。

在研究人类是如何寻找表征去解被肢解的棋盘问题时，学者证实，一般线索、提示、常识和过往经验等都会诱导解题者找到特别的表征去解题（Kaplan & Simon, 1990）。设计就是一种创造表征和寻找表征的过程。设计师必须选取某种可见的外在表征，将心中已经生出的无形无影的主意、概念、影像、符号或图形等具体展现于世。在设计过程中，内在表征和外在表征不断地相互调整对应，进行对话，并产生交集，以应对当时面对的设计意图。在复杂问题里，如果无法了解两种表征间是如何对应的，或两者间缺乏互动，设计师就无法立刻以视觉领悟到存在的概念信息，无法进行对话，设计就会冻结、停摆，无法顺利进行。这时就很难判断设计的概念是否可行，更不清楚如何将心中的概念体现出来。在某些例子中，设计可能会有冲突发生，设计师必须找到不同的表征解决冲突，这时就有机会得到不平凡的解答。总而言之，如果设计师能做出一个全新而且以前没有用过的表征解决同样的问题，那么产品就有不凡的创意。因此，表征是一个用来创造或表达一个设计概念的媒介物，一个解决问题的认知机制，一种设计认知的活动，也是一个产生创造力的因素。在设计中所运用的内在及外在表征即是说明设计师有设计创造力的第六个因素（DC6）。

2.4.6　设计是利用认知策略的程序

解良构问题的步骤有限，尤其是数学问题，因为一般数学问题中有解题法，可提供有效解决数学问题的方法，只要细心做出每个程序，问题即可迎刃而解。但弱构的复杂问题就不能仅靠有限的步骤来解决，还要有策略地运作一些认知机制以便巧妙地盘算许多设计因素。这些认知策略就是有策略地运用认知机制，巧妙解决错综复杂的问题。一个策略，不是一个直接的程序运作或运算方法，而是一种"常识"，用来支持人类发展内在程序和执行高规格心智运作的动力。例如在教育领域中，教导学生用的认知策略，包括应用一系列指导程序引导学生学习，同时有系统地让学生练习基本的技巧，目的是要让学生了解手上所做的课题，并且学习完成这些课题的方法。另一个在教导"阅读理解"（Reading Comprehension）班所用认知策略的范例，是鼓励学生阅读的同时发问。发问不会帮助学生领悟阅读内容，但在发问时，学生必须寻找字义，组合信息，如此会帮助学生增进阅读理解的能力（Rosenshine, 1997）。

认知策略也可被解释成是用来帮助完成某些特别课题的认知程序。有研究探讨问题固有结构和解题者策略行为间的互动本质。在设计里，设计策略是将"问题结构化"，并也将"解答结构化"做有策略的发展，引导解题运作达成目标的重要心智活动。设计师必须有信心掌握问题结构和解答结构，维持两者间的平衡。例如艾肯等（Akin, Dave & Pithavadian, 1988）探讨问题结构化和解题之间的关系，就发现问题的结构可作为一种机制，用来观察问题的参数是如何在过程中被设计师辨认出的。其他被报道过的主要设计策略包括"由上到下""由下到上""由内到外""由外到内"以及"案例式推理（Case-based Reasoning）"等策略。

由上到下策略是处理设计时先由大方向着手，而后缩小到细部；由下往上策略（Bottom Up Strategy）是先专注于各个设计单元和微观细节而后再关注大局；由内往外策略（Inside-out Strategy）是先解决内部机能，再考虑全体造型；而由外往内策略（Outside-in Stategy）则先考虑会影响内部机能的外部基地的因素力量和整个大造型，然后再关注内部空间安排；案例式推理策略是利用过往经验、情况、布局和曾经做过的解答，为解决当前设计问题作参考。另一个广受欢迎并被普遍用到的设计策略是"以使用者为重点"的设计手法（User Centered Method）。这个方法将使用者在建筑物中的行为、活动及需求当作考虑重点，于是整个设计就围绕着这个重点考虑。然后基于设计师自己的假设及预测或是以使用者要求的"考虑议题"为主，发展出一个"设计蓝图"，而后根据这个"蓝图"进行功能规划，产生造型，这就是此设计策略的运用，普遍用于设计教育课中。

但在解题生成造型时，抽象的设计问题需要设计师将抽象概念转换成实体造型，满足功能、结构和材料的要求，这时设计师就需要一些方法去完成这些造型创作过程。能生成造型的设计方法一般包括设计原基法（Parti）、模拟法（Analogy）、象征隐喻法（Metaphor）、变形法（Deformation）等，当然还有其他还没被出版定位或报告介绍的方法。几种已经知晓，并被有名建筑师用过，而且被研究过的方法概念就一一以建筑设计为例简述于下。这些方法通常都是在设计初期就会用到，作为生成设计的机制。

　　首先最主要的是设计原基的创生法，原（始）基（本形），是最基本的建筑设计雏形草案，或是在概念发展期之前的草创期所创造出的主要组织理念。它可能是一个设计中所要构思的基本概念或构想，是单独个别的模块（Module），是一个抽象概念中的简单论述、基本图解中的原始雏形，也可能是一个抽象形或一个实体。就像弗朗西斯·程（程大锦，Francis Ching）所解释的，设计原基是建筑师在设计中以简单的原型构图，或以中心重点论述宣示出的主要组织概念或设计决策（Ching, 1995）。设计师一般会用图解或一个强有力的宣示构成原始概念。这个概念有可能会一并解决所有设计问题，有潜力供未来发展，更有可能将该雏形重复若干次生成总体结构或总概念。所以，一个原型可构成设计草案的设计哲理，引导最终结果的生成，也可能是某一设计的基本安排，将设计带到最后结案的雏形理念。原基可能是一个大构想、中心概念、设计的本质或核心元素等。例如都市设计中的设计肌理，包含城市的形态、质感色彩、路网形态、街区尺度、建筑尺度、组合方式等，是由许多建筑物、道路网经过无数改革演进的组合结果。在这个组合过程中，许多基本的规律和形态会陆续被应用而生成最后结果。应用规律和形态生成设计，就是设计中的设计法，也是体现设计原基的因素。同样地，其他方法如模拟、隐喻和变形等也都可在同一过程中的任何时刻里运作，作为造型的生成法和创造促生剂。

　　其次是模拟法，模拟是使用相似概念，以解决相似问题。这个相似的概念可能是设计者在以前的设计案中创出的解答深留于记忆中，或是借用由他人创出的某一解答。通常一个已经设计出的造型会被数次引用在相似的设计案中，这些原来已创出的解答也被称为"先决模型"（Presolution Model, Foz, 1972; Chan, 1990, 1993），这和"案例式推理"的观念相似（Eastman, 2001）。模拟也通常被用来作为诱导解答生成的主意。在建筑教育中，学生一般都被鼓励研究并临摹大师作品。在实业界中，设计师也很容易回记一些过往已生成、已有的解答范例并逐一引用直到解答产生为止（Chan, 1993, 2001）。

　　隐喻可以被看成是人类概念系统的结构之一。在文学中收集到的数据显示，隐喻是日常生活中，不只是语言，而且是在思考和行动中无处不在的认知现象。乔治·雷可夫（George Lakoff）与马克·约翰逊（Mark Johnson）用"争论是战争"的说法为例，当我们争辩时，我们会想到辩赢或输，我们会把与我们争辩的人看成是对手，我们会攻击他们的立场，我们也会用些策略赢得或输掉我们的地盘。这些都很明显地说明，我们会用战争的方式去架构我们所做的事，并且在争辩时了解我们要做些什么（Lakoff & Johnson, 2003）。因此，人类的思考过程是隐喻性的，那也说明人类的概念系统是隐喻式构成并且被定义出的。我们人类的概念系统是有隐喻的本质的。设计是思考的一部分，我们当然也无可避免地会在口语或影像图形思考设计时用隐喻。

隐喻的根本特质是去了解并且体验由一事看另一事（Lakoff, 1987, 1993）。在做设计时，我们会用一物代表或象征其他物。这种物转物的概念，可以说是用一个观念、形、几何或对象来替换另外的对象，以便把抽象概念落实成实际形体。这种"物"或"形"的取代物可能是符号或标志，用来表示一个设计观念或设计思考。例如1970年大阪举行的国际博览会，许多国家展览馆都用充气结构建成。当时的日本馆就是由五个圆形展览厅组成，这五个大圆形展览厅象征五瓣樱花，樱花是日本的国花。以五个圆代表樱花（图2-5）和樱花代表国家的运用，显示出建成的展览馆就代表了国家，这是象征隐喻的转折设计用法。另一个有名的例子是日本广岛附近宫岛岸边的水中门。该门是到严岛神社的主要入口，即由海上入庙的大门概念（图2-6）。此例也和埃罗·沙里宁（Eero Saarinen）在美国圣路易市设计的入西部荒陲的大拱门一样（图2-7），以实物（圆拱）做出一个隐喻造型（象征门），体现一个功能函数（纪念性）的设计手法。这些实际例子解释了用视觉作隐喻的手法。

另一个概念是直接由实物作隐喻，而非以物易物再隐喻，可由弗兰克·盖里（Frank Gehry）的著名的鱼设计作解读。盖里的概念是以鱼重现出人类宇宙的起源。他说："三亿年前，在人之前宇宙中存在的是鱼。"（见维基网页 http://en.wikipedia.org/wiki/Frank_Gehry）因此，用之回顾历史。他在美国明尼苏达州明尼阿波利斯市雕塑公园中建了一条直立的透明鱼雕塑作宣示（1986，图2-8）。后来几年，他在他的建筑设计提案及已盖的建物中重复使用鱼的造型，包括在纽约市哈德逊谷的表现艺术中心（2003）以及西班牙巴塞罗那奥运港的鱼造型设计（1992，图2-9）等。他的鱼造型也用在许多家用灯罩和雕塑品的造型中。

在另一方面，隐喻也可应用到比体现实体视觉更抽象或更概念些的方式上。例如意大利建筑师伦佐·皮亚诺在美国加州旧金山设计的科学院就是一个很好的范例（图2-10）。皮亚诺的想法是把基地（位于旧金山金门公园内）切下，然后将之拉高35英尺（10.67米）作为屋顶，庇护所有内部设施。在皮亚诺的观点里，该院的绿色屋顶就是整个设计案的隐喻，是一个地形图（Pearson，2009）。因此，绿色屋顶就是公园的延伸，并提供给低层空间一个隔热缓冲层。在此设计中，屋顶是一个"物体"，象征加州旧金山公园的"地形图"，并有保护"科学院"内部设备的功能。除了这些以物体作隐喻的方法之外，隐喻也可以用来作哲学性的宣示。如密斯·凡·德罗（Mies van der Rohe）在现代建筑中所提倡的影响深远的至理明言"少即是多"，象征空间安排的简洁考虑，经济实惠的结构和功能配置。这句名言的效果，变成一个设计的古典例子，鼓励尽量减小空间尺寸，省去不必要的材料花费，并且充分运用简单造型以达到至高的美感境界。

图2-5　1970年大阪国际博览会基地鸟瞰图（图片来源：Davis-Brody, http://www.columbia.edu/cu/gsapp/BT/DOMES/OSAKA/0489-84.jpg。登录日期2016-5-19）

图2-6 日本宫岛严岛神社的水中门（图片来源：Bo-deh/维基公有领域， http://commons.wikimedia.org/wiki/File:Miyajima_Itsukushima_Shrine_Portal.jpg。登录日期2016-5-19）

图2-7 美国圣路易市到西部之门的圆拱（图片来源：Matt Kozlowski/维基公有领域， http://en.wikipedia.org/wiki/File:Gateway_Arch_edit1.jpg。登录日期2016-5-19）

最后一个被报道过的设计方法策略是变形法。变形法是使用外力或外压改变物体的形状、造型或大小。这个方法可在设计过程中随时运作、产生，以便创造出新的造型结果。例如彼得·埃森曼（Peter Eisenman）就使用逐步转移方式，有程序地逐次用一个元素取代另一个元素；或将一实体分裂成片面，再将平行的片面转到坐标方格里，然后将坐标方格旋转、放大、缩小，甚至将物体扭转、折叠，或压弯成曲面。在一个展示"瓜地欧

图2-8　盖里在明尼阿波利斯市雕塑公园中陈列的鱼雕塑，1986（图片来源：作者摄影）

图2-9　盖里在西班牙巴塞罗那奥运港的鱼造型设计，1992（图片来源：Till Niermann/维基公有领域，http://commons.wikimedia.org/wiki/File:Barcelona_Gehry_fish.jpg。登录日期2016-5-19）

拉住宅"（位于西班牙）设计的录像片中，他就以动画解释了利用减集、交集和联集的运动法做出奇异并且琐碎的造型[①]（图2-11）。这些设计程序可以说是反构成主义（或解构主义）建筑的手法。这个手法既是与"语言文脉"相联的形体制造法，也是变形法的策略之一。这种与文学相关联的变形法在数字建筑以及快速原型制造中用得很多。虽然这个变形法和认知过程没有直接关联存在，也没被有记载的实验数据证明，但也是一种引用某些特别程序产生特别造型的思考现象，所以也可被认同为一种为生形而用的认知策略现象。

　　上面介绍的例子简短地解释了在设计中为解决设计问题，可用来创型的思考策略。设计策略与设计方法最大的不同之处是"设计策略"是在设计早期就特别发展出一个通盘计划，或大纲草案，或整体目标。这些创出的计划、意图草案或目标是被用来控制从头到尾的整个设计程序的，而且由设计起头到收尾直至结束都一直有恒定的、策略性的延续用在解决手上的设计问题（Chan，1990，2008）。"设计方法"是策略中的方法，主要是为创型而用，也可能会

---

①埃森曼的设计观念被录成动画录像片，相关视频参见网页 http://www.youtube.com/。

a

b

图 2-10 美国加州旧金山科学院外观及绿
屋顶（图片来源：WolfmanSF/维基公有
领域，http://commons.wikimedia.org/wiki/
File:California_Academy_of_Sciences_pano.
jpg，维基公有领域，http://en.wikipedia.org/wiki/
File:CalifAcadSciRoof_0820.JPG。登录日期
2016-5-19）

图2-11 彼得·埃森曼在西班牙的瓜地欧拉住宅设计（图片数
据源：彼得·埃森曼, A+U日本新建筑, 1989，220：21）

发生在设计过程中的任何时间，甚至整个过程中使用数个不同的方法，目的是
为了得出造型。所以，一个设计方法就包含在设计策略的部分考虑中。如果一
个设计师能有创意地运用策略，可能是模拟、原基、隐喻或变形创出一个崭新
的形体，则这种思考就是创意思考。重点不在如何应用这些策略，而是如何有
策略地激起该法的应用。这种运用设计策略的独特性也是说明设计师有设计创
造力的第七个因素（DC7）。

2.4.7 设计是某些推理的运用

在思考时，人类是如何做判断、做决定的？日常生活里人类是以呈现在
眼前的能观察到的信息为准，开始做些预测和假设定下案例，然后用记忆中

的经验为参考，运用逻辑设定推论后开始做决定。一般常被用到的逻辑，按照哲学家所描述的，有演绎推论（Deductive Reasoning）和归纳推论。演绎推论是从一般的数据中找出特别的事实，从结果中找原因，或从一般的原则开始推论到特别的情况而作结论，或先假定理由再去找后来发生的结果（Magnani，2009：10）。简单地说，就是从一般性的前提开始着手，经由推导（也就是演绎），然后得到具体陈述或个别结论的思考过程。这个方法确实是从假设前提的推论结果导出的思考。例如由A去推断B，如果A的前提正确，那么有效地演绎推理会保证B的结论也正确。至于归纳推论，是从特别事件中发展出普遍性的结论，从数据中发展出一般性规则，或从样本中推断其普遍的属性，并且是从信息情报中找出事情发生原因的假设推理（Aliseda，2006：33）。例如由A去推测B，我们可能有理由相信从A前提中归纳得出的B结论，但是这个B结论不能保证确实是正确的。归纳推论是在物理学和哲学领域中普遍采用的推理方式。

这两种演绎和归纳逻辑法是19世纪中叶之前就被人们普遍接受的人类推理方法（Fischer 2001：365）。它们是基于"有效的前提而得出有效的结论"这种正式逻辑的推理方式。但是在有些情况下，在观察的数据里可能无法做适当的推断或演绎。于是第三种设证推论（Abductive Reasoning）法就被查尔斯·桑德斯·皮尔斯（Charles Sanders Peirce，1839—1914）在19世纪末期介绍出[1]（或者说是再发现[2]）。最初皮尔斯强调设证推论是一种三段论解说，即规则、案例和结果，并以证据作推理的过程。他所用的袋中豆是有名的例子。亦即所有袋中的豆子都是黑色的（规则），这些豆子都来自这个袋（案例），所以这些豆子就是黑豆（结果）。之后，他比较设证推论和猜测本能（Guessing Instinct）的关联。对他而言，设证推论是由个人过往经验做出猜测，推断出最佳的解释。他写道："设证推断出的解释就像灵光一闪般出现。虽然它是非常

---

[1]事实上设证推论这种推测法，确实在亚里士多德的三段论证法中曾经被提到。但皮尔斯将它从哲学和符号学角度更进一步说明，是有创造性地推测过程生成新假说（Magnani，2009：9）。随后这个推论法也被学者用作解释科学发现的推论方法。

[2]亚里士多德（Aristotle，384—322 BC）处理过演绎及归纳两种推论，但没有仔细分析设证推论。所以设证推论在逻辑发展历史上是空白的，一直到皮尔斯发掘后才开始被关注（Fischer，2001：365）。

容易犯错误的洞察，但却是一种有慧眼的洞察行动。"（Peirce，1997：242）设证法是由结果来推断原因，它代表一种说明式的理由规则。虽然有时在逻辑上是失效的，但仍然可以经由归纳来确定。例如路是湿的，因为下过雨。雨是原因，是由路湿的结果推断的。由皮尔斯的角度来看，所有推断性的思考是去发现我们不知的事情，所以会由我们已知的去扩大我们的知识。这种发现是由猜测性解释法，或由心中的逻辑跳跃而成的。在探索科学发现的研究中，设证推理也可看成是应用解释性的假说运作的推论方式。

　　应用设证推论的目的，不是要总结事情的对或错这两个极端，而是去主张可能是对的部分。这种推论方法得出的结论是基于或然率而且大部分在科学和研究的领域中应用。但当设证推论具备了所有正式推论（Formal Reasoning）所要求的正确前提和正确结论的基本要素条件时，它同时也具备了或然率，因此也被归属于非正式的逻辑推论（Informal Logic Reasoning）类。就像学者所说，由哲学的角度而言，我们对世界的知识不一定非由正确逻辑推断得来，但所有推断都是人类自创的假设，这些假设是否适当就无法由逻辑证实，反而是要看其务实性。所以，设定假设是另一种"理性思考，非理性推断"的推理形式。也因为如此，"明白"（Knowing）（事情）[①]代表的是当时在做推断，推断意味着我们对事情由规律诱导做解说，而解说是在证实我们的知识的适当性所做的动作（Fischer，2001）。同样地，学者也用假设推论（Hypothetical Reasoning）描述这种思考和"明白"的形式，也就是给尚未发生或可能发生的事情某些理由或原因。

　　在设计里，设计推论和正式逻辑推论不同，正式推论专注于设定真或假的前提，然后得到真假抽象形象的结论。然而在判断建筑造型的美感价值和程度时，并没有真或假的两位性价值存在。设计推论更加倾向于设证推论，提供更多"可能是什么"的假设（March, 1984; Martin, 2009; Cross, 2011）。洛兰佐·麦格纳尼（Lorenzo Magnani）就很清楚地形容了设证推论是推断某种事实或定律或假说的过程，让事情的说法更合理，也更能解释（或发现）某些（或

---

①这里所谓的"明白"（事情）用的是进行式，指的是当时对手边事情发生时的状况了解以及计划会做知识应对。

根本是崭新的）现象或观察，这就是设定并评估"解释性假说"（Explanatory Hypotheses）的推理程序（Magnani, 2009: 8）。设计过程是从头到尾都涉及设定"假说"并衡量"假说"的活动。

事实上，设计推论不完全是靠特别的运算法作正式逻辑运作，它反而是某种不正式推论，驱动设计行为。它也应该被看成是所有心智运作的功能带动设计活动。有学者解释，推论事实上是包含多少有次序的思绪系列，如审议、琢磨、争论以及偶尔的逻辑推理。但设计推论是一种基于某些理由为做决定而行动的论证过程（Rittel, 1988）。设计师是主动地根据归纳对某些事件的观察，构筑假设，寻找新的信息，挑战已被接受的解释，推测可能的新造型及新功能，然后思虑后果（Martin, 2009）。

在另一方面，设计需要许多掌握图形的努力。因此，空间推论（Spatial Reasoning）又是设计认知的一部分，特别是所谓的空间认知。空间推论需要一些心智操作，以便将心中感受到的空间性形态可视化，或将外部空间形体经视觉领会，并运用人类的理性逻辑，经过一段时间在心智内做三维转换，配合一些概念，运作心中的形态，产生结果。空间推理是以"图形"做思考，有别于以"字"做思考的另一种心智认知模式。这两种以字或是以图形做思考的模式，都是当设计者面对课题或面临设计问题时所用的一种心中的内在表征。空间推理时所用的方法是将问题深思，而后将所了解的问题以图形表达，或者经过辨识将以往所学到的经验贯穿到问题情况中，或把所领会到的信息结合一些概念运用到问题情况里将之图形化。所用的图形（或心智图片）可以用符号象征、速写草图或涂鸦将心里的信息尽可能地显现出来。

所有这些设计推论的概念，解释了启动设计并带动设计往前移的基本运作单元。结论是说如果一个设计师应用某些特殊的理由逻辑，而带到某种特别的设计策略运作，产生某些无法预期的、崭新的、特异的产品结果，那么这些所用到的预测方法、推断逻辑或假设性推理都可能是设计中创造力的驱动源头。运作推论也有可能会策略性地激活某些设计策略或手法。因此，用来策略性激起某些设计策略的推论是说明设计师有设计创造力的第八个因素（DC8）。

2.4.8　设计是运用反复性的认知手段生成设计成品

最后一个运用在设计过程中的认知因素是重复性（Repetition）。重复性是潜意识里或有意识地重复使用同样的思路或动作。它是用在语言、写作、学习及设计思考中人类认知的一部分。重复性本质的细节以及设计中因重复性而形成的结果现象，在一些出版物中可读到（Ross, 1933; Ching, 1979; Goodridge, 1998; Mithen, 2005; Chan, 2012），但它不是心理学中的主要研究课题，因为它的覆盖面不像注意力或记忆那么广。本节为重复性做一概括性分析，重点在于强调"重复性是人类认知机制部分"的详情内容以及它对设计结果所产生的视觉和美感影响。

在日常生活中，人常会潜意识地重复相同的家常惯例。我们会习惯喝同种牌子的饮料，习惯走同样的路线，去同样的地方，每天会在同样的时间为同样的杂务跑腿，甚至用同样的方法解决相同的问题。在某些特别的课题上，长久应用同样的程序之后，会演变成自动化的技巧，就像我们学骑脚踏车一样。这就是重复性的特质。重复会生成习惯性动作，培养出自动化技巧，并演变成做某事已经默认的认知程序。不同领域中，在重复性方面也产生过许多研究。例如报告显示重复性在语言学中是一种认知策略，影响并且协调说话的姿态，特别是当用的词句是重复在"询问－恳求的形式"上去说服人的信仰时就很会强烈反应出来（Boisvert, 2011）。在文学中会用重复去强调一个概念，鼓舞情感上接纳对方并激励情感上的感受（Boisvert, 2011）；在音乐上由重复一个曲调、押韵、节拍或旋律生成一曲音乐（Yeston, 1976）；在心理学中由重复演练的复诵法（Rehearsal）增进学习效果（Waugh & Norman, 1965; Atkinson & Shiffrin, 1968）等。同时，重复也是人类用在日常生活作息中的一种认知操作行为。

在设计领域中，重复是一种认知机制，在执行中是应用一个简单的基本特征作为一个模具，再配上一套规律，然后依规律重复这个基本特征的模具而生成一个形体。造成设计中的重复可归因于设计者的意图计划，或惯性重复使用已练习好的程序性知识去创出有特色的形态，生成韵律效果。就像已被定义的，如果在规律的尺度里做出规律的改变，而产生我们想要的运动效果，那么韵律就会生成（Ross, 1933）。韵律在纯艺术及行为艺术中被看成是有形态的重生、反复或在动作中有形态的运动效果，甚至在静态的产品中发生有运动的视觉效果。它是某种特别元素的规律及和谐的反复再生，这些元素可能是一单线条、形、体、色、光、影及声等。如果设计师从这些元素中选择一个单元，创出一个组合，再以运动重复这个组合，一个整体设计的秩序就生成了。这种秩序排列就是韵律现象的特色。事实上，韵律会在产品结果里生成一些规律性、简单性、平衡性以及有阶层秩序性的组合。这种组合具有恒定的特质，并且很容易被观者在视觉上轻易地捕捉到，并充分领会、欣赏这个特质。

在设计中，由重复而生成韵律效果的最好例子是芬兰建筑大师阿尔瓦·阿尔托的作品。例如在伊朗美术馆设计中，他用了同样的形体造型7次，并且将这个基本形块沿着等高线山丘逐渐移动（图2-12），在疗养院里用同样的凉台在立面上重复了7次（图2-13），在里奥拉教堂中用同样形状的曲梁重复了4次，配上天窗生成有形态的墙面投影（图2-14）以及用同样的曲线屋顶重复了4次（图2-15）等。相似的手法，也会在他的其他建筑设计中见到，在此简单带过。但至少4次用任何相同造型的手法结果，确实会生成一个美好恒定的视

图2-12 阿尔瓦·阿尔托的伊朗美术馆设计（图片来源：© 阿尔瓦·阿尔托博物馆,1997授权使用）

图2-13　阿尔瓦·阿尔托设计的拜米欧疗养院立面（图片来源：Leon Liao / 维基公有领域，http://commons.
wikimedia.org/wiki/File:Paimio_Sanatorium2.jpg。登录日期2016-5-19）

图2-14　阿尔瓦·阿尔托设计的里奥拉教堂内部（图片来源：http://snyfarvu.farmingdale.edu/~straaw/design2/
project3/alvaraalto.html。登录日期2013-10-10）

图2-15 阿尔瓦·阿尔托设计的里奥拉教堂屋顶（图片来源：Maija Holma © 阿尔瓦·阿尔托博物馆，授权使用）

觉秩序。这些例子证实，阿尔托是许多应用重复性产生美丽韵律效果的建筑师中最著名的一位。

同样应用重复性手法生成产品韵律效果的方法（Chan, 2012），也被一位年轻的建筑系学生茉莉·布朗在她的研究中实验过。她以自己大学三年级时的设计——幼儿园设计案为基本（图2-16），在原来的建筑腹地上，依照原有的设计要求，沿用旧的功能区块，但修改了设计体的造型，目的是测验韵律是否会经由重复性自动生成。她的实验方法是将相同的功能单元重复地依规律逐渐改变尺度，细心挑选结构单元，在空间中有规律地将其单元显露，再将天窗以固定规律设置在屋顶上以满足功能、结构和能源要求等。经过不停的方案验测，选取最后结果。实验结果确实生成了有系统的空间秩序和韵律的视觉效果（图2-17）。她对修改后的设计结果的质量相当满意。

图2-18是室内渲染，显示韵律般的自然光打到地板上产生韵律般的阴影，创造出愉悦的视觉影像。如此愉快的视觉会给用户以环境舒适的视觉感受。即使茉莉无法证明重复性是发生在设计中认知策略的一部分，但在设计里有目的地使用它也确实说明了重复性和韵律的因果关系。没有重复就没有韵律。在设

计里，有些设计师会有意识地使用相同特征于同一设计案中创出韵律，也有设计师会在不同设计中重复使用相同的特征（或之前设计的部分解答），表达出一个设计风格。这个概念将于后面数章中介绍。例如赖特就在他的草原建筑风格设计中重复运用他的立面文法。因此，韵律是"重复"的认知函数值，而且"重复"也是生成韵律和风格的驱动力。因为韵律是深植于人类意识中的

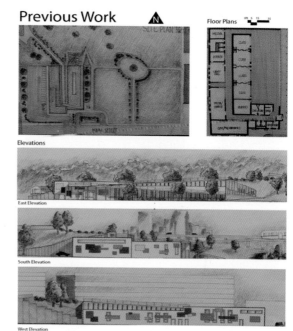

图2-16　大学三年时级的幼儿园设计作品（图片来源：布朗2012年渲染，授权使用）

"重复"的认知本能的运作结果，它应该是所有宇宙中设计会自动涉及，并应该涉及的主要参与因素。这里，结论是说设计中某种情况的"重复性"是本节八个与创造力及风格相关的认知机制与功能介绍中的最后一个，但也是最重要的概念，它解释了个人风格的基本定义。

2.5　设计认知的整体意象及操作定义

归纳所有讨论过的在设计中的八个认知机制与策略，可以整体解释"什么是设计认知"这个问题。认知，一般而言，是领会、接受、分析、储存、回收及应用"信息"情报。信息代表知识，智能是一种运营知识的方式。心智运作则用来应用智能，也操作认知。不同的认知运作不只筑构人类思考，同时也操作我们的设计思考。然而，设计思考却与其他解决簿记、会计、财务、统计、软件工程或医学等问题的思考过程有些不相同，即各自有异。解决设计问题要求利用特别的知识配上特定的策略在心中运作，再加上特别的程序过程，配上特别的逻辑推

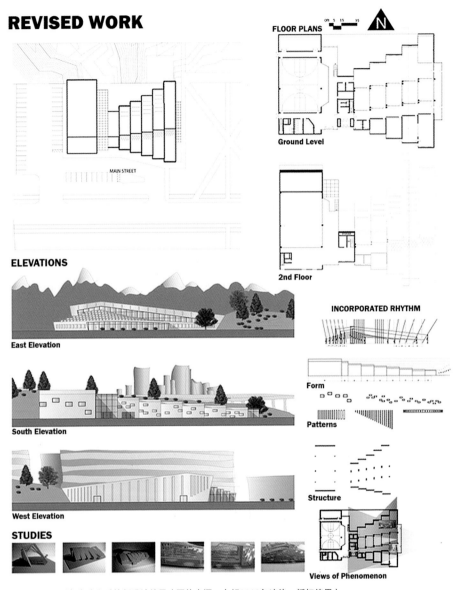

图2-17 使用重复方法之后的新设计结果（图片来源：布朗2012年渲染，授权使用）

论，进行专业知识分析，以图形创出满足一些建筑机能或结构配件的三维建筑元素及造型。某些有经验的设计师都有他们解决设计问题的独特方法，能创出美丽的形体。这些特别方法包括在整个过程中使用一些策略、推理、方法、逻辑和媒介表征等，完成整个设计案件（Chan，1990，2001，2008）。

但什么是整个设计认知的形象呢？设计认知可以用所有会发生的认知活

图2-18　最后设计结果的内部韵律空间的渲染图（图片来源：布朗2012年渲染图片，授权使用）

动以及所有用在设计过程中的认知机制描绘出一个情景图片。这个图片也可用发生在心中的主要程序活动来形容（类似表2-3所列项目），即一个设计是一个解决问题的活动，先了解问题，将课题建构出，将目标定好，将约束限制组织好，然后运用模拟、隐喻、前例或联想创出设计草案（原基），再细心优化。这些主要的活动构成设计早期的概念生成期。此后，下列活动会循环出现：寻找适当的表征，经过推论、发展、约束完成某些目标，同时运用策略方法（模拟、隐喻象征、变形、案例、联想或其他方法）生成解答的元素，随时反思问题及解答的结构，确保正确的解题方向，并运用重复性创出韵律和风格。所有这些联想、问题结构化、表征、推论、目标程序和发展约束等都可能是循规蹈矩的解题活动。但在某些例子中，它们也有可能被独特地运作而生成有创意的解答。就像前面所介绍的，只要这些机制是被独特的运作生成独特造型，创造力（或创意）就生成了。但设计风格却是"重复性"这个因素形成的。

在大部分例子中，设计师会用"归纳"性逻辑方法从数据中推论、发展出一般性规则，或从一般性数据中设立前提，经过逐步推导，找出特别结论（演绎），甚至由有智慧的猜测作假设，解释数据中的情况（推证）等方法决定设计决策。除了这些推导方式之外，人类当然也会设定假设，在经验常识中找设计解答。当找到的经验能适当地与手边问题联系上，则会立刻使用。这种找到就用（弹出就应用）的现象就是直觉（Intuition）。这也与发散思维（Divergent Thinking）风格有关联。有学者建议设计师解设计问题也应该用收敛式之外的发散式进行思考（Hatch, 1988）。理论上，发散式思考通常是自由流动的联想，更多的主意也会在记忆团块中因更多自由的联想而生成。这是因为更多的连接比更少的联想提供更多潜在的解答，而且产生令人惊讶的、意料之外的结果也会更多。至于逻辑的推断方式，在发散式思考完成之后，概念的发展和信息的结构化会被收敛式思考做出，依系列的程序完成一个解答。这也是设计思考逻辑运作的方式。

什么是设计认知的操作定义（Operational Definition）[①]？设计活动一般包括运作推论满足约束限制达成目标，运用联想回忆知识，使用表征进行设计沟通，利用策略创作造型等。因此，思考的本质涉及心中进行信息处理的过程。设计认知的执行定义应该是："在一些特别的表征中以逻辑和推理运作设计知识，将某些设计意图概念化、规划化，体现人工造型的过程。不同的表征应用，也需要不同的推理过程。"设计表征指的是帮助设计用的媒体，可能是草图、流程图、电子模、实物模型，甚至是电算程序中的脚本。欲研究设计认知，就应该专注于设计师如何用绘图思考，如何执行掌控推理，何种表征会被用到以及研讨如何运作逻辑推论生成设计解答的思考形态方式。

---

① 操作定义是用于能测量及可执行的定义。它具有详细、简洁的特色，并且可用来辨定一个或数个可观察的情况或事件。

2.6　其他影响设计思考的因素

　　设计中的逻辑推理也和前节描述的设计方法及策略相关。但不同的媒介，须用不同的认知程序执行，因此其逻辑推理现象也就明显不同。例如传统的纸与铅笔设计方式就与使用数字系统软件（如建筑信息建模，Building Information Modeling，BIM）在酝酿草图期、设计草图期、发展方案期或结案施工期等不同时期用到的设计方法相异。传统的铅笔和纸，多用在发展概念、构思设计时，待构思于纸上成形之后，可再将图纸扫描传入软件中，作为三维电子模的视导。或者在方案完成后，经由其他软件绘成二维图，再将这个二维图的结果输入建模系统，进一步做出三维电子模。这是由上到下的概念导向（Conceptual Driven）的方法。或者在软件中发展轴网作为参考坐标，代表所需的结构间距或标准空间模距，然后再配对内外墙件、结构元素和空间实体。这是由下往上的数据信息主导（Data Driven）的设计方法。或者直接使用体量推敲的功能选项，创建代表性的体块，然后再逐渐添加细部，这应是另一种由上往下的概念化主导的设计方法。但一般建筑教育中不鼓励也很难接受完全用数字系统取代传统的以草图作为概念来构思发展草图设计。

　　无论是概念化主导（由上往下）还是信息主导（由下往上）的思考方式，在计算机软件（如BIM）中做设计，会影响思考的灵活进展和设计格局，因为在计算机中执行过程里所需的指令较多、时间也较长，而且目前软件的灵活度还未配得上人脑思考的快速反应。因此，传统和电子两种不同媒介的使用对设计思考会产生不同的影响。这是由于心智内部在解问题的过程中，会试着将内在表征以外在媒介呈现，并随时修改内在及外在表征，让内外表征发生对话，达到适当的设计结果，这就是设计过程中的心智活动，让设计成品有效地可视化。如果手上媒介是手绘图，则心中也有一份图影存在（Chan，1997）。如果用的媒介是三维实体或电子模，则心中会作三维的抽象影像思考，以便与三维的外在实体作对应。反之，如果手上课题是数字计算，例如参数化建模的脚本，则心中表征就是数码符号或计算机程序及指令（陈超萃，2009）。这时如果没有展示平台立刻显现电算执行结果，就很难在心中预期设计效果作思考的反思对话。无论如何，要了解思考过程和探索媒介对思考结果的影响，在表征上的深入研究就得多下功夫。在第7章及第8章中，将会进一步详细解释表征对创造力的影响和效果。

2.7 研究方法

研究设计思考的方法包括：以实验观察实际的设计活动，访谈设计师同时收集所需数据，通过专注一位设计师的设计、调查其设计形态及所展现的设计行为进行案例分析，或者要求设计师放声思考做设计，同时录下其设计过程，收集数据，再者也能混合这些方法，达到研究目的。所有这些方法可大致分成下列几种类别。

2.7.1 控制性实验法

控制性实验曾被用来观察设计方面的行为。学者曾经以此法研究餐厅内部设计、手写信件以及软件程序设计等不同的课题，了解不同的设计认知过程（Thomas & Carroll, 1979）。通过分析录下的设计师、客户以及实验受测者之间的互动数据显示，所有的设计问题都是在设计过程中一直组构次要问题的活动。这个结论在实验证据的证明下说明了整个设计问题都是由小而简单的次要问题循环解决的。这个发现也可解读为由试误法（或生成和测试法）寻找部分解答的生成。该研究一方面说明对手边问题如能找到适切的表征，则有助于解答的生成；另一方面也指出，设计师如依设计情况发展出目标结构，则会深刻影响设计活动及产品。所以，设计中最关键的就是设计目标的制定。

另一个相似的研究是用控制性实验观察互相"对应"的设计活动行为，了解解题中的表征和表现（Carroll, Thomas & Malhotra, 1980）。该实验要求81位受测者做两个设计问题，即办公室配置及工业产品时间表设计（两者有相同的问题结构，在问题结构形态上属于同构体），然后观察设计者的设计行为。研究发现，图案的表征有助于解良构（工业产品时间表）及弱构（办公室配置）问题。尤其是作某些表现时，要求用图案表征，也因此会提高解题能力。所以，控制性的实验允许实验者利用特别的实验课题研究特别的设计活动。但是这些课题并不适合研究建筑设计过程中的整体认知行为。例如这两个实验里的餐厅内部设计、手写书信、程序设计、办公室配置以及工业产品时间表等都不是建筑设计课题，所以采集的证据无法说明建筑设计的解题行为。特别是该报道中第二个观察"对应"的研究课题也在结论中作了交代，解释他们的研究无法测出解题者所用的目标结构，因为所用实验题材有些牵强、不够自然，所以受测者的认知活动也仅在处理设计团块的安排而已（Carroll, Thomas & Malhotra, 1980）。

2.7.2　访谈法

访谈法（Interview Method）是配上问卷调查，要求设计师回记他们往昔的设计活动，并且回报给问卷者所需相关数据（Krauss & Myer，1970；Darke，1979；Lawson，1994；Cross & Clayburn Cross, 1996）。此法曾被用来研究一个幼儿园的草图设计过程，这是一个实际设计案（Krauss & Myer，1970）。学者用图表重建并记载建筑师的设计活动。此法主要是靠观察受测者的回记，让建筑师回顾往昔文件数据、重新回忆诉说设计来收集数据。该实验证明设计师在做设计时实现了两个主要的活动，也算是设计的根本。第一是收集适当的数据，并分析数据，做出造型（解答）。第二是渐进逐次地强调设计约束，一再重新评估问题和可能的解答（造型）。这些活动都是在设计里连续循环实现的（与生成并评试的观念相似）。另一个在该实验里观察到的现象是设计师改变约束时的先后次序会影响最后的结案，而且设计决策的制定也确实会显出设计师作判断时的个人特点。

至于在研究已建成的建筑设计案，简·达克（Jane Darke）则是在1979年学术期刊中第一个报告用此法访谈建筑师，要求建筑师回溯他们已建成的住宅设计例子。她企图找出在建筑师做设计时，是否在心中已存在对用户的影像或期待（Darke, 1979）。她的方法是访谈五栋住宅设计的建筑师，用录音带录下访问过程。她依赖存盘的设计草图和旧报告，要求设计者重看这些数据并回记以前的设计过程，这是一种回顾与反思的数据收集方法。达克的访谈数据分析显示，建筑师会使用几个简单的"设计意图"达到抽象化的草图观念（或称设计概念草案）。这个抽象化草案会进一步生成一个视觉影像。达克没解释抽象草案是如何生成视觉图像的，但她指出这个视觉图像在设计初期就可能形成，也可能经过一些初期分析之后生成。这就是解答的概念化或推测期。她将这些初期概念和设计意图称为（设计）主要生成者。她指出，在大部分案子中，设计概念通常是在所有必需的细节都研究好之前就发生的，一旦这些概念生成，其次的推断和分析就随之而生。所以，设计的演进是生成—推断—分析的环状形式。这和20世纪60年代所讨论的分析并综合的设计模式有异。

在该研究中，达克也解释了此访谈法可能得不到完美无缺的数据，而且有些问题存在。例如建筑师可能无法正确无误地回想起原来的记忆，也有可能会把原来发生的事从不同角度解释，更有可能无法明确地用语言说明与图形相关的抽象细节（Darke，1979）。同样地，也有研究指出，有些参与实验的受测者也可能会因为遗忘，或选择性说明原先事情发生的心智过程，因而给了不正确的报告（Ericsson & Simon，1996）。更有研究描述访谈及问卷调查这两种方式会给出存在潜在错误或偏差的报告，以致产生有差异的信息结果（Durkin，1994）。也有些时候，人对某些思考的回忆描述，可能会与当时真正发生的思考情况产生完全不同的版本，从而发生误会。

另外一个例子是奈杰尔·克罗斯访谈世界一级方程式锦标赛赛车设计师戈登·穆雷（Gordon Murray）及工业产品设计师肯尼思·格兰奇（Kenneth Grange）的报告（Cross，2011）。在访问穆雷时，克罗斯收集到足够的数据能清楚地解释穆雷所设计的赛车的流线型外观和减低车高、增加车速的方法，独创液压气动避震系统，比赛过程中用的停车站燃油加热器概念以及这位设计师使用的管理赛车组员和设计团队以保持得胜纪录等方法的详细内容。同样地，在访问格兰奇时，格兰奇谈到他独创的缝衣机原型以及高铁车头特殊鼻子的造型时，克罗斯能说明设计师的工作并不在于考虑创出风格或再生风格式的产品，而是从基本的设计目的、功能和产品使用的角度考虑。由访问收集到的足够数据，克罗斯可解释这两位设计大师如何从失败中学到经验和他们所用的工作方法，使得他们能做出最好的产品结果。克罗斯用的方法就是问设计师一些问题，要求设计师对几件产品进行回顾，研究每件设计的特色。这也是案例研究法的一种。

2.7.3　案例研究法

案例研究法是对一个人、群体、事件或一个现象里某些与整个体系相关的因素作综合分析的仔细探研法。这个方法可用来探讨事件发生的原因，以便找出潜在的原则。其操作方法是先做出假说，然后提出一系统方式观察事件，收集所需信息，分析相关情报，并回报结果，以测试假说的真实性和确定性。此法已被哈佛大学商学院用在教学上。他们的做法是访谈杰出的商业界经理，并把访谈得到的领导经验结果写在教科书中（Barnes, Christensen & Hansen, 1994; Dul & Hak, 2008）。在心理学上，此法也被用来作为描述性研究工具，对极端案例和非寻常情况做出翔实的叙述（Christensen, 1994）。一个有趣的案例研究法是危殆个案研究法（Critical Case Study），这和大尺度环境中研究一般问题的发生有着战略般的重要性。例如在一个提案中如果发现只有一个观察到的数据与提案的假说不符合，则其结果一般应该被看成是无效的，这个提案也就应该被修正或被驳回。反过来看，对科学性的提案而言，如果提案是虚讹的，则所执行的观察或实验应该在某个节骨眼上会呈现出谬误的情况，证明这个提案的谬误性。

在医学及心理学中，案例研究是对一个人的生命作深入研究，找出其健康行为的形态和原因。在管理学上的应用，也是可以长时间观察某一事件的进展，或用来研究一个事件或一个组织的历史性数据。为了收集信息，案例研究通常是先参考文献，再以访谈法询问一些结构性的调查问题，或者以无拘束式问法问些自由心证问题，再以问卷记录或就用直接观察法作记录等。收集到的数据可能是质化（叙述性文字），也可能是量化（数字）。也因为有数量的特质在，所以从数据中可发展出公式模式并测定模式，也可以设定新参数作深入调查（Bennett & Elman, 2006）。

在运用中，案例研究可以是探索性的，在发展出更进一步的假说之前先作的实验研究；也可是解释性的，研究因果关系和测试的理论（Pinfield, 1986; Anderson, 1983）；或描述性的，用之生成描述性理论提供描述性测试（Kidder, 1982）；或者是合成式研究一组个体的生成理论（Gersick, 1988; Harris & Sutton, 1986）等。这些研究一般都期望能把结果普遍化，但有些研究比较主观，无法涵盖更大的样本。在这种情况下，为了对研究作更有效的运用，则科学化地收集数据和计划好的研究体系，就应该事先充分准备好。例如有学者为研究使用案例，严谨地列出八个程序，配上相关的标准要求，设置出一个基本的理论（Eisenhardt, 1989）。这些程序包括先定好起步点（定义研究问题），选择案例，设置工具和运作方式（为收集数据），采访发生的现场，分析数据，调整假设，运用文献数据，达成结论。这些程序确实是为了要从研究中发展出理论而设定的一套研究准则。大多数的实证研究都是将理论应用到信息里带动推论，但知识的累积都是通过理论和信息的连续循环式结合而得出的。正因此，案例的使用也会让研究者从信息数据里产生理论的建立（Eisenhardt, 1989）。

结论是案例研究方法可让我们了解崭新产品中的新构想如何由生成到成熟，最后体现落实的演进过程（Candy & Edmonds, 1996），也提供有步骤的程序性观察，查看提案的真假两面，证明假说是否成立（Flyvbjerg, 2006），或研究由刚接到设计简介到最后生成解答的过程中，所有连续决策背后所隐藏的逻辑理由（Galle, 1996)，或提供给产品设计师一些机会，发展设计所需的工具或与产品设计相关的指导方向，以便改进设计团队的设计生产力（Valkenburg & Dorst, 1998)。在美术（Fine Arts）及建筑中，案例研究法也曾被用来解说设计师在设计产品中生成某些特色的设计方法。例如，赖特就被解释是曾多次使用相似的网格系统配合外推窗的模式做出其草原风格建筑 (Chan，1992，2000)。阿尔瓦·阿尔托也被认为是用重复性手法创出其设计作品中美丽的韵律效果的 (Chan，2012)。在本书中，案例研究法也将在后面数章中用来解释创造力生成的原因。

2.7.4 放声思考类

放声思考（Think Aloud）是将思绪（内在表征）以声音（媒介）传达出，让思考的内容得以外显并收集的方式，因此而生的是原案口语分析法[①]。在所有用过并被有系统地报道过的最适合并且最贴近研究思考的方法就是原案口语

[①]Protocol Analysis：百度和谷歌翻译成"协议分析"，这是电算学科中关于数据链联系的报道。但在心理学中，这是指分析口语数据的方法，是把思考过程口语化，再将原始第一手口语资料作系统分析之意。所以中文称此法为原案口语分析法比较贴切。

分析法。这个方法以录像将做设计时的思考过程同步用口语说出，并录下作为一个个案，再分析此案例。这个方法要求受测者（通常也是设计师）在实验中做某事时放声思考，有系统地分析所收集到的数据，深入寻求解题时的认知过程。最早有记载的分析法是约翰·华生（John Watson）于1920年试图描述解题时解题者的认知过程的特点。德·格鲁特（De Groot，1978）也用过原案口语分析，其方法是将思考看成是有层次、有组织性的直线运作方式，研究西洋棋者在下棋比赛时如何选择棋路的思考运作策略。虽然德·格鲁特的口语数据是由手写方式记录下棋的运作步骤，并且收集得并不完整，但所储存的数据已提供足够信息，近乎详细地说明了西洋棋新手和专家之间解决棋步的不同方式。当磁带卡和录音机于1950年发明出来之后，其能立即收录声音的功能使得思考的信息变得透明而且容易捕捉。特别是录像机的功能，在设计者放声思考时，其能录下手绘设计图的特别优点，更让此研究方法的效率增值。因此，立刻留录思考数据的同步口头报告（Concurrent Verbal Reports[①]）被认为是在研究某些课题的认知过程中的主要数据来源（Anderson，1987）。

　　放声思考及原案口语分析两种技巧的应用，在许多领域中曾被探讨过，包括在监督财务的会计中用来发现人类如何作管理决定（Belkaoui，1989）；在建筑中分析设计行为（Eastman，1970；Akin，1979；Chan，1990，Lloyd & Scott，1994）；在人工智能中用来显示人解题时所用的一些策略技巧（Conati & Vanlehn，2000），以计算器仿真探讨解题中寻找解法的方法（Newell & Simon，1956），探讨如何作决策去了解推论（Montgomery & Svenson，1989），在教育中了解人类的学习方法（Chi，et al，1989）；在人机互动中解析使用者的群体互动（Howard，1997）；在第二语言学习的领域中则用来研究知识的生成（Faerch & Kasper，1987）；在软件工程研究中反映工程师用某些方法时的行为及策略（Davics & Castell，1992；Guindon，1990；Hughes & Parkes，2003），在工业设计（Lloyd，et al，1996；Atman，et al，1999）以及机械工程设计（McNeill，et al，1998）中研究设计方法；还有其他学科中探讨"问题空

---

①同步口头报告也是放声思考的另一称呼，方法其实是相同的。

间"特点的报告（Goel & Pirolli，1992）等。

在建筑设计思考方面，学者使用控制实验辨认在设计中所用的心智运作元素和知识表征（Eastman, 1970; Akin, 1978; Chan, 1989），或通过发展最吻合实验数据的认知模型去探讨认知行为（Akin, 1986; Chan, 1990），或把口语分析当成分析工具深入解析设计活动中的原基、图解思考、策略（Foz, 1972; Chan, 1990; Goldschmidt, 1991; Valkenburg & Dorst, 1998）和行为形态（Chan, 1993; Suwa, Purcell & Gero, 1998）。事实上，口语数据经过分析后，可将结果转化成计算机程序，有效仿真设计的认知程序。关于口语数据分析法和分析建筑设计的步骤，曾经被仔细定义（Chan, 1990，2003），也被讨论过（Chan, 2008）。

关于研究认知课题的数据有效性，我们可以在执行课题的过程中，把心中所有发生数据以口语实时表达出来，让学者了解细节。这种口语描述称为"原案口语"（Verbal Protocol）。然而，要在做设计的同时发展心智影像的活动，就比研究其他解题课程复杂得多。因为设计活动需要在设计时画草图，如果要同时以口语思考叙说所画的图，则此收集数据的方法会有下列三种限制性的考虑。

（1）原案口语数据的漏失：人类思考的速度比讲话及画图的速度还快，一般人可能无法立刻捕抓到在心中稍纵即逝的灵光，及时说出那份灵感，而发生数据缺失。

（2）认知的动作无法以口语描述出来：有些画图的动作是自动化技巧，不是那么容易以语句解释的，特别是一些画出的图可能有多种意义存在。

（3）认知能量负荷过重：在心理认知的过程里，如果做设计时口头要诉说、手上要画图、视觉上要作认知领会、心里要处理数据的四种认知课题同时发生，则认知能量可能会负担过重，而无法全面兼顾做出适当的操控。

口语数据分析法虽有缺陷，但学者也对上述数据漏失、认知动作无法口语化以及认知负荷过重等三个限制作了详细讨论和建议（Akin, 1979; Eastman, 2001; Cross, 2001）。无论如何，此法仍然是能捕抓第一手数据研究认知的好方法。例如1994年在荷兰代尔夫特理工大学召开的"分析设计行为"工作坊，就集中讨论了口语分析的功能优点，也证实了此法的分析研究价值。在该坊，几个单人及团队设计被录下的设计过程、录了影的影像带和转化成文字的口语数据，被分送到几组被挑选的学者手中，并依自选的研究方式及方法作分析（Dorst, 1995）。这个工作坊也因各组所采用的不同方法而产生了许多有趣的结果。这些基于同样的实验数据，但得出不同的研究分析结果，包括探讨发现团队设计过程中的社交活动（Cross & Cross, 1995），设计过程中用到事件知识的现象（Visser, 1995）及设计过程中口语和视觉编码的运用（Akin & Lin, 1995）等，证明口语数据是一个非常丰盛的数据库，有极大潜力供多元探讨。事实上，单一套数据，产生的20篇不同的论文结集登于《设计研究》季刊，就很明确地说明了口语数据是一个多么丰富的原始数据库，而且口语分析是一个严谨的研究工具，可供运作不同实验，仔细观察设计活动。

即使原案口语数据无法百分之百捕取到设计思考现象，并且具有前面所述的三个限制，但数据也可根据事后的"访谈"及"问卷调查"两种方式回溯，将数据缺失部分补全（Ericsson & Simon, 1980，1996; Chan, 2008）。另外也有将口语数据转化成文字码并解码的方法，仔细研究并进一步发展出一套程序，以确保数据分析的可靠性（Chan, 1990, 2008; Gero & McNeill, 1998）。事实上，任何解决问题时做出的口语数据，都被证明确实能代表受测解题者大脑中"工作记忆区（Working Memory）"里发生的信息（Ericsson & Simon, 1996）。因此，口语思考法被认为是研究人类思考的最好方法，也是本书研究风格理论的方法之一。有趣的是，原案口语分析法这个英语名词"Protocol Analysis"，在计算机科学中也出现过。但在计算机科学里，它是跟运用适当软件及硬件工具，操作成套数据在网络上运送媒体信息的方法有关的，也因此被称为"网络原案分析"（Network Protocol Analysis）。

2.7.5　其他的研究方法

除了前面所讨论的几种方法之外，虚拟现实也是一种研究设计思考过程的方法。例如在1997年，"虚拟建筑设计工具"（Virtual Architectural Design Tool, VADeT）就在浸入式虚拟现实（Immersive Virtual Environment）中创出。这个工具系统采用一套象征性的图标（图2-19）作为设计工具，以供产生、修饰及剪辑三维建筑物体单元创出的设计产品。除了这套编辑工具之外；还有其他菜单选项（图2-20）用于界定比例大小、物体材质及色彩。用户可运用这些系统工具做建筑设计。在这套"虚拟建筑设计工具"发展出之后，建筑系学生就用此工具作了几个厨房设计实验，配上原案口语分析法（图2-21、图2-22），可从实验得出的口语数据中发现，在虚拟环境里令人惊讶的浸入感和投入感，确实已经改变了在虚拟环境里做设计的行为以及思考惯例。在该厨房设计研究案中，下列几个有趣的实验结果值得讨论。

（1）传统设计里，设计师会相当依赖使用比例尺寻找正确的衡量尺度作空间安排。在全尺度的虚空间里，由于缺乏可用的比例尺进行视觉和设计参考，设计师自动选择使用自身身体替代比例尺作为衡量参考。

图2-19　虚拟建筑设计工具的图标（图片数据源：Collaborative Design in Virtual Environments. 2011:34-35. "Virtual Representation and Perception in Virtual Environments" by CS Chan, Fig 1, p. 34; Springer Science + Business Media B.V允许使用）

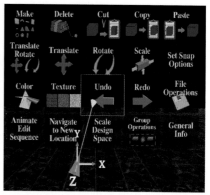

图2-20　虚拟建筑设计工具的菜单选项（图片数据源：Collaborative Design in Virtual Environments. 2011:34-35. "Virtual Representation and Perception in Virtual Environments" by CS Chan, Fig 1, p. 34; Springer Science + Business Media B.V允许使用）

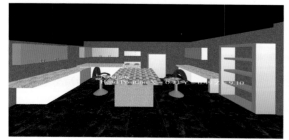

图2-21　在虚拟建筑设计工具中的设计结果一（图片数据源：Collaborative Design in Virtual Environments, 2011:34-35. "Virtual Representation and Perception in Virtual Environments" by CS Chan, Fig 3, p. 35; Springer Science + Business Media B.V.允许使用）

图2-22　在虚拟建筑设计工具中的设计结果二（图片数据源：Collaborative Design in Virtual Environments, 2011:34-35. "Virtual Representation and Perception in Virtual Environments" by CS Chan, Fig 3, p. 35; Springer Science + Business Media B.V.允许使用）

（2）设计者花很多时间修订每一物体的比例尺寸、物体与邻近物体的空间关系以及物体在空间中适当的位置，以满足每个物体和场景中其他物体的机能和视觉联系。

（3）在虚拟环境中的设计过程几乎是纯可视化的，设计师的注意力大部分集中在物体的尺寸大小、材质和色彩细部，较短时间用在推理和逻辑解题上。

（4）没有考虑产生过第二个设计方案在实验中，整个设计过程是直线进行的。这可能是因所消耗的巨大工作负担量，无过多精力优化之故。

简言之，在虚拟环境中的设计过程几乎是纯视觉主导，全部注意力集中在物体的尺寸大小、物体的材质和色彩细部上。受测者的设计过程几乎是直觉强于深思。这可能是因为受测者的视觉完全被三维影像压倒，因而他们的思考过程被几何视觉思考主导而压倒了传统的逻辑推理(Chan, Hill & Cruz-Neira, 1999; Chan, 2001）。也有可能是因为全尺度的浸入式虚拟环境创出了一种非常强烈的投入存在感（Sense of Presence）之故（Chan & Weng, 2005），设计师会全力注意所做的物体，而忽略全体机能安排。也因此，设计认知在这一新的脉络里，就会自动地作调整，以适应这奇异视觉世界中所创出的新感应。这个例子也说明设计时所用的媒介表征可能会影响到设计策略的运用，也同时会影响到设计思考的形态。这个发现与"设计可特别说明是在建立内在表征"的说法相通（Visser, 2006）。

本章详细地解释了思考和认知的关联、认知和设计认知的定义、什么是设计认知、构成设计认知的元素、在设计过程中所有被运用到的认知（或思考）因素。促成创造力和风格的原因也被挑出并且总结在表2-4。本章解释认知机制及功能的项目如2.4.3, 2.4.4及2.4.7中所提：有更多的外在约束存在会减低创造力的机会（DC4），改变及重整问题结构会促成创造力的起因（DC5）及设计用到的推论会影响创造力（DC8）等，这些项目中的概念需要长时间的观察，追踪其因果关系。也因此在表2-4中加灰底强调作为参考。

上面所谈的九个主要认知因素也是用来进行认知的认知机制。每个因素对设计产品生成的影响程度不同。有些因素比其他因素更有影响力，也更会影响其他因素。在本章所讨论影响设计或支配设计的认知中，最主要的因素是设计表征，第二个主要因素是设计策略的运用。专业知识（包括对环境的了解、空间艺术的领悟、设计组合形态的构成规律等）和设计意图或设计动机是第三个及第四个能完成解题的认知要素，不管解法是否富有创造力。

　　未来的研究就得专注于探讨这些认知因素间的不同重要性和它们与创造力的关联。需要发展一个能衡量哪一个因素最能引发出有创意成品的尺度水平，以便评估轻重因素对设计成果创意影响程度的深浅比重。其他研究也可专注于探讨新信息科技，或数字建筑革新所呈现出的不同思考形态。例如在计算机网络上的虚拟空间里的场景和代身（Avatar）设计所用的推论逻辑就不同于现实世界中所用的推论，因为推论方法会因环境变化而改变。很明显，在数字建筑和数字媒体带领的世界中，思考逻辑和判断推论也会因为设计表征的改变而产生变化。以后数章将专注于风格和创造力，也会由心理实验的口语数据分析和案例研究方法切入，讨论设计认知如何影响设计师的个人风格和创造力。希望本章中对认知因素和机制的分析讨论，提供了足够的证据和深入的了解，从而为后续章节和未来研究培育出扎实的起步点。

表2-4　形成创造力（DC）和个人风格（IS）的认知行为总结

代号	形成创造力（DC）和个人风格（IS）的认知因素
DC1	知识中的行事目录或先决模型
DC2	知识信息多样化的联结或联想
DC3	独特的目标秩序，或独特应用外在及内在约束
DC4	设计环境（外在）约束的素质
DC5	行动反思促成的问题组构以及再组构
DC6	内在及外在表征
DC7	设计中的设计策略
DC8	能驱动设计策略的推论逻辑
IS1	在过程里重复某种型或任一上列认知变数定出个人风格

第 2 篇
风格

第3章　风格的研究历程

"艺术"是高度抽象化、观念化而且形而上，很难捉摸，也很难被度量的一个领域。同时，艺术也是一种在创造产生对象过程时会被心理及文化现象影响的结果，并且被哲学家从美学角度来审视。美学则是用来研究美术的一种方法，也是哲学的一支，亦即"美的哲学论"，它提供了"美"和"美术"的学说理论。当研究艺术走入更为复杂的层面时，也因为美学的深奥本质的缘故，学者和哲学家即开始研究发展出美学中的"风格"这一观念，试图用风格来帮助学者分析美，分析创作法，并分辨不同艺术家、团派和学派之间的差异。

20世纪60年代，考古学家在美学艺术方面专注于研究艺术在不同文化背景中的功能和演进，也研究风俗在社会改革下的演变会如何影响社会中的艺术表现。逐渐地，艺术上的研究就开始由历史和哲学方面的探讨转向社会学、心理学和考古学等领域，并且社会科学的学者也开始致力于研究艺术创造过程中的社会人文现象。近年来，工业设计领域也开始研究汽车工业中的风格，以帮助大汽车厂在不同车型里建立起一些可认出也可明辨的签名式影像，用以代表这个车厂出品的车种，并通过这些影像让人认出不同车型属于同一车厂品牌，增加顾客的认同购买欲。

于是，"风格"就被发展成一种分类美术及研究美术作品的规范标准。但是在艺术理论上的发展趋势显示，即使风格已经是一种被用来研究美术的工具，艺术的理论发展和观念潮流却始终主导并影响着风格的研究观念和方向。正因为如此，学院中对风格的研究还没达到自成一派甚至建立起独特的研究路子和探讨方式的程度。这也是因为风格被看成是跟随艺术进化的副产品。然而我认为，风格应该被看成是人类认知的产品，这一观点我将在随后数章中详细介绍。为了充分了解风格这一观念，在下面数节中，我将对风格观念是如何由艺术观念演化而成以及"风格观念是如何依附在艺术观念里"的历史背景和来龙去脉作详细介绍。

3.1 艺术理论的发展历史

在早期远古文化中，人类居住洞穴里的绘画是经由"非有理性"的奇形及怪异图案表现的，被看成只是尝试代表自然或记录自然，而并不能称为具有任何艺术理论存在。例如在一万年前到五千年之前的新石器时代，艺术画也只是一种象征图形而已。当时，大型的岩石画被刻在岩石的表面上，这些岩石雕刻是一种象征代表，大部分技法都是侧面剪影图案，即物体的外围轮廓影像以二度空间表达，刻画记录了许多动物，以及部落居民打猎或捕鱼的主要职业活动。图3-1左图是位于法国肖维岩洞（Chauvet Cave）中的两万年前的石穴动物石画，右图是大约公元前八千年的意大利卡摩尼加（Val Camonica）的打猎场景石画。

如图片所示，"原始艺术（Primitive Art）"被认为仅是对自然的表达，只是一种表征的方式而已（Childe, 1962: 164）。另一明确的例子是澳大利亚沙漠洞穴岩石面上发现的石画，这些石画也只是用来当作符号和信号而已。这些图案非常原始，以线条呈现出人造的物体。图3-2所示就是两幅澳大利亚土人在著名的艾尔斯岩（Ayers Rock）画的石画，保留在两个被当地土著认为是神

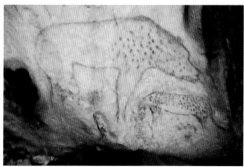

图3-1　新石器时代石刻艺术的例子，左图动物，右图打猎（图片来源：左图来自 Carla Hufstedler/维基公共领域 http://en.wikipedia.org/wiki/Cave_painting。登录日期2016-5-19。右图来自Luca Giarelli/维基公共领域http://en.wikipedia.org/wiki/File:Scena_di_duello_R6_-_Foppe_-_Nadro_(Foto_Luca_Giarelli).jpg。登录日期2016-5-19）

圣区域的洞穴（部落图书室）里。这些画的目的是保留文件作记录，对该地区发生的特殊事件或信仰作记载。这种记录留文件的现象类似于中国远古时代的"结绳记事"作存档的象征寓意手法，即在绳上打大小结以记载重要事件，并和印加帝国"打结串记录"（Knotted-string Record）用绳结记载数字、统计和叙述性信息资料有相同目的。

从美索不达米亚时期（公元前3500—前331年）起，自然元素及一些更成熟的正式几何性人物图案就开始在艺术里合并起来。这些自然元素融合人物图像变成了某种有意义的形式。但在古埃及时代（公元前3200—前1340年），艺术是发展出来给逝者用的。埃及人会盖金字塔，建有装饰的墓，配上神像图片作壁画（图3-3左图），或配上逝者生前所想参与的活动及事件以达永生的壁画。例如图3-3右图所示是纽约大都会美术博物馆里陈列的埃及丹铎神庙（Temple of Dendur）外墙壁画。在埃及时期之后，"真艺术（True Art）"开

图3-2　澳大利亚艾尔斯岩洞穴中石画艺术（图片来源：著者自摄）

图3-3　埃及神庙内部神像壁画及纽约大都会美术博物馆展出的埃及丹铎神庙外墙壁画（图片来源：左图是爱荷华州立大学创出的虚拟现实电子模；右图是著者自摄）

始成形，"真艺术"被认为只存在于已高度发展出的文化里。而且只有在真艺术中，艺术家才会把对自然形态所了解的知识，配上一些推理，将美带入想象世界中，注入艺术造型里（Schapiro, 1962: 281–282）。例如希腊文化就被认为是高度发展的文明之一，在希腊文化里，不但其艺术渐趋成熟，而且其水平也被认同达到了"真艺术"的层次。雅典的哲学家柏拉图（Plato）和亚里士多德，在解释人类知识的本质时，就把艺术涵盖于讨论的重点中。

3.1.1　柏拉图的艺术理论

最早的艺术理论是由柏拉图发展出来的（公元前427—前347年），他的艺术概念是最早手写留存的艺术观记录并有卓越的原创价值，理论是说："艺术是模拟忠诚真理，模拟自然或仿真现实中的真正物体（Cavarnos, 1973）。"其实艺术就是模拟来自自然或来自生命中的实体造型。这个观念在柏拉图的《理想国》语录中（Jowett, 1967）就曾详尽地说明艺术确实是模效日常生活中的平凡物体和事件。在那个时代，建筑就和雕塑、绘画、舞蹈、音乐、文学和戏剧等，一起被归类到美术里，但建筑物的美对柏拉图而言，有超越模拟自然之外的另一层美感，这就是利用最大"度量值"和最多"工具"，产生最高层次的精确度而使做出的物体比其他美术品更加严密精确。

这种建筑中的精准艺术观在柏拉图与苏格拉底的对话录里的《菲利布斯篇》（Philebus）中被简短描述（Jowett, 1967, Vol. III, p. 566, 56b）。但在《理想国》一书中，柏拉图进一步解释了建筑是专门的知识，他认为建筑是一件卓越的美术实体案例，创作来自于知识智能，而非仅仅是仿真自然而已。他解释："建构房屋的科学是一种知识，是由其他的知识定义出而且不同于别种的知识，也因此才叫建筑（Jowett, 1967, Vol. II, Republic Book IV, 292: 438d）。"与雕塑及诗篇一样，建筑是一种美术，可用来表达美、和谐及韵律，或与这些特质相反的另一面（Jowett, 1967, Vol. II, Republic Book III, 249: 401a–c）。举例而言，美及和谐就在希腊的帕特农神殿（图3–4）及雅典卫城的厄瑞克忒翁神庙上（Erechtheum on the Acropolis）得到了很好体现，这些实例都被柏拉图激赏地认为是当时卓越的建筑成就（Cavarnos, 1973: 32）。受到柏拉图这个"模拟自然"观念影响的另一个明显例子，是希腊及罗马古神庙五

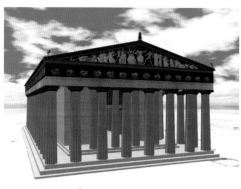

图3-4　希腊帕特农神殿外部及檐壁浮雕细部（图片来源：爱荷华州立大学创出的虚拟现实电子模）

种柱式柱头上所采用的石刻自然装饰，这些装饰就是植物叶片雕塑。

　　受柏拉图美学观念的影响，艺术被看成是来自模拟自然的想法支配了西方美术理论，远由希腊起，经历了罗马、仿罗马（又称罗曼时期，见陈志华，2004: 109）、歌德，直到文艺复兴时期为止极久的时间。在这些时期中，艺术观念的方向和理论还没有任何大变化。甚至在中古时期，艺术也只聚焦于表达宗教信仰和虔诚。也因宗教的支配掌握，艺术的理念从希腊时期起一直到文艺复兴时期为止，也没有任何重大突破。例如在文艺复兴早期，意大利有名的画家及建筑师乔尔基欧·瓦萨里（Giorgio Vasari, 1511—1574）就曾经回顾说："绘画也仅仅是以色彩和设计模仿所有自然生物，而让画物看来像是在自然中的自然而已。"一直到18世纪，新的观念发展出来才说明美术不是仅仅模仿真实，而是一种想象的行动。这样看待美术像是一种心智想象行动的中心思想的表现，是说美术必须透过由艺术家个人的自我想象和敏锐感受来表达这个艺术家的情感。这被乔舒亚·雷诺兹爵士（Joshua Reynolds, 1723—1792）在1786年的《演讲13》一书中详细解释过。这本书是他在1769年到1790年所发表的《艺术演讲》系列之一（Reynolds, 1997: 229-244）。从此之后，"美学"就开始被培养成一个独立自我的研究体系。

3.1.2　雷诺兹的艺术理论

　　雷诺兹是18世纪最重要也最有影响力的英国画家。他于1768年创办英国皇家艺术学院，也是首任校长。他的第15篇讲述——发表给学院学生的讲座，变成了18世纪对美学最有说服力的论说倡议。他解释了一些观念，认为对自然的理想应取代对自然细节的描写呈现，说明心智想象应超越模拟的重要性以及对好品位及敏锐感受的要求（Weitz, 1970: 4）。从此之后，艺术就被考虑成是一种表达性的行动，而且升华到带领艺术家做出自我情感的投射以及带动到能将观众的情绪激励起来的层面上。

关于建筑中的艺术观念，雷诺兹对柏拉图的《模仿论》持有不同的看法。他指出："建筑不应只是一种模仿式的艺术。"建筑应该直接把它自己投入到想象力上面，而不应有任何模仿的介入（Reynolds, 1997: 241）。这解释了一般艺术的基本理论，也补充说明了在18世纪中期已经开始把建筑看成是一门学科领域。然而，雷诺兹的这个基本理论只是一个极端抽象，而且由整体而言，它也只是由捉摸推测衍生而出的学说。这是因为整个理论只投入到讨论究竟美是一种客观特质还是一种人类主观感觉的美学问题而已。但跟随着这些理论，大部分艺术家及哲学家还都期望能随着理性找出宇宙中一些关于美的法则。

3.2　现代艺术理论及运动

从19世纪开始，许多美学理论进展到应用科学方法去探讨艺术的本质，什么是真正的艺术研究也开始逐渐浮现。这些浮现的新理论取代了旧时由"宗教"和"形而上哲学"方向假设推断出美学道理的老方法，转而更趋向于由观察创作性作品、艺术家创作时的内心对应、艺术产品以及所有相关的创造现象，并由观察数据得出结论的实证式方法着手。这些新生的科学性方法包括：心理学科所关注的人类基本运作功能的一般观念，考古学科所关切的艺术在不同文化中所扮演的功能以及社会学科所专注的社会演进是如何通过一些时空变化因素而触发风俗文化的改变。这些系列的科学方法主要是演绎开评测艺术品中一些重复的形态或一些内在反应所假定出的假说，并试测这些假说，再由统计度量去预期结果，并通过实验来估计或然率以达到最高的可信度。于是，美学就更能被科学化地分析了，这些就是近代研究美学方法的重大转变。

在另一方面，19世纪末及20世纪初，因为现代文化中许多改革风起云涌，艺术运动潮流趋势也发生了变化，艺术家的审美观配合变化而转变，所以他们的艺术创作手法也随之改变。下列数段内容中，将一些重要而且具有重大影响力的近代艺术运动，配以代表性图例，做简短介绍。

（1）印象派（Impressionism）。现代艺术史始自印象派，这是于1863年巴黎，爱德华·莫奈（Edouard Manet，1832—1883）在"被排斥的展览沙龙"中展出他的《草地上的午餐》（图3–5）一画之后而形成的艺术潮流。到1874年4月，一组画家开办了有影响的画展，于是"印象派"这个名词就被一个记者兼评论员路易斯·勒洛依（Louis Leroy）撰文定出。印象派画家对实际的视觉经验以及光和运动对物体外形的效果非常有兴趣。印象派的思潮也由在艺术领域中荡漾扩展到其他的音乐和文学领域，但在建筑方面受到的影响较少。

（2）美术工艺运动及新艺术（Art Nouveau）。当工业革命在19世纪中叶发生时，有人顾虑到大量粗糙的工业产品会将艺术从日常生活中脱离出来。于是一些行动先驱就倡导摆脱机器而改用手工造物。方法是用手工做出便宜但俊俏的物品。于是，"美术工艺运动"因而兴起。这个运动是在19世纪末期由威廉·莫里斯（William Morris）领头在英国发展起来的。莫里斯和他的同伴做出了不少手工的金属物件、珠宝、壁纸、衣料和家具。他们的想法扩散到其他国家，也和其他国际性的设计主张相同，尤其是"新艺术"。新艺术可以说是美术工艺运动的延续。但新艺术运动更主张自然才是所有好设计的真正来源。这个运动所用的特征包括取自蔓草、莲花、藤条、孔雀羽毛、蝴蝶和昆虫的曲线，配上不对称的形和式样，作为表现方式。图3–6是约翰·亨利·笛尔利（John Henry Dearle）1897年设计的壁纸。

图3–5　爱德华·莫奈所画的《草地上的午餐》（图片来源：维基公共领域 http://en.wikipedia.org/wiki/Edouard_Manet。登录日期2016–5–19）

新艺术的影响甚大，其中有名的是倡导将
艺术从传统学派中分离出来的维也那分
离派（Vienna Secession）及德国的包豪斯
（也称包浩斯）设计学院。图3-7左图是
分离派于1897年建的展览馆外墙墙饰和屋
顶造型，右图是展览馆内古斯塔夫·克林
姆特（Gustav Klimt）的壁画。

（3）立体派（Cubism）。"立体主义"
这个词是亨利·冯克塞勒（Henri Vauxcelles）
于1908年第一次使用并定名的。也是20世
纪最具影响力的视觉艺术风格之一，革新
了绘画及雕塑，启发了一些音乐及文学运

图3-6　笛尔利1897年设计的壁纸（图片来源：维基公共领域 http://en.wikipedia.org/wiki/Arts_and_Crafts_Movement。登录日期2016-5-19）

动。立体主义由巴勃罗·毕加索及乔治斯·布拉克（Georges Braque）创立，提
供了一种自由新技巧，将对象物体分解并整体剥裂成一种新的空间体态景观。
在立体派主义里，物体是被分裂过、分析过的，然后再以多重角度将物体以宏

图3-7　维也纳分离派1897年建的展览馆外墙墙饰和屋顶造型（左图）及展览馆内壁画（右图）（图片来源：左图著者自摄；右图取自维基公共领域 http://commons.wikimedia.org/wiki/File:Gustav_Klimt_014.jpg。登录日期2016-5-19）

观手法呈现，重新组合成抽象形体。图3-8左图是布拉克于1913年绘的妇女及吉他，妇女和吉他在同一画面中被分裂成断片，但两个整体是以碎片从不同角度画出的，散乱的阴影和背景造成三度空间错觉；右图是毕加索于1910年画的吉他演奏者。

（4）形式派（Formalism）。20世纪20年代的"形式主义"，就主张线条、色彩、形、体、物的一些组合应该唤起一些配合这些组合的独特对应。因此，艺术应是显著的型之实例。如果任何作品缺乏显著的型，则这个作品不配称为一个艺术品。于1917年在荷兰创立的"新造型主义"就是一个典型的例子。这个运动使用简单的垂直和水平组合，并以黑白加上原始色彩和不对称的方格造型。图3-9左图是彼埃·蒙德里安（Piet Mondrian, 1873—1944）的新造型主义作品。这一运动影响了绘画、雕塑、建筑［图3-9右图是由格里特·里特维尔德（Gerrit Rietveld）设计的施罗德住宅］、家具和装饰艺术等。

图3-8　布拉克绘的妇女及吉他（1913，左图）和毕加索画的吉他演奏者（1910，右图）（图片来源：左图 ©2014 Artists Rights Society (ARS), 纽约/ADAGP, 巴黎；右图 © 2014 Estate of Pablo Picasso / Artists Rights Society (ARS), 纽约）

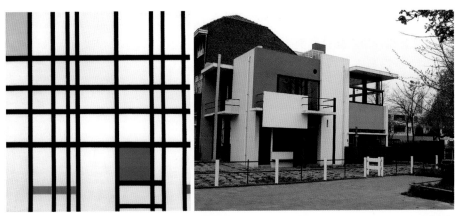

图3-9　彼埃·蒙德里安（1872—1944）的新造型主义作品（左图）和格里特·里特维尔德设计的施罗德住宅（右图）（图片来源：两图取自维基公共领域，左图网址http://en.wikipedia.org/wiki/File:Mondrian_CompRYB.jpg，登录日期2016-5-19；右图网址 http://commons.wikimedia.org/wiki/File:RietveldSchroederhuis.jpg，登录日期2016-5-19）

密斯·凡·德罗就是被此风格派运动影响最深的现代建筑师之一。

（5）达达（Dada）及超现实主义（Surrealism）。"达达"[①]是个非正式的国际性艺术运动，反战，并表达反对理性和逻辑，拥护混乱和非理性。许多达达主义人士相信理性和逻辑让资本主义国家陷入战争。达达不是艺术，而是"反艺术"，一个带出"超现实主义"的运动。超现实主义是于1924年由法国诗人安德烈·布列东（Andre Breton）创始于绘画及诗文领域的文化运动。超现实主义派主张"型"和"影像"不是由推理创出，而是由无思想、冲动和盲目的感觉，甚至是意外而创造出来的。这个学派使用出乎预料的令人惊讶的元素、无法预期的重叠元素和非逻辑的接合而创造出一个在绘画及诗文领域的奇异世界，这个世界对他们而言比现实世界更美丽。例如图3-10所示是萨尔瓦多·达利于1931年创作的名画，倾斜的时钟似乎显示时间已经被融化了。

（6）抽象表现派（Abstract-Expressionism）。20世纪30年代到20世纪60年代盛行的"抽象表现主义"，也给绘画带来了极大的冲击。这个主义主张追求绘画的自由和表达艺术的自由，论定制作画是应该没有任何规则限定的，艺术

①达达这个词的来源有其传奇。1916年，一群艺术家要替他们的新运动找名字，于是用裁纸刀刺在一本法德字典里，裁纸刀尖落到的字 dada 就是他们要选的名字。在法文，达达是学童用字代表"木马"，法文 c'est mon dada 指的是"这是我的嗜好"。

图3-10　萨尔瓦多·达利的记忆之持续性（1931年）（图片来源：© Salvador Dali, Fundacio Gala–Salvador Dali, Artists Rights Society (ARS), 纽约 2014）

家可以根据其个人的主观经验来进行创造。

（7）情绪本位派（Emotionalist）。"情绪本位论"则提议将情感、情绪具体化，并将其情感投射到艺术作品中，以便将作品带上个性，化成一个可被认同的艺术品。

（8）直觉派（Intuitionist）。"直觉论"则是从另一方面来定义艺术，认为艺术来自于一些特殊的创造、认知及精神上的行动，因此应将影像和直觉融合在表达的手法中。

当然，在纯艺术的领域，还有其他不同的艺术运动发生，不但分化了艺术家所使用的表达媒介，也让艺术家企图表达的目的多样化了。事实上，19世纪之后所有的美术运动都已经被学者依时间和类别以表列出并且在网络上可查到①。至于本章所简单介绍的从远古到现代的美术理论发展历史，只对艺术概念作了一个轮廓性描述。但这简短的大纲代表一个视觉记录，为这个世界呈现给我们的丰富资源作个交代，也为反映在无数博物馆及艺廊展出的艺术作品里的社会及文化发展历程提供一个参考。然而艺术不只是由艺术家创出的，也是观众由视觉体会出的。因此，研究者开始以科学性（Pepperell, 2012）及脑神经性（Ramachandran & Hirstein, 1999）来研讨艺术是如何被观众体会的，而不只是研究艺术是如何被艺术家创出的。

由科学角度去了解如何领会艺术应是研究视觉经验的本质及探讨领悟艺术的过程。从传统的角度而言，世上有许多物体存在，也有无数事件发生，各自独立，就看我们如何去看待这些事及物的独立属性而已。但人类的视觉系统

①从19世纪到21世纪所有被看成是一个风格派或一种趋势的美术运动都已经被做成在线表格，并且链接到各自的创作网页，详情可见 http://en.wikipedia.org/wiki/Art_movement。

会在心中创出一个模式或表征，代表外在世界中的事或物。通过这个模式或表征，我们开始建构自己的经验。有时这个模式或表征可能无法与世界中的事或物完全相同（Koenderink, 2011）。不过克里斯·弗里斯（Chris Frith）解释了人脑是如何创出心智中的世界的。他说："当我看花园中的树时，我心中没有这棵树。我所有的只是一个由我的脑袋建构起来的模型或表征而已。"（Frith, 2007: 170）因此，人看世上的事时，脑中会建个模型方便在心中作辨别。如果被看到的物体在视觉初期无法被辨别出来，或者从实体特征中抽出的视觉情报不足，那么人脑会在已有的信息情报中找资料并以认知增强识别能力，这发生在视觉辨别的后期（Humphreys & Riddoch, 1987; Farah, 2004）。这种认知程序也可以布拉克和毕加索的立体派画作解释（图3-8）。他们的画中提供无数的图案线索让观众识别画中物体，但又不让观众能立刻全部地识别出。所以，观者必须作一系列的观察和解读以满足视觉不确定性（Visual Indetermincy, Pepperell, 2012）。

　　另一个研究视者如何从认知上对艺术作反应的例子建议：美存在于视者的眼中，而且在美学经验上有一些普遍的规则存在（Ramachandran & Hirstein, 1999）。这些普遍规则适合于所有美术，是美学认知经验规则中的公分母。有些规则是被艺术家有心或无意地摆置出用于撩拨脑中掌管视觉区域的神经系统。但观者如何赏识艺术却是基于三个原则：艺术逻辑，在该艺术中使用某种特别造型的理由以及脑中神经元发生的活动。本书将专注于艺术逻辑。艺术逻辑包括艺术家将影像中的根本特征抽象化以及将多余的信息简化的能力，这也是人类视觉中形态辨认（Pattern Recognition）进化的结果。这些适合所有美术的第一个规则是漫画抽象式的表征。第二个规则是将视觉信息组成一个形态的能力，这也是我们的神经元系统将信号组成一个大图片的能力（Singer & Gray, 1995; Crick & Koch, 1998）。这个能将特征的"前景"组织起来的能力，不只是组织信息，并且是将信息单元从嘈杂的背景中抽离、提取并赋予意义的能力。第三个规则是在视觉模态中的某单一信号在它被神经元处理之前就先辨别

---

①注意力是一个主导视觉形态辨认的主要认知机制，也是心理学中重要的研究课题。一般心理学教科书都有详细介绍。

其孤立的能力，孤立单一信息能让我们将注意力[①]（Attention）有效地集中在这个信息中。

第四个规则是能将视觉特征分类挑出，这是去除多余视觉信息并抽离对比和重新调整注意力的能力。第五个规则是对称，这已是被充分认同并且是人类已有内在的认知美感偏好。第六个规则是普遍采用的视角原则，或者是完形心理学所说的视觉中前景和背景的区别（Chan, 2008：23-29）。人类的视觉偏好于普遍中性的视角点，而不喜欢扭曲不适的视角（Barlow, 1986）。第七个规则是视觉解决问题的规则，亦即一个谜题般的图片会比有明晰信息的图片更具诱惑力。最后一个规则是隐喻，在不相似的对象中去发现隐藏的相似性是视觉中形态辨识的基本本能，并且当它发生时，一个信号会立刻送到神经元中作信息处理。所有这些规律都和视觉领悟及艺术作品有直接关联，也都存在于对美术品的赏识过程中（Ramachandran & Hirstein, 1999）。因此，这些规则就被提议成是艺术经验存在于人类认知中已有的因素。正因为如此，它们会被艺术师创作艺术品以及被视者看艺术作品时，自动地应用。

这些是科学化研究艺术的发展过程。风格的概念也依附于艺术中，源起于古希腊时期，顺着艺术观念的发展，有其历史的延续。风格，算是艺术的一部分，只在真正高度文明及"真艺术"成形之后才存在。而"真艺术"在西方国家，起始于古希腊文化，而后再进一步地推展延伸。因此，风格的观念也是发展于希腊文化，经罗马、歌德、跨越中世纪，转文艺复兴、巴洛克（Baruque）、洛可可（Rococo），直到现代艺术期。然而，也只有在文艺复兴时期之后，风格的观念才被学者注意而日趋成熟。研究方法也开始在不同的领域中逐渐成形，并达到不同领域的研究目的。下列数节中，对于风格的观念发展史、研究方法的改变以及在不同领域中已经做出的研究成果做一简短的介绍说明。

3.3 风格研究的发展历史

风格一词源自于希腊文，之后此词延用到拉丁文中。希腊原文的意思是指一木桩、一石柱和一金属雕刻刀，作写作及绘图之用。在拉丁文里（Stilus 或

Stylus）指的是铁制的"似笔铁器"，以供在蜡板上写作之用。这个器具是一个大小、尺寸及形状都似笔的铁具，一端削尖磨利用于书写，另一端平坦当作橡皮擦子，可磨平蜡板上所写的字（史密斯字典，1071页）。图3-11a是四个中古时期用的书写工具；图3-11b是三只笔和蜡板；图3-11c是一对希腊男女木刻，男的右手握一磨利的似笔长杆，左手持的是可对折的木框架，框架内装有可书写的蜡板。这种"写作器具"（Stilus 或 Stylus）的一般观念是描写一件削成圆锥、形状似一根建筑柱子的对象。之后"似笔铁器"一词也就由拉丁文转变成英文的"风格"一词了。

风格这个词在早期，除了表示一件写作器具之外，在字面上及其原始的意义则是指一种有特性的写字方式以及一种有个性的用字遣词来修饰思想的方式。于是，风格大致上是与语言和写作有密切关系的，而最早的风格观念应归始于希腊文学写作中的修辞学[①]。对希腊文学而言，风格代表文字语言中的正确性、清晰度、适合性以及简洁度的质量。这是一种有效地使用语言以便达

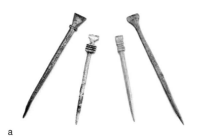

图3-11 中古世纪的写作器具　a书写工具　b和c希腊时期的写作器具和蜡板（图片来源：a图Numisantica ，http://www.numisantica.com），http://commons.wikimedia.org/wiki/File:Stylus.jpg; b图维基公共领域 http://en.wikipedia.org/wiki/Wax_tablet#mediaviewer/File:Wachstafel_rem.jpg; c图维基公共领域http://penelope.uchicago.edu/Thayer/E/Roman/Texts/secondary/SMIGRA*/Stilus.html）

①见修辞学网页：https://en.wikipedia.org/wiki/Rhetoric#History。

到有说服力程度的艺术。尤有甚者，在诗篇写作和散文著作中用字的次序、明晰和韵律，都受到严谨的考虑和关切。在罗马时期，公众演说，特别是受到训练的高格调的演说方式，变成了公众生活的一部分。罗马演说家也必须对人类生活及文化有全面的认识和了解。马库斯·图利乌斯·西塞罗（Marcus Tullius Cicero），最有名的古代罗马演说家，就创出了拉丁风格演说辩论大纲，要求他学生继续学习希腊式的修辞，但专注于罗马的伦理原则、语言学、哲学和政治。他强调，在演讲中，情感、幽默、风格性、讽刺和插话等各种不同表征都远比逻辑理由重要。在那时，风格变成了一种表达的方式，同时也和艺术中的表达方法相关。

罗马时期之后，大约是罗马帝国灭亡后到公元1500年间，欧洲迈向中世纪（Middle Ages）时代。中世纪时代里，教堂是唯一把整个欧洲结合在一起的最大力量。教堂经由几个重要事件，几乎触及了每个人的生命。例如每个人刚出生时在教堂执行受洗礼，结婚时执行婚礼，死亡时执行葬礼。对任何人，教堂几乎无事不参与。所以，在中世纪时代，日常生活中的哲学、绘画、雕塑和写作几乎都是以基督教这一宗教为核心，局限而狭窄，对艺术就形成了一个限制。另一个对艺术的束缚因素则是封建情势。在中世纪时代，欧洲被分裂成许多小王国，这些小王国又被分割成几百个诸侯封地，由独立的统治者（公爵、王子、男爵或伯爵）各自管理他们的采邑。图3-12即是一个独立、封闭、自主的小王国，位于法国圣米歇尔山（Mont Saint-Michel）上堡垒式的小镇和修道院里。这些贵族统治者经由一个政府形式，称为封建制度①（Feudalism），管理其封地。在封建采邑中，不经封建主的准许，百姓不准建城堡、收税、定商贸或开庭审判。因此，在宗教和封建制度的束缚下，中世纪的艺术是围绕着宗教主题的，画风不活跃，并缺乏多样化（图3-13）。

但到中世纪晚期，因为经济复苏，皇家力量增强，封建制度式微以及教堂里教皇与国王间的政治对立，形成了一些让学者和艺术家开始对宗教思考缺乏

---

①在中世纪，欧洲被分裂成许多小王国，许多国王自创王国时，必须依赖忠诚贵族（称为诸侯）的协助。一个诸侯在誓证他的忠诚，并保证他给国王的服务之后，即成封臣。这时国王即是封臣的君主。而大部分的封臣诸侯都在国王的军队中拥有骑士的重要职位。许多封臣诸侯也有他们自己的骑士。这些骑士也要效忠于封臣诸侯的国王。国王为回报，就封地给他的封臣诸侯。这些地产封地包括庄园领地、地上建物、庄园中的村庄以及村庄中耕种的农民等。这就是中世纪时期的社会制度及结构。

图3-12　法国圣米歇尔山上堡垒式的小镇和修道院（图片来源：维基公共领域 http://commons.wikimedia.org/wiki/File:France-Mont-Saint-Michel-1900_bordercropped.jpg。登录日期2013-10-10）

图3-13　法国查理曼大帝的加冕典礼图，绘于14世纪（图片来源：Bridgeman-Giraudon / Art Resource, 纽约）

兴趣的因素，因此改而专注于更多了解人和以围绕着人的世界为主的思维。这一新的文化景观趋向被称为"人道主义"（Humanism）。更多作家也开始舍弃并停止使用拉丁文，在写诗和著作散文上改用他们自己的乡土语言。为此，一个新的文学时代开启，而文艺复兴也因此浮现了。

在文艺复兴时期（14至17世纪），学者找到在中世纪时代失落的古代著作并重新翻译。这些古代著作激发了新思维，艺术家发明新技巧让他们的作品像古代希腊、罗马作品一样的美和逼真。也像希腊人及罗马人一样，他们把人，而不是神，作为作品兴趣的中心点。在这时，人开始把个人看得很重要。也因此，艺术家、建筑师、诗人及作家开始勇敢地采用新造型和新技巧表达他们的新想法。

在以人道主义为主的新时代里，画家喜欢绘人物像、庭园景色和自然大地，雕刻家开始思考并了解人体解剖学，作家开始强调自己的个性，建筑师也开始专注于使用者的"人"和使用者的"需求"。特别是建筑师，就像他们设计教堂一样，这时开始设计住宅、宫廷和公众建筑，并且注重让使用该栋建筑的使用者在设计的建筑中感到舒适。也因为反对中世纪教会对意识的控制，古希腊和罗马建筑重新受到重视，新的古典传统运动开创了许多优秀的建筑作品。在将近四百年的文艺复兴时期，希腊和罗马的建筑语言是这个时期设计所用的基本语汇（Jordan, 1969: 167）。

文艺复兴是个冒险也是个具有好奇心的时代。艺术家们对这个世界感到振奋着迷。又因为人是宇宙世界的中心，因而人人都有机会扩张他们的领域。不像中世纪的艺术家只是不被人知的无名工匠，文艺复兴时期的艺术家受到国王、主教和大众的注意和尊敬。为了回馈，他们探讨更多新的表达方法。例如佛罗伦萨的乔托·迪·邦多纳（Giotto di Bondone，1267—1331）——有名的早期文艺复兴画家和建筑师——就打破了中世纪僵硬的装饰性的画风，把他画中的男女人物画得像真人一般，并且具有极强的表达人类感情的特性存在（图3-14）。艺术家和作家开始寻求"新风格"以表达当时的新想法。于是，风格在艺术上被应用的概念这时已经出现。

从希腊，到罗马，再到文艺复兴时期，长时期以来风格一般都在文学、

图3-14　乔托在意大利帕度亚达亚连那教堂的壁画——在金门的约会（图片来源：Scala / Art Resource, 纽约）

语文和语言学上被关注到。比如在文学中，风格被托马斯·戴昆西（Thomas De Quincey, 1893）解释为是一个组构理论，一种组合句子和将句子融合成一个整体的文学艺术（Scott, 1893: 104）。但在美术里的研究，风格被指明是一种内在特殊的本性，经由有特色的标记，借着表征外显而展露这些本性（Wackernagel, 1923）。例如在18世纪时，对风格的研究就倾向于解说在艺术创作成果中所表达的意义。乔尔基欧·瓦萨里，文艺复兴时期最受尊敬的艺术史学家，则根据生物学的隐喻来研究风格的变化。他相信风格就像人的躯体，具有出生、成长、衰老和死亡四个时期（Ackerman, 1963: 170）。这个概念可归类于生物生命史中的童年、成长和年老的重复生命期一样，也类似于把文化当作一个整体来看的由产生、成熟到衰退的整个周期生命现象。

　　这个重复循环的过程在西方艺术和西方建筑中是有它的特性的。比如文艺复兴这一时期之前是由仿罗马（罗曼）、歌特和卡罗琳式风格（Carolingian Style）开始延续；而后跟着的是巴洛克和洛可可风格，一直到现代主义。同样的系列也发生在埃及、希腊和罗马的三个世界中。这些生命周期的隐喻象征从18世纪风行，一直幸存到19世纪查尔斯·达尔文（Charles Darwin）的进化论兴起为止。达尔文的进化论以风格的生命周期隐喻象征，将其更进一步地精细化了。它转而看待风格的转变过程期，是由原始初期演变到最精进的形态期为止，但不会终结的一种美学进化演变过程。这个观念在西方建筑风格的变革中极为明确。也因此，每一时期都有它起源、兴起和衰退的演化。但在东方建筑中，风格的变化并没有像西方建筑那样的明确变化。

　　比如在中国建筑中，大部分建筑都是民居、庙宇和宫殿。例如民居，木构造四合院被认为是900多年来标准的居住类型。大多数的四合院住宅都有相似的外形。这是因为李诚于1100年所写并在1911年以前为历代皇帝所钦定的《营造法式》（Pirazolli-t'Serstevens, 1971: 60; Glahn, 1984: 47-57）一书中所定出的严格构造模式限制之故（Chan & Xiong, 2006）。因此，同质化的平面配置、三柱两间立面和标准的立面装饰也就形成了一个固定模式，塑造出了一个中国独特而且普及的平民四合院住宅风格之一，特别是在北京内城中的四合院（图3-15）。也因为《营造法式》中所定的严格工程法制，再加上皇帝的无上权限，民居的型也就无法超越桎梏、束缚而产生变化。风格演变也就无从显现于古中国建筑中。

　　到19世纪，阿洛伊斯·李格尔（Alois Riegl, 1858－1905），一位将艺术史建立成自给自足学术领域的主要权威学者，就将风格的发展过程和文

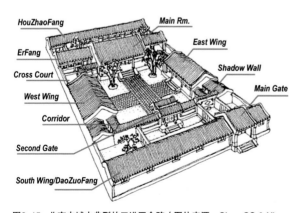

图3-15　北京内城中典型的三进四合院（图片来源：Chan CS & Xiong Y (2006) The features and forces that define, maintain, and endanger Beijing courtyard housing, Journal of Architectural and Planning Research. 24(1): 43–64）

化历史之间的关系开创了首例。他试图将整个西方艺术史以建筑装饰的变化做出一个"与自然脉络相关"的记录图表。这个艺术与自然脉络的关系存在着不同的形态表现，不同形态也由人类对自然的历史观点的变化而定（Riegl，2004）。李格尔将艺术史类别化的学说观点之一，就是解决艺术问题的最佳解法，即最能体现艺术家目标的方法。对他而言，艺术是一个活跃的创作过程，这个过程中新的美术造型产生的时间，就是艺术家力图解决一个特殊艺术问题的刹那（亦即艺术意愿）。因此，型也就随时间和历史文化的变化而产生变化。李格尔得出了一个风格是充满活力动态的新看法，取代了旧的生物学隐喻学说。

从 1950 年开始，当麦雅·夏彼洛（Schapiro，1962）在他的专文《风格》里，回顾过往的美学艺术研究论点，并总结指出当前确有必要发展出一个现代化的风格理论之后，这个领域即开始了它的转折点。詹姆斯·艾克曼（James Ackerman，1963）对这个转变有功劳，其功在呼吁并提议对风格作一新思考。随着这些变化，恩斯特·汉斯·贡布里希（Gombrich，1960）和乔治·库伯勒（Kubler，1962）也在这个风格的研究范畴上做出了不少贡献。各个理论细节及贡献将在第 4 章中详细讨论。

3.4　研究风格的其他方法

风格也被解释为纯粹是美术性概念，以式样潮流定出一个风格。例如工业设计中风格就是某种产品为吸引视觉注意、反映时尚，而以艺术性方式创出的产品。再如苹果牌的 iPod 系列，在 2000 年时是一个古典例子，因为它所创出的型是很独特的，新，而且以前从没被做出过，也因此很容易让消费者去买它或追随它。所以风格、式样和愉悦是一体共存的现象。在所有的设计专业中，时装设计特别具有这种魅人的特性。

时装设计是从 19 世纪开始兴起的工业，重点在于设计有功能而且美丽的衣着。从单一使用者的眼光来看，衣服可用来保护人类身体健康（羽绒服及 T 恤衫），吸引注意（晚礼服及燕尾服），表达情感（快乐及悲哀），表示宗教信仰（僧侣大红袍及犹太正教的黑常袍），表示庆祝（结婚礼服），或者表示归类属性（医院制服或军装）等。从使用者群的角度来看，服装是一个符号或象征，它代表所归类的团体或处所。从社会文化以及心理角度来看，任一时代的衣服都应配合当时当地的环境气候和时尚，例如20世纪50至70年代年轻人穿的就像埃尔维斯·普雷斯利（又称猫王）及嬉痞式样的衣着。由设计者的眼光来看，有许多机会能以新色彩和新质料创出一个新款式，即使是只流行一个季节，但仍然可以被大家使用，而且创出一个新的次文化。因此，一个设计大师可以带动、认定、修改或顺应消费者的趋势。所以，时装设计会对社会有一个快速的、季节性的并强有力的冲击。

由设计思考的角度来分析，因为在现实中有许多从材料、色彩、式样和形态里做设计组合的可能性，所以时装设计师在做出一件适当的服装之前，必得先从服装的功能考虑，谁会穿它，在什么场合、情况下穿等。在设计时，设计师通常会在纸上画出一个草图，准备交给甲方业主供参考。设计图确定后，一个模型会在硬纸上做出，并且缝好作为样本。有时设计师也会在纱布上作出样本，再适当修改，以便适合身材以及缝裁的顺序。之后，一个最后的硬纸板样本配上选定的布料就做出来了。这最后的样本可能是最后作品的参考，也可能是送到生产线进行大量生产的成品样本。因此，设计师在设计开始时是不知道最后的服装像什么，而且设计过程中有许多选项都可达到令人满意的成品。也因此，服装设计确实是弱构问题。但是服装设计的最后产品是有其独特性而且能维持一两个季节的风格趋势。所以，时装设计是一种创出时尚性风格的专业。

另外一个有时尚设计的方法是用数字经过执行设计文法实现风格的生成。这也是形式文法（Shape Grammar）的领域。就像乔治·斯坦尼所探索的，有时以有明确形状和性态的知识做设计，要比抽象的自觉（abstract intuition）更有效率。形式文法依照已定程序，实现一系列形的法则生成设计的方法是符合这种目的和想法（Stiny, 1980）。形式文法的概念是由斯坦尼和约翰·吉布斯（John Gips）于1970年发展出来的（Stiny & Gips, 1972; Lauzzan & Williams, 1988）。依定义，一个形是二维或三维有厚度直线的有限安排。当形与形合并变成一个大形时，它们之间就有某些空间关系存在。一个形式文法是一套形的定义，以形套形做出一个形的文法。其概念基于下列的情况：①有一套形；②一套代表空间关系的规则；③一个最早的原始形，由此原始形开始运作规则。在规则运作完之后，最后的形就创出了。

例如一个形式文法S，所具有的4个元素可以列出于右下边的公式：

$$S = (VT, VM, R, I)。$$

（1）VT及VM是两组有限的形。

（2）R是一个形的文法规则，以 $\alpha \to \beta$ 的形式表达。α 及 β 各来自VT及VM两套形中，当规则 R 被运用到后，则结果的形中所有左边的形 α 会被右边的形 β 取代。

（3）I是最早的原始形。

用这个语言，新形可依照文法从原始形开始逐步创出，并且递归式地（Recursive）运用规则 R 中的文法做出结果。形式文法有下列顺序：①找出原始形中与公式左边相似的形；②找出几何位移、转动、反射或反影、尺度大小或滑行等转换法，让原始形中的形与公式左侧几何形相同；③以公式右边图形取代原始形中的相同的左边图形；④当文法中的规则已用尽，或没有文法规则可用，则设计已经完成。因此，形式文法是认出与公式左边相同的特别形，然后用公式右边的图形取代后的执行结果。右边图形生成的情况可能是左形图形的几何转换配合的结果，或者是新形生成。图3-16是运用两个文法规则$R1$及$R2$与三个几何转动，从一个方形原形做出的复杂图案设计。

不同于其他依靠计算机程序执行电算程序的方式，形式文法是应用一套没有先后次序而且以图形信息为主的生产系统（Production System）创出设计的。这种生产系统的格式，是可以在某种方式下代表物体功能和产品造型的知识。但从概念性设计的角度而言，这个系统格式却很难将社会文化性的设计考虑转换到几何规则

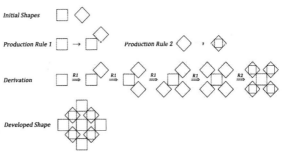

图3-16　一个形式文法产生的设计例子

中去生形。不过形式文法可以看成是一个用来研究设计，也足够吸引人的设计工具。这种说法有下列几个原因：①形式文法能直接将参数化几何体做出模型；②可直接在几何体上操作，生成几何形；③能直接展现生成的形。因此，形式文法可以用来有序、明确地显示形与形之间的空间关系，并解释形与形之间的阶级层次（McCormack, Cagan & Vogel, 2003）。

从1970年起，许多被开发出的研究课题及文法，可以归类成下列三种主要的趋势类别。这三类研究应用相似的方法，但专注不同的课题。第一类是用一些知识原基，创出自我的第一手文法。第二类是分析性文法，这是由原来的设计归纳出设计者可能用的文法，目的是研究历史性或已经生成的设计。第三类是最近的研究，通过辨别原始设计的文法，找出一个维持性的文法，为维持一群体风格的延续。这三类研究都被学者用来探讨设计的解答以及设计中的风格。

（1）原始文法：这类研究是用来创出新设计及新风格的。手法是先创出形的语汇，研究空间关系，决定原始雏形，发展能决定空间关系的规则文法，然后做出原始的形作为执行的起点。而后，由组合这些规则的运作程序，发展出一个设计的生成文法。这个手法被用来解决首尔公寓住宅中的空间迷宫形态（Kyung, 2007），工程中做咖啡机设计（Agarwal & Cagan, 1998）以及生成细胞性自动规则形态的研究等（Crawley, Speller & Whitney, 2007）。

（2）分析性文法：这个手法包括下列几个步骤，先分辨形的语汇，一套适当的空间规律通常是在设计一风格，亦即是定义出一套决定形的空间关系规律，决定最早原始雏形作为操作的开始，设置出最适当的文法程序，然后依序做出最后的结果。不少研究都用这种方法，包括中国冰块窗格设计（Stiny, 1977），帕拉第奥别墅（Palladian villas, Stiny & Mitchell, 1978; Mitchell, 1990; Sass, 2007），花园（Stiny & Mitchell, 1980），椅子（Knight, 1980），赖特的草原住宅（Koning & Eizenberg, 1981），英国住宅（Flemming, 1987）以及台湾地区传统民居（Chiou & Krishnamurti, 1995）等。

（3）维持性文法：这一类是恒定地用适当的文法规则和原有的形的词汇维持并宣告同样的风格。这个手法曾被用来将一品牌中的主要元素在文法语言中重复应用以生成持续的产品，如美国别克牌（Buick）汽车的设计

（McCormack, Cagan & Vogel, 2003）。在绘画中，形式文法被用来分析作画的规则，然后依规则发展出电算法，在计算机中生成创作。例如有研究分析美国理查德·迪本科恩（Richard Diebenkorn）的抽象画原作，把画的结构规则化成参数放在形式文法中研究画的结构文法（Kirsch & Kirsch, 1986）。也有研究扫描西班牙画家胡安·米罗（Joan Miro）的超现实主义画作，以手工追描探讨画的轮廓，再发展一系列位移、转动、扭曲控制等规则程序，尝试做出许多不同曲线，仿真米罗的构图风格（Kirsch & Kirsch, 1988）。图3-17是米罗的一幅画，附上用作研究参考。

通过使用简单的几何造型，我们可分析复杂设计中的视觉风格并且可对其重创。但形式文法最重要的现象是我们可由分析设计师的几件作品将其设计方法外显。比如壁炉是赖特草原住宅设计的生成重心，用福禄贝尔式积木（Froebelian-type Block）状体块加在壁炉四边环绕壁炉而构成基本的平面构图。这个基本构图的壁炉核心单元可以从一边加一轴线，变成不对称平面，或者加两条轴线变成十字形。因此，根据形式文法，学者证实了赖特所有住宅都有相似的组织原则。其基本组合就是以壁炉为中心配以轴线加层次的厚重体块（Koning &Eizenberg, 1981）。因此，形式文法可让我们发现设计思考背后的设计原则，并让我们能在同样的风格下做新设计，但又维持原有风格。例如在帕拉迪奥（Palladian）的经典设计中，有一种分裂电算法能将原来设计的方块水平或垂直分离为一半或再一半，做出新的但仍然像帕拉迪奥的设计（Koning & Eizenberg, 1981）。

很明显，形式文法和风格在研究及应用上都有很强烈的理论和相

图3-17 胡安·米罗超现实主义的画（图片来源：维基公共领域http://commons.wikimedia.org/wiki/File:Mirop.jpg。登录日期2014-9-10）

关性。文法，经由分析和解读一般设计中的生成原则，可用来学习设计师的设计，并且将这些原则导入生产系统的规则里去印证这种生成的创造过程。如果相同的生产系统能生成并且仿造多于四个同一设计师的作品，则这些规则确实能代表一"个人风格"（Individual Style; Chan, 2000），并且能成功地显示这位设计师的设计方法。然而，一位设计师解复杂问题的思考过程却是相当错综复杂的。如要研究这种设计思考及认知，则他们如何处理设计信息，如何执行设计活动，产品如何生成以及设计知识如何在设计出的结果中体现等都需要有第一手数据忠实地反映出认知过程。无论数据是能够多么忠实地印证设计风格，但形式文法是可以用来：①归纳生成一个风格的所有规则，分析此风格的特色；②以"解释分析"和"如果……就……"的分析方式，观察一个风格的持久生成演变，预测未来的可能改革；③探讨一风格中所有的可能变量作为复兴风格；④仅是创出一新风格。

3.5　个人风格的研究

本章中所解释的不同的风格研究方法，基本上包括了艺术产品的表达方式、艺术创造的解读以及由数字方法重建风格式设计产品等。然而，本书重点是讨论风格是如何从个人的认知思考层次创造出来的。个人风格的定义是一个设计师能运用一些认知形态重复生成一些特征而从这些特征中辨别出是设计师的签名式风格，而非一时的创作。于是，在时装业及形式文法之外的领域，设计研究就开始顺着20世纪后期的趋势，探讨创造力的原因。尤其是20世纪60年代之后，理论家开始鼓吹艺术的研究不应只专注于产品的造型，也应该研究创作的过程。这个创作的过程被定义为制作艺术品时所从事或进行的任何程序（Sparshott, 1965）。虽然很少研究曾被用在探讨创造过程和艺术创造品之间的关系，或风格在创造过程中是如何被创出来的问题上（Wollheim, 1979），但仍有一些发现在相关的报道中提出（Whyte, 1961; Sparshott, 1965; Weitz, 1970; Kubler, 1979）。特别是如何以计算机为工具，有价值的研究风格是否是一套测得出的形态，这些细节将在第5章及第6章中作进一步讨论。

第4章　风格是设计产品的识别物

建筑和绘画、雕塑、音乐及诗歌等，很早就被归类在"艺术"或"美术"的领域，并在艺术的领域内被研究探讨过（Greene, 1940）。因此，建筑中对风格的研究也和在艺术中对风格的研究思潮相似，曾被建筑史学家全力地调查过风格的历史发展，也曾被评论家探讨过个人的表现特征等（Pothorn, 1982）。根据这系列的思考，建筑风格可以被看成是一建筑物的总合特性，在这个特性中，其结构、整体性和要表达的表现性都被综合在可辨认的型里，并和特别的时代、地域有关，有时也与个别设计师或某一设计学校相联结（Smithies, 1981: 25）。所有这些谈到的观念和研究方法都曾探讨过艺术造型中显著并恒常存在的特征，并且有系统地解说了不同区域、时期及设计者与这些特征所涉及的不同文化、社会、经济及技术层面的相互关联。

长久以来，风格是由认定呈现在一些产品中能被认出的特征（或型）并且冠上一名词作为记号以表示其存在。这些产品也是由某一单个人［即个人风格，如文森特·威廉·梵高（Vincent Willem van Gogh）］，或一组人（即团体风格，如草原风格），或跨过数个地理区域（即地区风格，如音乐中的芝加哥爵士乐），或经过一段时期（即时期风格，如文艺复兴风格）的集体创作而生成的。因此，探讨存在于艺术作品及建筑中"显著"并"恒常"的特征，以便用来标示一风格，就是"风格理论"的基础。例如梵高的绘画世界是以漩涡式的线条为代表的，因此他的画即可由相当粗的笔触作为识别（Gombrich, 1960: 241）。遑论画题是一幅肖像、一束花和花瓶、一个红葡萄园、一个麦田或一星空夜景（图4-1），画中所用的粗短笔触就是典型的梵高画风，也因此可被明确看成是其签名式招牌，用以辨认其作品。因此，画中所用的笔触方法效果就是许多标志符号之一（包括独特的彩色调手法），可用来辨认一位艺术家的绘画的个人风格。

至于群体风格，例如草原建筑风格（Prairie Style）原来是用来认定美国建筑师弗兰克·劳埃德·赖特（Frank Lloyd Wright）于1901—1910年的设计的。但他的风格吸引了一群追随者，使用相似的设计方法，因而形成了团体式草原风格。再看时代风格，文艺复兴建筑风格是最好的例子。文艺复兴风格生成于意大利，主要是皇家和商业建筑，特别是在阿尔卑斯山以北的地区（Jordan, 1969:167）。它历经数百年（15至17世纪），横跨欧洲，形成了一个主要的设计趋势，而成为一个风格但附隶于一个历史时期，并以此时期为名，因而称之为文艺复兴风格。即使文艺复兴风格的发展时期有早期、高峰期及晚期三个阶段，但文艺复兴期的建筑物特色一般包括：大量运用古典柱式和壁柱，对称的窗门安排，三角形山形墙，方形楣石，拱门，圆顶和附有雕像的凹入壁龛等。例如1500年建于意大利，由多纳托·伯拉孟特（Donato Bramante）设计的和平圣玛丽亚教堂(Santa Maria della Pace)就是很好的例子（Beazley, 1988），回廊正面中，就延续使用了粗重的科林斯（Ionic）及爱奥尼克（Corinthian）两种柱式的组合——爱奥尼克柱式用在下层，

图4-1　梵高自画像、花及花瓶、葡萄园、麦田及夜晚星空（图片来源：维基公共领域 URL: http://en.wikipedia.org/wiki/Vangogh。登录日期2016-5-19）

科林斯柱式（Corinthian Column）用在上层，并且每种柱列都有其各自的柱基、柱身及柱顶盘，并有顶架在柱墩上的弯拱门（图4-2）。坐落于意大利威尼斯的圣马可大会堂（Scuola Grande di San Marco）是具有相似特色的另一例（图4-3）。至于

在梵蒂冈的圣保罗教堂（St. Peter's Basilica, 图4-4），更被认为是文艺复兴高峰期最伟大的杰作。虽然圣保罗教堂是几位建筑师连续设计完成的，但最后的造型结果却保留一些特色，整体被认为是文艺复兴风格。

图4-2　位于意大利的和平圣玛丽亚教堂回廊正面（约翰·梅孚斯摄影）

在风格上的理论研究，风格曾被用来分别艺术的变化。艺术史学者和评论家研究了艺术中的形成和变革。他们以风格为基准定位作品起源，并以风格为方法追寻不同团队间的关系（Schapiro, 1962）。研习文化的历史学家或专研历史的哲学家，会研究在某一特定时期中某一文化里所有艺术共同具备的造型和质量。因此，艺术史学者和评论家就创出了种类派别，如印象派、巴洛克艺术或芝加哥的蓝调爵士乐等，认为一组作品中相似的一些复杂元素是可明确地被设定为一风格的（Ackerman, 1963）。风格在这方面就由不变的形态来代表（Schapiro, 1962:

图4-3　意大利威尼斯的圣马可大会堂正面（图片来源：维基公共领域Giovanni Dall'Orto, http://en.wikipedia.org/wiki/File:Venezia_-_Ospedale_-_Foto_G._Dall%27Orto,_2_lug_2006_-_03.jpg。登录日期2016-5-19）

图4-4　意大利梵蒂冈的圣保罗教堂正面（图片来源：维基公共领域http://en.wikipedia.org/wiki/Image:Petersdom_von_Engelsburg_gesehen.jpg。登录日期2016-5-19）

278），或以作品中恒常的元素而决定（Ackerman, 1963）。这一说法有不少共鸣。例如牛顿（Newton, 1957: 467）指出风格是艺术家气质的外显宣示，夏皮罗（Schapiro, 1962：278）说明"风格是在个人艺术或组群艺术中不变的型——有时是不变的元素、质量或表达"，艾克曼（Ackerman, 1963: 164）也解释了一些特别的特征会在别的艺术家作品，或时代作品，或地域性作品中出现，这些特别整体的特征就被称为是一种风格。

对上述这些学者而言，风格是一种创造出的"目录"，用来区分社会历史期的各个时期，但条件是这些历史期都会各自发展出明显的一致性视觉艺术产品，并且这些产品和其前后期产品有些区别（Schwarting, 1984）。因此，风格这个词就被用在文化里或实体物质中，并被考古学家用来分别文明或人造物体（Kroeber, 1957, 1963）。例如希腊文化对庙的外表造型十分明确，建造者也共同遵守大理石材料的高柱横梁、长方形结构，双坡斜屋顶的特定造型。另外，多立克柱式用在大部分早期的神殿中也是一种特征的例子。在这一例中，辨认总体特征与私人形式和个人规矩无关，但与文化背景有密切关联，因为大部分群体风格是根植于一种共同的文化背景，也通常以起源的时代或地点而定名。

其他在风格上的学术研究，有学者致力于应用可认出的造型与造型之间的关系（亦即造型间的秩序法则）搭构出人与人、团体与团体、区域与区域或时期与时期之间有秩序的阶层体系，进而建立起任何艺术中的历史架构（Jencks, 1977: 80）。其他与风格相关的研究，则有集中于先辨认特别显著的形体以便宣告一种风格（Ackerman, 1963），或者是先回顾这些显著形体的幕后影响背景（Pothorn, 1982），然后再进一步追踪其与其他互动形体或相关形体的前后脉络关系等（Kroeber, 1957; Schapiro, 1962; Smithies, 1981）。除了辨认形态或辨认形态间相互关系之外的研究，也有学者专注于发掘做事情的方法（Sparshott, 1965）。换言之，一种做事情的同样方法和式样也能定义出一种风格。例如爵士乐有一种极强但有弹性的韵律，这是以基本的旋律配上和弦形态，不规则地搭构成一独奏或一合唱，并且是随机顺意而成的，如果重复这种演奏方法，也就自然地会产生些爵士乐的特色。恩斯特·汉斯·贡布里希（Gombrich, 1968）不只提到风格是任一执行艺术的明确可视行动，或者是建造一种"人造物"的方法，而且也说明风格是由选择可行方案作"挑选"
（Choice）的结果现象。对他而言，品位和时尚的潮流历史，就是个人对事情
的喜爱和偏好的历史，也是由许多已经给予的可行方案中所做出的不同"挑
选"的行动（Gombrich, 1960）。

　　除了探讨为何作"挑选"的行动会影响到风格的理论之外，还有阐述人
类的某些行为因素会造成风格的研究（Simon, 1975），特别是在建筑设计的个
人风格中（Chan, 1992, 1993）。这些研究开启了一个有趣的问题，即如何在
不同的设计产品中辨认出一个"个人风格"。其答案可由"风格可被看成是物
体"的假设为前提。这个概念也和色彩在信息科学中是如何被定义出的执行定
义概念相似。事实上，色彩在世上是无所不在的，非常诱人、抽象而且微妙。
它不但很难以口语描叙细微的色调变化、彩度质量和亮度数值，而且也难以用
旧式言语文字的老方式准确地描述或者衡量两个相同色彩间的相同色素、彩
度及亮度。但在信息技术中的互联网页上，任何色彩不但可用一个十六进制
（Hexadecimal）的数字来显现，并且在印刷和图形渲染上，更可用四个主要
的色彩模式（HSB，RGB，CMYK，L*a*b）来定位色彩。比如一个色彩就可
以经过这些色彩模式，用数学方法赋予数值。虽然在PhotoShop软件中所涵盖
应用的这四个模式会赋予同一色彩四个不同数字值，但这四个相异值用在计算
机屏幕上或彩色印刷中却会生成相同的色调和色彩[1]。举例而言，同一浅灰色
的HSB值是"0%、0%、61%"，RGB值是"155、155、155"，CMYK值是
"42%、29%、29%、7%"，L*a*b值是"72、0、0"，并且"十六进制"值
是"9b9b9b"。这个以不同数字代表同一色彩的方法，在"信息科技"里创出
了一个崭新并且是前所未有的色彩规范。

　　同样地，一个风格也可被看成是物体，是本质，也可用重复出现的型、特
征和脉络[2]来辨认定位。特征，在本书中被解释成是在美术产品中恒定出现的

---

[1]在彩色渲染及印刷中，几种彩色模式被发展出。四种在大部分计算机软件中最被普遍使用的是：
色调、彩度及亮度（HSB）；红、绿及蓝（RGB）；青绿、粉红、黄及黑（CMYK）；CIE－L*a*b，L
代表亮度，a 及 b 代表色彩组件在色彩空间中的向度。
[2]重复出现特征与其他单元之间的几何关系及秩序规律决定了脉络法则，但这些脉络法则不是本书
的重点。

元素，这些元素就是型，是脉络。型是造型，脉络则是型与型间的几何关系。在这个原则上，一个矩阵或者公式就可被发展出来显示一种风格。只要这些元素、脉络和矩阵被认出、定出并且建构出，一种风格即被定义并且建立。因此，风格可被看成是特别的物体，也因此可以被数量化，被记录，并且可被测量。

有异于工业设计中一种使用风尚趋向来发掘设计语言，以便产生有流行风格式产物的概念（Tovey, 1997），也不同于另一种由发展出一些严格的模型，再将流行的概念传送到计算机中产生造型的方式（Chen & Owen, 1997），本章将由"把风格看成是物体"的假设角度切入，特别介绍一个叙述性模式，以便科学地分析设计风格。目的是要建立起一些运算法则，以便深入彻底地了解风格是如何可被定义、辨认、比较，并被度量的。这个研究的目的在于提供一个应用工具，可对建筑设计、绘画及雕塑中任一特殊的风格作全面性的通盘领会。

4.1 特征的辨识

从另一角度来说，风格是经由知觉认识产品（Perception）而辨认出来的。知觉认识就是分辨、警觉，或体会了解在一艺术产品中所透显出的信息。艺术产品有可能是舞蹈及戏剧的动作，音乐中的韵律形态，或实际设计物体的

图4-5　克劳德. 莫奈的《日出》（左图）及保罗·塞尚的《大浴者》（右图）（图片来源: 左图取自维基公共领域 http://en.wikipedia.org/wiki/File:Claude_Monet,_Impression,_soleil_levant,_1872.jpg。登录日期2016-5-19。右图取自维基公共领域 http://en.wikipedia.org/wiki/File:Paul_C%C3%A9zanne_047.jpg。登录日期2016-5-19）

雕塑、绘画、家具及建筑物的美。因此，上述的设计物会是设计产品，并有一组特征在产品中呈现。特征这个词包含许多意义，特征可能是一种形态（细部的处理），可能是一个实际的造型（材料及处理），也可能是一些特点、特色（材质和颜色）。排除在结构文学中所谈特征意指的是结构形态（Hampton & Dubois, 1993）之外，本书中所讨论的"特征"指的是设计产品里的造型。甚至，"特征"之意也应该包含产物造型与造型之间机能（或功能）上以及几何上的脉络关系。

例如在绘画里，印象派绘画的特征即是明显的粗犷短笔触，配上明洁而非混杂的色素、开放而简单的构图，强调光线，使用平凡的题材、明亮的色彩、独特的组图视角以及画面上凸出厚重的画料材质等。这些代表印象派的特征可在克劳德·莫奈（Claude Monet, 图4-5左图）及保罗·塞尚（Paul Cezanne, 图4-5右图），甚至梵高的画中找到（图4-1）。甚至也被尤金·德拉克洛瓦（Eugene Delacroix）及皮耶·奥古斯特·雷诺阿（Pierre-Auguste Renoir）等画家用过。这些画家都拥有相似的笔法，也都归属于19世纪在法国境内工作的艺术家之风格类。因此，如果有一组特征（或型）重复出现在许多同类的艺术产品中，则一种风格即已浮现。如果在一个物体中的一个特征是由一个设计者原创而出的，则这个特征就变成了该设计师风格的签名标志之一。签名标志必须是一个显著特征，具有吸引观众或使用者注意力的特质。这些特质包括颜色、尺寸、材料、质地、组构、动作、声音或者以上所有因素的组合。因此，任一"签名特征（Signature Feature）"能被认定是有风格的，就应该具备下列特质：①这个特征是一个造型或一组造型的结合，经由一些特别的外形、配置或比例尺度而凸显出来；②它有一些与其他特征相互联系的特别组合脉络关系；③它可能是由某一设计师经过原型创作过程而产生的造型；④它也可能是设计师由其他信息来源经过复制或重新调整，并配置以特殊功能而造成；⑤它必须是一组显著特征中的一分子，重复被一个设计师或一组设计师使用。总而言之，一个有代表性的风格特征就必须是一个显著的签名特征，并且经常地重复出现在该创造者的许多作品中。

例如出现在大草原建筑风格中的特征包括低矮的四坡斜屋顶、长条平开窗、窗下连续的水平窗沿（台）、挑出的阳台附带有盖的低栏杆扶手、水台、墙角块、花瓮、大型砖造烟囱、窗台和水台之间的连续墙面、长挑出的屋檐以及对称的侧立面等（Chan, 1992; 1994）。这些特征可能在其他设计范例或数据中看到，但绝大部分是由赖特所自行原创出来的，为某些功能而设计成型并且恒常地出现在他的许多作品里。在草原住宅例子中，这一组共同特征（Common Feature）即形成一个公分母，亦即象征着赖特的一项个人风格——大草原风格（图4-6）。如由更大的角度来看这个观念，这些相同的特征可被看成是草原风格建筑中的一组共鸣乐章，不只是赖特个人在1901—1910年的设计，也是他的学生及追随者的相似设计。于是，这一组共同特征也就同时呈现为一个群体风格。但无论如何，在一群建筑中常出现的这组特征也就特别被定名为关键性共同特征（Critical Common Features），刻画出一个关键性的风格组群，用来决定一个特定的风格。

4.2 风格的辨识

在一组共同特征被识别出之后，所有物体只要具有与该组相同的特征，就应该被看成是同一种风格。但有些例子中，某些物体出现的特征数会比其他物体多，例如10个特征出现在一个设计物里将比只有5个特征出现更能定调其风格。因此，出现在物体中的特征数就会影响这一物体中风格的可见度（Perceptibility）或被辨识程度，这也得出了一

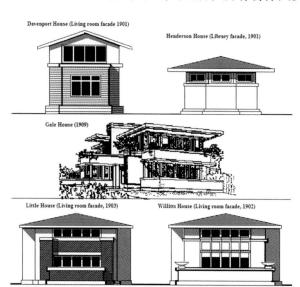

图4-6　赖特设计中的特征（图片来源：经Elsevier 许可，重印自Design Studies, 22(4), Chan CS, An examination of the forces that generate a style. 图 1, 321页，版权 (2001)）

个风格的可视度（Perceptibility）观念。换言之，存在于一个物体中更多或更少的特征数目将会改变我们能认出此物体风格的程度，这也就说明了在同一风格内的风格（Style Within a Style）的风格程度（Degree of Style）观念。

同样地，10个共同特征出现在20个设计物品中，将比5个"共同特征"出现在20个设计里更能强烈明确地宣示这群物体的同一风格。因此，共同特征组的组数就说明了这些物体所带有的风格的"表达能力"的观念，亦即出现在物组中的特征数会影响这一组物体共同享有风格的强度。换言之，在一组物体（同一风格）中，所出现的共同特征数目会影响该组物体同一风格的强烈度，也就是"物体间"或"风格间"的风格程度的观念。这些"风格内"（Within Style）和"风格间"的认知现象涉及风格所能表现程度的观念，将在下面探讨风格的操作定义及测度风格的两个实验中得到证实。下列数节将作细部说明。

4.3　风格的操作定义：实验一

如前所言，所有艺术品，只要具有同一组"关键性共同特征"中的任何特征单元，必会具有某些相似造型，并有被归类成相同风格的可能性。比如图4-7中左图物体i及右图物体j都具有共同特征A、B、C、D及E。这一组共同特征可能会是另一个更大组的子集合，但在目前情况下就是共享的关键性共同特征，也因此显示了风格X的存在。因此，风格的操作定义即是由一个人、一群体、一时期或一区域艺术品中恒常出现的关键性共同特征所确定的。换言之，风格是由出现在物体中的关键性共同特征认出的（为方便阅读，关键性共同特征这个词将在本章中被简称为共同特征）。这个风格操作定义的理论和假设，是针对"个人风格"而言，已由下列心理实验结果证实。在该实验中，受测者是卡内基梅隆大学人文及社会科学学院修心理学的大一新生。31位非

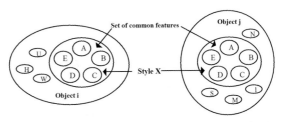

图4-7　物体i及j各拥有的共同特征组并定义出风格X

建筑系的学生，为修满该课学分，可选择参与此实验。因为学生是来自非建筑系，可以假设他们不熟悉所有用在心理实验受测品中的建筑物，并且防备受测者用已知的过去知识来分别风格、建物或建筑师。

4.3.1 实验材料及结果

这个实验使用的材料是代表三个主要风格的著名建筑师作品。每一个风格都以11栋由两位建筑师设计出的同样风格的建筑作品为代表。这三种风格是弗兰克·劳埃德·赖特及威农·沃森（Vernon Watson）的草原风格（Prairie House Style），理查德·迈耶及迈克尔·格雷夫斯的现代风格（Modern Style，又称纽约五风格）以及查尔斯·穆尔及罗伯特·文丘里（Robert Venturi）的本土风格[①]。其中赖特、迈耶及穆尔是三位为此研究而特别挑出的主要建筑师，并各有10栋建物被选用。这些选出的民居建筑图片用来展示建物中所享有的共同特征。例如，赖特建物中就有9～10个特征，包括低四坡斜屋顶、长条平开窗、连续的水平窗沿（台）、挑出的阳台附带有盖的低栏杆扶手、水台、墙角块、花瓮、大型砖造烟囱、窗台和水台之间的连续墙面、长挑出的屋檐以及对称的侧立面等（图4-8）。图4-8的右下角是沃森的设计图片。

图4-9中迈耶的建筑设计中有5～6个共同特征出现，包括全高玻璃窗加窗框显出内部结构框架、圆柱、圆梯、水平长条女儿墙、上白漆的垂直木条外墙、阳台配管状扶手、挑出的弧状阳台、突出的圆形实梯、突出实梯配实墙扶手、突出圆梯配管状扶手以及挑空楼梯配管状扶手等。图4-9中右下角图片则是格雷夫斯1972年的设计。

图4-10所示由穆尔及文丘里设计的建筑物则各有3～5个特征，包括双坡斜屋顶、单坡斜屋顶、垂直的红木墙板、突出小单元配单坡斜屋顶、木瓦屋顶、左倾及右倾的屋顶配置、白色灰泥外墙及全开窗等。图4-10右下角则是文丘里于1970年的设计。这些特征是经过精确策划，详细地将所有可称呼的特征以标签列出；同时把每张图片中主要而且是基本的建筑特征标识出，做成一个总表格，并由三位卡内基梅隆大学的专家教授评审而后确定特征名称和特征

①穆尔和文丘里的设计通常被认为是代表美国本土风格。印在不同建筑文刊（Bloomer & Moore，1977；Allen，1980；Johnson，1986）中的11栋建筑图片，被挑选出作实验探讨，请见图4-10。

数目。最后，综合所有出现在至少三个图片的特征，做出三组关键性特征群代表三种建筑风格。这些图片都贴在4英寸×6英寸的白纸卡片上并附以卡号（见图4-8，图4-9及图4-10中建物名前的号码）作受测物之用。在实验中，受测者被要求将图4-8，图4-9及图4-10中三种风格的33张建筑图卡，自己区分、隔离并置放成堆，每堆代表他们认定的一个风格。受测者事先没被告知每堆应有多少正确的卡片数或多少风格数，只被告知每堆图卡的数目不拘，可自我判断叠放。实验的结果衍生出许多有趣的关于分类（Categorization）、相似性（Similarity）以及配对辨识（Mapping of Identifying）特征等的认知现象。

1–Heller House, 1897

2–Fricke House, 1902

3–Heurtley House, 1902

4–Willits House, 1902

5–Little House, 1903

6–Little House, 1903

7–Barton House, 1903

8–Dana House, 1903

9– Martin House, 1904

10–Robie House, 190

11–Rockwell House, 1910 by Watson

图4-8　赖特及沃森的草原风格（图片来源：Hitchcock H (1942) In the nature of materials: 1887–1941; the buildings of Frank Lloyd Wright, New York: Duell, Sloan and Pearce 包括: 1–Heller House, Figure 43; 2–Fricke House, Figure 64; 3–Heurtley House, Figure 71; 4–Willits House, Figure 73; 5–Little House, Figure 89; 6–Little House, Figure 91; 7–Barton House, Figure 90; 9–Martin House, Figure 102; 10–Robie House, Figure 164; 以上图片是©2014 Frank Lloyd Wright Foundation, Scottsdale, AZ / Artists Rights Society (ARS), NY, 授权重印。8–Dana House 来自 Manson G (1958) Frank Lloyd Wright to 1910; the first golden age, New York: Van Nostrand Reinhold, p. 122, Figure 82, Wiley & Sons, Inc. 授权重印。11–Rockwell House 来自 Sprague P (1976) Guide to Frank Lloyd Wright & Prairie School architecture in Oak Park, Village of Oak Park, p. 87, Figure 74, 授权重印。）

12-Smith House, 1967

13-Smith House, 1967

14-Saltzman House, 1969

15-Saltzman House, 1969

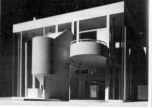

16-House in Pound Ridge, 1969

17-House in Westbury, 1971

18-Shamberg House, 1974

19-Shamberg House, 1974

20-Douglas House, 1973

21-Douglas House, 1973

22-Snyderman House, 1972 by Graves

图4-9　迈耶及格雷夫斯的现代风格（图片来源：Museum of Modern Art (1975) Five Architects, New York: Oxford University Press,包括:12-Smith House (p. 116); 13-Smith House (p.117); 14-Saltzman House (p.130); 15-Saltzman House (p.131). 图片来自Meier, R. (1984) Richard Meier, Architect, 1964/1984, New York: Rizzoli，包括:16-House in Pound Ridge (p. 46);17-House in Westbury (p. 54);18-Shamberg House (p. 67);19-Shamberg House (p. 67); 21-Douglas House (p. 76). ,20-Douglas House来自Meier, R. (1976) Richard Meier, Architect, Buildings and projects, 1966-1976, New York: Oxford University Press, p. 21. 以上图片都属 ©Ezra Stoller/Esto. 22-Snyderman House 来自 Dunster D (1979) Michael Graves, architectural monographs 5, London: Academy Editions, p. 38. Fig 10, 格雷夫斯建筑师事物所授权重印）

4.3.1.1　实验结果A：特征组的辨认

此实验中所收集的数据，如表4-1所列，显示出如有更多的共同特征出现在同一风格图片中，则会让观者认定它们是同类风格，而且更有将这些图片放在同一堆卡片里的倾向。例如大草原风格中出现的共同特征数是8～11，31位受测者排出55堆卡片，其中有16位把10张赖特及1张沃森的图片共同放在单独

23-Bonham House, 1962

24-Bonham House, 1962

25-Sea Ranch Condo I, 1965

26-Sea Ranch Swim Club I, 1966

27-Johnson House, 1966

28-Santa Barbara Faculty Club, 1968

29-Sea Ranch Spec House II, 1969

30-Koizim House, 1971

31-Burns House, 1972

32-Swan House, 1970

33-Trubeck, 1970 by Venturi

图4-10　穆尔及文丘里的本土风格（图片来源：图片来自Allen, G. (1980) Charles Moore, monographs on contemporary architecture, New York: Whitney Library of Design，包括：23-Bonham House (p.17); 24-Bonham House (p. 9); 26-Sea Ranch Swim Club, I (p. 40); 27-Johnson House (p. 47); 28-Santa Barbara Faculty Club (p. 66); 30-Koizim House (p. 79); 31-Burns House (p. 90); 32-Swan House (p. 105). 图24-28 是 Morley Baer摄影授权使用©2014 Morley Baer Photography Trust, Santa Fe. 30-Koizim House属©Ezra Stoller/ Esto. 25-Sea Ranch Condo和29-Sea Ranch Spec House II 来自 Littlejohn D (1984) Architect, the life and work of Charles W. Moore, New York: Holt, Rinehart and Winston, in Moore Tour section. 32-Swan House是Norman McGrath作品授权使用。 33-Trubeck House 来自 Moos S (1987) Venturi, Rauch, & Scott Brown building and project, New York: Rizzoli, p. 257 (top) 〕

一堆中。现代风格的图片里，则有5～6个"共同特征"出现，也有49堆卡片被排出，并且17位受测者把10张迈耶及1张格雷夫斯的图片放在单独一堆中。但是，本土风格因为只有3~5个共同特征出现，所以31位受测者并没有将10张穆尔及1张文丘里的图片放在单独一堆中，反而是以分散成78堆的结果出现（这与大草原风格的55组和现代风格的49组有极大差异）。更令人惊奇的是，误放或混合的情况，本土风格有16次，现代风格有3次，但大草原风格只有1次（见表4-1）。这证明一种风格是由浮现在物体中的"共同特征"而被认辨出的，特征愈多愈能保持风格的显著性，而减少错放误认的机会。

大草原风格因其有更多特征让观者更易于认出这种风格，所以产生将更多图片放置同一风格堆里因而减少堆数的理论，那么较少特征的"现代风格"类

表4-1　全部风格排列的结果

风格名称	特征数目	堆数	受测者的平均堆数	被误放的堆数	放成单一风格的堆数
大草原	8-11	55	1.77	1到本土	16
现代	5-6	49	1.58	2到本土	17
本土	3-5	78	2.52	15到现代及1到大草原	0
赖特	8-11	51	1.65	1到穆尔	16
迈耶	5-6	48	1.55	2到穆尔	16
穆尔	3-5	75	2.42	15到迈耶	0

应该会有较多的堆数发生。但是数据的结果却有些差异，这可能是与"特征的内容本质"（算是一外在变量）相关。若比较现代和草原这两个风格，草原风格的特征是小尺寸，大都在细微部位，而且大部分是灰色出现在黑白相片中，并不显眼。然而现代风格是现代设计文化的产品，大尺寸、大面积、显著的形态都以白色显示，视觉上非常鲜明而且吸引人。因此，1970年建的现代风格中强悍的特征色彩会比1910年建的草原风格中老而弱的特征对大学生更有文化上的认同和时尚的偏好，并且已经让人熟悉又鲜艳的外形是非常容易让年轻观者认出、辨出而且定位出的。这个观察解释了特征本质这个变量会把凝聚风格的特征数给平衡掉而减弱风格的凝聚力。

4.3.1.2　实验结果B：风格的子集合

这个实验也显示每一风格都被一组特殊的共同特征给特色化，但并非所有特征会在每栋建筑物或每个产品中全部出现。成组的特征会有变化，因此子集合这一观念就出现在大集合的主风格中，亦即出现在建物中的共同特征和风格有时也会形成从属子集合或子风格。例如，表4-2列出了本土风格受测物中主要的全部共同特征组（编号由1到8）以及出现在本土风格中由穆尔及文丘里设计的建筑里的五个子集合（编号由A到E）。图4-11以"文氏图解"（或称温氏图、维恩图、范氏图）展示这五种子集合出现的图形关系。在此例中，一组共同特征可独立代表一个风格（或一个建物），或从属于另一组集合（建物）形成另一较大组的大风格。比如子集合D{1，3，4}独自成一风格，但也是另一子集合C的部分成员而共同形成大风格C，至于子集合E{1，4，5}在此例则是文丘里的风格。

虽然实验一中的受测者并不知道受测物中所涉及的建筑师的名字，而且在做实验之前也没见过这些建筑物图片，但他们毫不困难地即可将这些图卡分隔成堆。方法不是随意叠放图片，反而是有手法地将图片依类放在一些固定的组群里。例如穆尔的图片里，有三栋建筑（图4-10中的卡号28、30、31）具备子集合A{2，4，6，7，8}，在31个受测者中就有27人（87%）认出，并把这些卡片放在一堆。其中10人将这三张图放在单独的一组，代表这是一种风格；另外12人则把这一组和一些迈耶的图片混在一起，因为这三栋建筑和迈耶的建筑貌

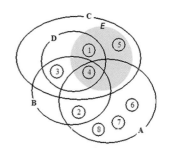

图4-11　本土风格中受测物的子集合以文氏图（或温氏图、维恩图、范氏图）表现（数据来源：© Pion Limited, London授权重印. 图1, 226页，Chan CS (1994) Operational definition of style. Environment & Planning B, Planning & Design 21(2): 224–246, Websites: www.pion.co.uk, www.envplan.com）

似。这个结果说明受测者辨认风格是根据相似的共同特征而辨识。这组共同特征如表4-2所列，就是受测者用来分类并分隔图卡的线索。根据乔治·雷可夫和马克·约翰逊（Lakoff & Johnson, 1980: 164-164）的研究，心理学中所谓的分类就是"一种加强一些特质，减轻其他特质，并隐藏更多其他特质的自然心理方法，用来辨认一种物体或经验"。由此而言，一件艺术品如有更多的特征出现，则更能加强其象征性，也更容易让其风格被认出。但受测者可能会用异于表4-2所列的特征或甚至用其他方法来分别大草原、现代和本土风格的三种图片。为了考证此假设，实验之后，受测者也被访谈以证实受测者所用的特征及辨别方法。访谈结果证实受测者确实是使用相类似的特征作建物比对，而且

表4-2　明显出现于本土风格中受测物的特征

建筑物名称	特征代号	子集名称
28：S. B. Club, 1968	2,4,6,7,8	A
30：Koiim, 1971	2,4,6,7,8	A
31：Burns, 1972	2,4,6,7,8	A
24：Bonham, 1962	2,3,4	B
25：Ranch I, 1965	2,3,4	B
26：Ranch, 1966	2,3,4	B
27：Johnson, 1966	1,3,4,5	C
29：Ranch II, 1969	1,3,4,5	C
32：Swan, 1976	1,3,4,5	C
23：Bonham, 1962	1,3,4	D
33：Trubeck, 1970	1,4,5	E

共同特征组员代号及名称：
1. 双斜披屋顶
2. 单斜披屋顶
3. 直立红木墙面
4. 挑出单披斜屋顶小单元
5. 木瓦屋顶
6. 左右对称斜披组合
7. 白色灰泥墙面
8. 全高开窗

（数据来源：Design Studies, 21(3), Chan CS, Can style be measured? 图6, 287页，©2000, Elsevier 授权重印）

所用的特征也和表4-2中所列吻合。这一证实产生了一个有趣的解读，即受测者以相似性来辨认物体的观念，此观念也与前述认知能力中的分类组合有关。这种分类的现象也说明了图片28、30及31的特征确实是有些与迈耶设计的特征相似，也因此而造成这些穆尔风格被混合误认成迈耶的情况发生。下节将解释分类组合的现象。

4.3.1.3 实验结果C：分类及相似性

分类这个词是名词，意指一组实物或物体如要被认定是相同的，就得依一些标准和规则聚集成同一类。因此，要"区分类别"（简称"归类"）就要把不同事物以平等心对待，并把物体或事件聚集成相同的组别，这个过程应该以组员属性来看待个体，而不应偏重于个体的个别特殊性（Brunner, Goodnow & Austin, 1956）。归类领域的研究，囊括了对自然物类（Rosch, 1973; Rosch & Mervis, 1975; Rosch et al, 1976; Smith & Medin, 1981）及人造物品类（Reed & Friedman, 1973）的分析，并也发展出"原型"（Prototype Model, Posner & Keele, 1968）和"特征频率"（Hayes-Roth & Hayes-Roth, 1977）两种模式学说。原型模式建议，分类应专注于研究有代表性的原型，因为人类在辨认一个物类信息时会把该类的重点趋势抽象化成一个表征，称为原型，作为同类个例的雏形。至于特征频率模式（Feature-Frequency Model），则是研究所有在范例中单个特征出现或发生的频率度，再组合高频率特征构造出这个范例类的代表性表征，亦即强调研究物类中单个特征和总合特征的组成配合度。另一重要的归类法则是研究物体与物体间的相似性（Smith, 1989）。相似性是基本的心理原则，人类通常会根据相似性创出概念，塑成常识[1]，或将物件分门别类。这个相似性方法曾由几何法作分析（Shepard, 1974）或以层次组群体系法作探讨（Johnson, 1967）。但研究相似性常用的一种方法则是特征比对（Feature Matching）法。

在特征比对法中，物体是由特征的整体组合作代表，相似性则是由物体中的共同特征以及有特色并可区别的特征来衡量。因此，物体X及Y之间的相似值可由下列简单函数表示：

---

[1]塑成常识（Form Generalization）：在心理学中，一个型代表一个脑中的观念体。"塑成常识"就是一个普通观念常识的形成。这是由察觉或认知两个不同刺激物，如字、色、音、光、概念或感觉之间的相似性或关系的心理过程或行为而学成或塑造成一普通常识。

$$S(X,Y)= \theta *f(x \cap y) - \alpha *f(x-y) - \beta *f(y-x), \quad \theta, \alpha, \beta \geq 0$$

在这个模式中，X 及 Y 是两个艺术品物体，而 x 及 y 是对应于 X、Y 物体中可辨认得出的特征组群；$S（X，Y）$ 是 X 及 Y 两物体的相似性程度值。（$x \cap y$）是两物具有的共同特征数值。（$x-y$）是在 X 中但不在 Y 中的特征数。如果函数（$\theta=1$，$\alpha=\beta=0$）属实，则 X 及 Y 两物体间存在的相似性是只由其共同特征来决定的。反之，如果函数（$\theta=0$，$\alpha=\beta=1$）成立，则表示所存在的相异性是由其相异特征决定的（Tversky，1977）。此模式提供了测量物体间共同和互异特征差别的衡量数量值。公式里函数 f 的尺度（即 θ，α，β），是由物体的几何形强度、特征出现的频率、观者对型的熟悉度以及该特征所含数据信息内容的数量等决定的，也可用来作为标杆水平，反映出不同特征的显著性或特殊性。所以公式中的函数值即可由学者依几何强度、出现频率、熟悉度或信息数量，设定优先值并赋予数字设定比重。

如果 X 是选来与 Y 比较相似度的物体，那么 X 中特征的 α 值就应重于 Y 中特征的 β 值。另外，如果物体中共同特征的比例多于相异特征，则 θ 值也可重于 α 及 β。但是一些研究显示，赋予共同而且特殊特征的相关重量值也因课题不同而相异（Rosch & Mervis, 1975; Tversky, 1977）。如果受测者被要求比较相异性，则其注意力会集中于特殊的特征而非共同的特征。在这个风格实验中，未要求受测者在整理建筑图卡的过程里挑出任何特殊的建物作比较的参考对象，每栋建物都平等对待；而且在观看影像辨认风格的过程中，没有任一物体被指定为参考目标。所有特征都假定是一般重要、一般显著，以便平衡视觉的偏差和注意力着重点的偏差。因此，公式中的参数都应享有相同重量值（θ，α，β = 1），此模式也可被改写为

$$S(X,Y)=f(x \cap y) - f(x-y) - f(y-x)$$

这个修改的新模式中，$S（X，Y）$ 是物体 X 及 Y 的相似性；函数 $f（x \cap y）$是一正整数，代表在 X 及 Y 中的共同特征数；函数 $f（x-y）$ 是在 X 中但不在 Y 中的相异特征。把这个模式应用在辨认建筑中，则两个物体或建筑物之间的相似性 $S（X，Y）$ 是由 X、Y 间共同及相异特征的数量而定。例如其相似值可由正值（非常相似）排到负值（非常相异）。换言之，增加任一共同的特征会增加

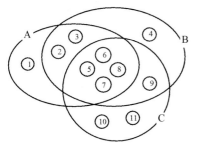

Contents of features:
A: {1, 2, 3, 5, 6, 7, 8}
B: {2, 3, 4, 5, 6, 7, 8, 9}
C: {5, 6, 7, 8 ,9, 10, 11}

Similarity between objects:
S(A,B)= 6-1-2 = 3
S(B,C)= 5-3-2 = 0
S(A,C)= 4-3-3 = -2

图4-12　三个物体A、B、C，三套特征的文氏图解

相似性而减低相异度；反之，共同特征的减少或有特殊而且不同特征数目的增加则会减低相似性而增加相异度。如图4-12的文氏图所示，三个物体A、B、C代表三套特征，图里圈中数字代表各自对应的特征体。AB、BC和AC物体间的相似值，依公式计算结果是3，0及 –2。如果0代表中间值，则S（A，B）的3值大于S（A，C）的 –2值，因此AB的相似性大于AC，亦即A比C更像B。

取穆尔的风格作为实例解释，其风格基本上是本土风格的代表，也可由表4-2所列的一套特征而定。但并非所有的特征都会全部出现在他所设计的每栋建筑中[1]。这也可以取与他人合作的穆尔的设计为例，因他人的风格也会影响到穆尔最后的产品风格（Product Style）[2]。表4-2中的共同特征组囊括了4个从10栋穆尔建筑中认出的从属子集，列名A到D。图4-13的文氏图也说明了其相互关系。如套用相似性公式，则1968年设计的圣塔芭芭拉教授俱乐部（编号28）和1966年设计的庄园（编号27）的相似性是–2亦即S（俱乐部，庄园）= 2-3-1 = –2，但这个俱乐部和1972年设计的伯恩斯住宅（编号31）的相似性则是5亦即S（俱乐部，伯恩斯）= 5-0-0 = 5。这解释了在同一种风格中不同物体的相似数值会有不同结果。一些物体会与其他物体更相似，因而出现在同一分类堆中的机会也更高。但如有更多的共同特征同时出现在不同物体中，则其相似性的数值会在这些物体里均衡散布，所代表的风格或其风格性也就更强。

公式里S（X，Y）的相似值也可设定为X及Y两物体中的两组特征，会同时出现在相同类堆中次数的函数。相似值愈大，两栋建筑的图片被放于同堆的概率就越大，否则X及Y被放于同堆的概率会是零。因此，这种模式也可决定两

①特征出现的频率也因不同的个人风格而异。例如赖特的草原风格有一大套共同特征，恒定地出现在他大部分的设计中。因此，赖特的风格就比穆尔的风格要更稳定。
②著者与穆尔教授于1991年11月15及16两日在得克萨斯州首府奥斯汀两次见面访谈。此信息由穆尔亲自证实。

建物间的相同性和相异性。31位受测者的实验结果中，表示物体间的相似性和出现于同堆次数的关系可画于图4–14。两物体的相似值$S（X，Y）$和它们会出现在同一堆的统计分布函数呈正比效果，$y = 16.529 + 1.2828x$，$R2 = 0.847$。这个数据结果显示风格可由物体间的共同特征作判断。物体中如有较大量的共同特征组，则可更容易地被认出是同一风格。

4.3.1.4　实验结果D：风格堆数

分隔出的堆数与受测者在实验一中将三种风格排列出的堆数相关。此堆数值象征该风格能保持其风格的强度。所有堆数的全部实验统计数据已列于表4–1。赖特的草原风格（8～11个共同特征，共有51堆）和迈耶的现代风格（5～6个共同特征，48堆）堆数相当接近，但穆尔的本土风格（3～5个共同特征，75堆）却有56%的堆数增加率，遑论迈耶（5～6个）及穆尔（3～5个）的共同特征数只有1～2的差异。

讨论：比较三个不同风格的不同特征组数，从迈耶变到穆尔的堆数有56%的增加率，是非常突出的。这现象显示了更多的共同特征数目会使一风格更能保持凝聚而少被拆离（因而生成较少的组数），而且提供更小机会将一风格拆成数组。另外，有其他两项观察也支持这个推理。第一，31位受测者中有15位（48%）误把穆尔的建筑图（具有最少的共同特征数）放到迈耶图堆中，但只有1～2个受测者会将赖特（最多共同特征数）或迈耶（居中共同特征数）的

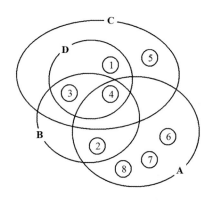

图4–13　穆尔设计中10栋建筑子集合的文氏图解

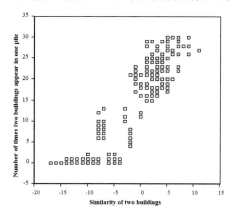

图4–14　两建物间的相似性和出现于同堆次数的关系（数据来源：© Pion Limited, London. 授权重印。图 2, 228页，Chan CS (1994) Operational definition of style. Environment & Planning B, Planning & Design 21(2): 224–246, Websites: www.pion.co.uk, www.envplan.com.）

图片误放。这解释了物体中如有较少特征，则会产生较差的认同，因此误差也就出现得多。第二，相同比例的受测者（31人中有16人，52%受测者人口比例）成功地认出所有赖特和迈耶图片各是一风格（即把同一风格图片放在一堆的情况），但没有受测者能成功无误地认出所有穆尔图片的风格。这也再度解释了更多的共同特征会真正强有力地界定一风格。所以，推导结论可以说是如果一风格有更多的共同特征存在，则观者可更容易地认出这个风格。

4.3.1.5　实验结果E：由主要特征作形态配对

如表4-2所示，图片中的特征可由数字代码标出，而一组共同特征也可以分类并以字母卷标注明。穆尔及文丘里的本土风格受测物中，有5个特征｛A，B，C，D，E｝存在，也有31种将其排列成一堆的方法（组集组合法），如果受测者是任意作分隔排列，则这31种方法预料会以相同概率出现。但受测者分类穆尔风格后的90堆结果中，只有20种不同的形态排列出现（20是90的22%）。因此，可以设定受测者的分堆排列行为是有规则支配的。例如把A、B、C、D、E五个特征群的任何两群组合成一堆的可能方法有10种。但数据显示只有6种不同组合群出现于26堆的实验结果中（表4-3）。为了分析并求证出现的或然率，一个以计算机仿真这10种排列1000次（或堆）来比较排列组合出现的或然率也随之做出。结果显示，每种两组排列组合群里出现的堆数由最少82堆（或然率8.2%）到最多123堆（或然率12.3%）。另外一个计算机仿真排列26次（或堆）的结果显示，10种排列组合里最少会出现1堆（或然率3.8%）

表4-3　模拟合并两个子集排列的结果

模拟形式	AB	AC	AD	AE	BC	BD	BE	CD	CE	DE
模拟1000堆	98	101	99	123	87	103	101	118	88	82
可能概率	9.8%	10.1%	9.9%	12.3%	8.7%	10.3%	10.1%	11.8%	8.8%	8.2%
模拟26堆	3	1	2	5	5	4	1	1	3	1
可能概率	11.5%	3.8%	7.6%	19.2%	19.2%	15.4%	3.8%	3.8%	11.5%	3.8%
实验一的数据（26堆）结果	3	0	0	0	11	1	0	2	4	3
可能概率	11.5%	0	0	0	42.3%	3.8%	0	7.7%	15.4%	11.5%

（数据来源：©Pion Limited，London．授权重印。表3，230页．Chan CS（1994）Operational definition of style. Environment & Planning B, Planning & Design 21(2)：224-246，Websites：www.pion.co.uk，www.envplan.com）

到最多出现5堆（或然率19.2%）。这与真正实验中的26堆的0～42.3%的或然率大相径庭。这些模拟结果表明实验中认辨风格的结果不是随机生成的，相反地，受测者是有规则掌握分类的程序。

通过实验数据同时也发现，如果在两张图片中出现的共同特征数少于2，则这两张图片绝不会出现（或被放）在同一堆中。例如赖特和迈耶共同特征的交集是0，数据中就没有这两种图片混合成一堆的情况发生。此规律因为占有数据的93%，所以可以证明两图之间需要有最少两个特征的交集才能被堆放在一起。另外，受测者集合图片是由一些关键特征而定的。这些特征也就变成组合图片的索引关键。例如受测者如果专注于特征{6，7}，则所有带有{6，7}的卡片必定走向同一堆，而其他图片则置放于其他堆里。表4-4列出了所有

表4-4　分隔图片成组的规则

规则1：如果关键特征={6，7，8}，	则卡片堆={A}及{B，C，D，E}
规则2：如果关键特征={6，7，8}及{2，3}，	则卡片堆={A}及{B}及{C，D，E}
规则3：如果关键特征={6，7，8}及{3，4}，	则卡片堆={A}及{C，B，D}及{E}
规则4：如果关键特征={2}及{5}，	则卡片堆={A，B}及{C，E}及{D}，
规则5：如果关键特征={2，4}及{1，4}，	则卡片堆={A，B}及{C，D，E}
规则6：如果关键特征={2，4}，	则卡片堆={A，B}及{C，D，E}
规则7：如果关键特征={2，4}及{4，5}及{1，3}，	则卡片堆={A，B}及{C，E}及{C，D}

（数据来源：©Pion Limited, London. 授权重印。表4，230页. Chan CS(1994) Operational definition of style. Environment & Planning B, Planning & Design 21(2): 224-246, Websites: www.pion.co.uk, www.envplan.com）

推测出的规则，解释了大约65%的实验数据。

这现象解释了辨识图片的过程主要是以配对关键特征为导向的。虽然特征组合的数据分析只解释了数据中65%恒定的形态配对行为，但其他不恒定结果，有可能是因为对特征注意力的转移而造成分类的混乱，也可能是受测者短程记忆中储存作分类索引的主要特征的负荷量过重，无法在整个分类过程中持久保留之故。因为受测者必须在10～15分钟里分类三种主要特征，而且每一特征的辨识必须动用图片中最少三个关键性特征。

4.3.2　风格定义的结论

风格是将特征集合成组而辨认出的，也因此说明了风格确实是由艺术作品中的关键性共同特征定义出的。任何一组特征可自己定位成一风格，或如实

验数据的分析所示，也可与其他特征组合并定义成另一个大风格。愈多的特征愈能凝聚一个风格并保持该风格成一个整体。换言之，更多的特征会将该风格变得更踏实稳定，使得"风格间"的物体容易被认出的程度较高，并且让"风格内"的风格凝聚力也增高。在另一方面，有些风格在视觉上比其他风格更易于辨认。也因为代表这个风格的特征有更为突出的特质，所以提供了更佳的风格辨认度。例如一些艺术家的作品有较强的风格表达倾向，而有些则较弱。这也说明了为何某些风格（如迈耶）比其他（如穆尔）风格更易于辨认。但除了特征的特质之外，是否特征的量也会影响单一风格的认知呢？这就涉及了下一个"风格程度"的研究课题，并假设风格程度和所呈现出的共同特征数有关。"风格程度"是指一些物体的风格可被识别出的程度以及这些物体中所能呈现出该风格的风格近似度。

4.4 风格程度——实验二：风格内的风格强度

前述实验一中所用的受测物包括数种不同风格及六位建筑师的作品，于是所涉及的特征自然有所不同。但也不免发生有某些特征会比其他特征有较强的视觉冲击，而产生明显的差别效果的争论。因此，下列实验就探讨同一风格是否也有自己风格的强弱度。这个研究主题限于同一风格及同一建筑师的作品，以便了解风格程度的本质。经过挑选，使作品中的特征都来自相同的共同特征组，以便平衡化解来自不同建筑设计师或不同特征的差异。这个研究"风格程度"的第二个实验设定风格程度与作品中的共同特征数成正比关系。

4.4.1受测者与实验材料

参与此实验的受测者与参与实验一者相同。受测物品则是33幅由法兰克·洛伊·赖特设计的民居图片。选择这些图片的目的是要涵盖前面实验一所辨认出的11种特征。所有33幅图被分成11组，由0排到10的不同特征数目组，见图4-15及图4-16。每一组都有三张带有相同数目特征，但特征不同的图片。所有出现的特征都是出现在赖特草原设计作品中共同特征组的单元。图片则贴在4英寸×6英寸的白色索引卡片上作实验之用。

1-Millard House, 1923 (0-1).　　2-Ennis House, 1924 (0-2).　　3-Jones House, 1929 (0-3).

4-Jacobs House, 1937 (1-1).　　5-Willey House, 1934 (1-2).　　6-Winkler House, 1939 (1-3).

7-Winkler House, 1939 (2-1).　　8-Hickox House, 1900 (2-2).　　9-Coonley Playhouse, 1912 (2-3).

10-Bach House, 1915 (4-1).　　11-Gale House, 1909 (4-2).　　12-Winslow House, 1893 (4-3).

13-Hoyt House, 1907 (4-1).　　14-Martin House, 1902 (4-2).　　15-Husser House, 1899 (4-3).

16-Allen House, 1917 (5-1).　　17-Hunt House, 1907 (5-2).　　18-Dana House, 1903 (5-3).

图4-15　赖特的建筑设计，共同特征由0到5（图片来源： Hitchcock H (1942) In the nature of materials: 1887–1941; the buildings of Frank Lloyd Wright, New York: Duell, Sloan and Pearce，包括: 1-Millard House (Figure 249); 2-Ennis House (Figure 257); 3-Jones House (Figure 297); 4-Jacobs House (Figure 343); 5-Willey House (Figure 316); 6-Winkler House (Figure 181); 7-Winkler House (Figure 377); 9-Coonley Playhouse (Figure 185); 10-Bach House (Figure 201); 11-Gale House (Figure 160); 15-Husser House (Figure 45); 16-Allen House (Figure 217); 18-Dana House (Figure 85). 所有图片都是©2014 Frank Lloyd Wright Foundation, Scottsdale, AZ / Artists Rights Society (ARS), NY. 图片采自 Manson G (1958) Frank Lloyd Wright to 1910; the first golden age. New York: Van Nostrand Reinhold, Wiley & Sons, Inc. 授权重印包括8-Hickox House (p. 110, Figure 77B); 12-Winslow House (p. 63, Figure 43); 17-Hunt House (p. 174, Figure 117B). 图13-Hoyt House: Oak Park Public Library, Oak Park, Illinois授权重印。图 14-Martin House 采自Many masks, a life of Frank Lloyd Wright, p. 144 (top), Gill B © [1987], 授权重印。图15-Husser House, S.046, 来自 Frank Lloyd Wright Companion, William Allin Storrer, Ph.D., ©1993, 授权重印）

4.4.2　实验程序与结果

实验开始时，三张具有10个相似共同特征，代表典型赖特草原风格的图片（图4-16中编号31、32、33三图）先交给受测者过目，作视觉参考。受测者审阅这些图片的时间无限，但看过之后，他们被要求以这三张图片为视觉基准，再将其他30张图片（特征数各有0~9个）与这三张基准图片作比较，然后区分

19-Evans House, 1908 (6-1).

20-Adams House, 1913 (6-2).

21-Thomas House, 1901 (6-3).

22-Gridley House, 1906 (7-1).

23-May House, 1909 (7-2).

24-Boynton House, 1907 (7-3).

25-Tomek House, 1907 (8-1).

26-Martin House, 1902 (8-2).

27-Barton House, 1903 (8-3).

28-Robie House, 1909 (9-1).

29-Little House, 1903 (9-2).

30-Martin House 1902 (9-3).

31-Fricke House, 1902 (10-1).

32-Willits House, 1902 (10-2)

34-Little House, 1903 (10-3)

图4-16　赖特的建筑设计，共同特征由6到10（图片来自Hitchcock H (1942) In the nature of materials: 1887-1941; the buildings of Frank Lloyd Wright, New York: Duell, Sloan and Pearce, 包括: 19-Evans House (Figure 144); 21-Thomas House (Figure 69); 22-Gridley House (Figure 126); 23-May House (Figure 162); 24-Boynton House (Figure 142); 27-Barton House (Figure 90); 29-Little House (Figure 91); 30-Martin House (Figure 102); 31-Fricke House (Figure 64); 32-Willits House (Figure 73); 34-Little House (Figure 89)；以上图片是©2014 Frank Lloyd Wright Foundation, Scottsdale, AZ / Artists Rights Society (ARS), NY. 授权重印.图 20-Adams House: Oak Park Public Library, Oak Park, Illinois授权重印. 图25-Tomek House, S.128, 来自Frank Lloyd Wright Companion by William Allin Storrer, Ph.D., ©1993授权重印. 图26-Martin House: Buffalo History Museum, 授权重印. 图28-Robie House 来自Many masks, a life of Frank Lloyd Wright, p. 196 (top), Gill B © [1987], 授权重印）

成四大堆，代表相当像、像、不像及相当不像等四个相像尺度值。

4.4.2.1　实验结果A：相像值的分布率

表4–5列出了所有受测物品（建筑物）的名称代号，各个建筑物所得相似尺度的回答分数以及每组（总共十组，每组三图）所得相像尺度的平均分数。四个相像性的分数尺度以1（非常不像）、2（不像）、3（像）及4（非常像）等四个数字作为测定依据。相像性的结果如以建筑物体所具有的特征数，对应所回答的分数作图形显示就可看出分布的趋势，如图4–17所示。由图4–17中四个尺度的分布得知"非常不像"的回答分散在特征数0～4间，"不像"落在

表4-5　实验二的结果数据

特征数目	0			1			2			3		
卡片号码	1	2	3	4	5	6	7	8	9	10	11	12
建筑名称	Madison	Ennis	Jones	Jacobs	Willey	Winkler	Winkler	Hickox	Coonley	Bach	Gale	Winslow
建筑时期	1923	1924	1929	1937	1934	1939	1939	1900	1912	1915	1909	1893
非常不像	31	30	31	10	11	19	11	3	7	5	4	8
不像	0	1	0	20	18	11	18	24	18	17	21	10
像	0	0	0	1	2	1	2	4	6	9	6	12
非常像	0	0	0	0	0	0	0	0	0	0	0	1
平均分数	1	1.03	1	1.71	1.71	1.42	1.71	2.03	1.97	2.13	2.06	2.19
每组平均值	1.01			1.61			1.90			2.13		

特征数目	4			5			6			7		
卡片号码	13	14	15	16	17	18	19	20	21	22	23	24
建筑名称	Hoyt	Martin	Husser	Allen	Hunt	Dana	Evans	Adams	Thomas	Gridley	May	Boynton
建筑时期	1907	1902	1899	1917	1907	1903	1908	1913	1901	1906	1909	1908
非常不像	3	2	5	0	0	0	0	0	0	0	0	0
不像	11	12	6	6	11	7	5	7	0	1	1	0
像	15	16	16	16	14	17	16	16	18	16	11	11
非常像	2	1	4	9	6	7	10	8	13	14	18	20
平均分数	2.52	2.52	2.61	3.10	2.84	3.0	3.16	3.03	3.42	3.42	3.55	3.65
每组平均值	2.55			2.98			3.20			3.46		

特征数目	8			9		
卡片号码	25	26	27	28	29	30
建筑名称	Tomek	Martin	Barton	Robie	Little	Martin
建筑时期	1907	1902	1903	1909	1903	1902
非常不像	0	0	0	0	0	0
不像	1	0	0	0	0	0
像	10	7	14	5	10	6
非常像	20	24	17	26	21	25
平均分数	3.61	3.77	3.55	3.84	3.68	3.81
每组平均值	3.64			3.78		

（数据来源：©Pion Limited, London授权重印.表5，232页，Chan CS(1994) Operational definition of style. Environment & Planning B, Planning & Design, 21(2): 224-246, Websites: www.pion. co.uk, www.envplan.com）

0 ~ 8间，"像"集中在1 ~ 9间，"非常像"则聚集在4 ~ 9间。如果从数据中抽取95%之内的统计分布[①]，则四个尺度中"非常不像"的分布就散落在特征数0 ~ 3，"不像"则集中在1 ~ 5，"像"落在2 ~ 9，"非常像"则在5 ~ 9。这表示图集的分布是随着特征数增加，图形的聚集块也往高尺度处（非常像）移动。换言之，像、不像、非常像或非常不像的梯度依附在某些特定的特征数值里，也和某些特定的特征数值有特定的关系。

要验证特征数是否与相像性分数结果有显著的因果关系，可应用下列的一般线性模型（General Linear Model）的统计方法。此模型的公式如下：

$$相像性分数 = \beta_0 + \beta_1 F_1 + \beta_2 F_2 + \cdots + \beta_{10} F_{10} + \varepsilon_i$$

公式中，F变量代表10个特征数，ε_i代表随机误差（或偶然误差）。

这个统计方法算出的结果显示特征数在公式中所得的分数是显著有效的（$R_2=0.693$，$F(10,919)=207.55$，概率值<0.00001），而且每一单个特征数都对总分数的结果有绝对影响（所有特征的概率值都在0.0001~0.0185，也都小于0.05）。这证明特征数和相像性分数是明显相关的。图4–18就是每个特征平均相像性分数的统计分布图形，当把特征数（X）和相像性尺度（Y）放到"简单线性回归"统计公式看两者关系时，所得的统计图形结果是$Y=1.246+0.309X$，成正比例增加。图形中斜线的斜率大于零（$t(928)=44.87$，概率值<0.00001），同时这个模型也说明Y值即相像性的分数里有68.5%的变异数。

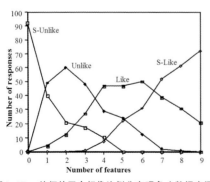

图4–17　特征的四个相像比例分布现象（数据来源：© Pion Limited, London授权重印. 图3, 233页, Chan CS (1994) Operational definition of style. Environment & Planning B, Planning & Design，21(2): 224–246, Websites: www.pion.co.uk, www.envplan.com）

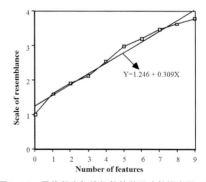

图4–18　风格程度与特征数的关系（数据来源：© Pion Limited, London授权重印. 图4, 233页, Chan CS (1994) Operational definition of style. Environment & Planning B, Planning & Design，21(2): 224–246, Websites: www.pion.co.uk, www.envplan.com）

①对双尾分布统计图形而言（图4-17），95％之内的资料分布值在统计学里被认定是显著有效的。

讨论：上列线性公式中的正值比例表示特征数目（X）和相像性尺度（Y）间具有正比关系。因为相像性的尺度表明要被测定的建筑图片和被用来作参考的建物图片（代表典型的标准风格）之间的相像程度，而且高度相像的分数表示被测物的风格更像被参考物的风格。这也同时显示了风格度是和所呈现的共同特征数成比例的。从图4-17中另一观察到的现象是四个尺度在特征数4处交集，如果在图片中出现的特征数少于4，则这个图就倾向于不相像的观测回应。因此，特征数4也就被建议是共同特征组要代表同一风格时所必须要具备的特征数的数目。

4.4.2.2　实验结果B：受测者效应与受测物效应的差别

如表4-5所示，不管各图片所含有的特征数是多少，同组内相像性的平均分数也因图片而异。这可由两个影响因素作推断：一个是受测者效应，另一个是特征效应。换言之，不同受测者和不同特征会产生不同的效果变化，而导致不同的回答分数，更何况受测者和特征又各有不同。因此，本节试图推测这两个因素对回答分数的影响。也因此，在这个分析中设计出另一个"一般线性模型"，以测定这两个因素的影响孰重孰轻。在这个新模式中，相像的分数是10个特征效果再加上学生效果的总和。

$$相像性分数 = \beta_0 + \beta_1 S_E + \beta_2 F_1 + \beta_3 F_2 + \cdots + \beta_{11} F_{10} + \varepsilon_i$$

式中，S_E代表学生效果，F是不同的特征数，ε_i是随机误差。把实验数据导入模式之后，统计结果显示这个统计模型可解释73％的数据差异（$F(40,889)=60.33$，概率值<0.00001，$R_2=0.731$）。为了进一步确定究竟是特征还是特征数目决定相像性的回答分数，再次提出另一个简短的模式。这个新的统计模型只设定两个变数值，一个是学生效果，另一个则是所有10个特征数的总和，取总和的目的是减去个别特征数的影响，如下所示：

$$相像性分数 = \beta_0 + \beta_1 S_E + \beta_2 N_F + \varepsilon_i$$

式中，S_E代表学生效果，N_F是特征数，ε_i是随机误差。结果显示，这个模型有较小的R_2值（$F(31, 898)=75.30$，概率值<0.00001，$R_2=0.722$）。

讨论：比较这两个线性模型的结果显示，特征变量（$\beta_2 F_1$，$\beta_3 F_2$，…，$\beta_{11} F_{10}$）由10个减至1个（N_F）的改变，也仅仅有0.86％的细微增加而已。这就很难说明9个函数（而不是1个函数）的存在会对结果有多大的影响。因此，第二个缩减模型也较能解释实验所得的资料，并且第二个模型在统计上而言，也论证了不同的特征（如第一模型）和特征数目（如第二模型）两者对相像性的分数的影响不相上下。因此，这个实验的数据证明，一个风格确实是由特征数目决定的，特征数目比任何一个特征都重要。这个结果也说明，在辨别一风格时，低的斜坡屋顶不比平开窗更重要。但也有可能这个特征的效果被受测者的个人因子平衡掉了。

对学生（即受测者）效应而言，也有可能一些学生会比别人更能探测出图片中更多的相像性，因而在"像"及"非常像"的尺度上给予更多的对应，所以不同的学生在相同的图片里会产生不同的对应尺度。这个推测是由两个统计分析模型的统计结果支持的。两个结果在显著尺度0.0001的标杆上是显著有效的（$F(30, 889)=4.15$，概率值<0.0001）及（$F(30,898)=4.06$，概率值<0.0001）。但在第二个简短的模型公式中，特征数比学生效果更为显著（$F(1,898)=2212.60$, 概率值<0.00001）。

4.4.3　风格强度的结论

本实验资料分析的结论是风格度和出现在物体中的共同特征数目成正比。在一物体中的特征数愈多，则该风格的表现性愈强。从隐喻的角度而言，共同特征的数目代表胶黏的强度，亦即共同特征数的数目增多，则将增加胶的强度，从而更能把辨识的建筑物图片凝聚在同一风格堆中。这个实验结果并不支持同一风格中某些特征比其他特征更有震撼力的说法。但更肯定的应该是特征数目在辨认风格上是最为重要的。因此，风格度与特征数紧紧相关，而不同观者也当然有些不同的细微变化。

4.5　风格的测量度：实验三

回顾前述两个实验，第一个实验是通过观察三个主要大风格中六位建筑师作品里的特征，来研究"风格本质"与"风格间"的强度。实验结果显示：如果有特征重复出现在三个产品中，则这些特征可被注册成一组"共同特征"。

例如穆尔设计中的A、B及C三个子集合（表4-2和图4-10）。如有更多特征出现在共同特征组中，则将更强地把整个风格维持住而且这个风格能更容易地被认出。第二个实验则通过研究同一建筑师设计的许多产品特征的相像性，来观察同一"风格内"的产品能代表这个风格的强度和被辨识程度。实验数据显示：如果四个特征重复出现在同一设计师的创造物中，则一个"关键性共同特征"即被定义出来，也就是辨认这个风格最基本的"特征关键数"（图4-17）。两个实验结果说明如下的现象：如果有一组四个数目的"共同特征"同时出现在同一设计师的最少三个设计物中，则一个"个人风格"即会明确地被宣告成立。依此类推，如果这组特征出现在一群设计师的设计成品中，则一个"群体风格"即被宣告成立。再进一步，集合跨越时间和地域的一个"共同特征"组，即能象征"时代风格"或是"地域风格"的存在。

　　然而在辨认特征的过程中，有两个重要的议题值得讨论：第一，在何种程度下，可以肯定两个特征是相似到足够将其定位成相同的特征；第二，特征与特征间的脉络关系是否也会影响一风格的"可认度"，这就是下面第三及第四个实验进行的目的，旨在探讨同一作品里特征数及特征脉络的改变是否会对该作品风格的"显示度"，亦即对观者所能"辨认的程度"产生影响。所以，下列实验的重心聚焦于同一产品，以便了解这一产品所代表的风格是如何被"测度"的。测度的定义是"用数字去描述一物体或一事件的属性"，本书中所讨论的共同特征即可被用来作为测度的单位，并附上数字以代表大小或强度。数字的大小及其代表的重量即对这组共同特征设定一些约束力和权宜性。这个约束力的量值即是风格的测度，或是风格的辨认门槛，或是到何种程度一个风格即可被认出。"特征频度"和"可认度"这两个观念就在下列数节中被发展出。

4.5.1　特征频度

　　这个实验专注于一个产品里的风格，探查究竟这个产品中出现的特征数是否会决定这个产品中风格的辨认度，并且使用特征出现的次数作为测量度。参与这个实验的受测者是一位在卡内基梅隆大学建筑系教建筑史的教授。他拥有一个建筑史博士学位，专攻研究赖特的建筑风格。

　　赖特于1903年设计的Little住宅，具有6个可认得出特征的侧立面，被选作实验测品的样本。这6个被选出的特征包括角块、水台、一系列水平窗、阳台扶手顶盖、二分批斜屋顶和对称等。建立这个实验受测物的方法是将原有立面上的6个特征一次抽走一个，一直到全被抽走为止。整个拿掉6个特征的排列组合有64种情况，即64种图形发生。图4-19是抽走1~3个特征的例子；图4-20则是抽走4~6个特征的图样。所有这64张图片，都贴在4英寸×6英寸（1.22米×1.83米）的白色索引卡片上作实验的受测物品之用。

图4-19　风格程度与特征数的关系——赖特的Little住宅立面上的变化作测验品（数字代表多少特征在立面上被去掉）（数据来源：© Pion Limited, London授权重印. 图 5, 236页, Chan CS (1994) Operational definition of style. Environment & Planning B, Planning & Design，21(2): 224–246, Websites: www.pion.co.uk, www.envplan.com ）

图4-19及图4-20的64张图片，在实验里不按次序逐一显给受测者看，一次一张，并要求受测者断定所看的图片是否是赖特的风格，并以"是"或"否"回答。整套图片卡重复6次。每一轮回中，卡片次序都被重新整理洗过，以避免发生偶然误差，并且每次重整卡片次序的期间，受测者会休息5分钟，以便缓冲注意力焦点和视觉疲劳。

4.5.1.1　实验结果A：由物体中的特征数测定一风格

在这个实验中，总共有7组（或团）特征数，配置散布由0到6个特征依

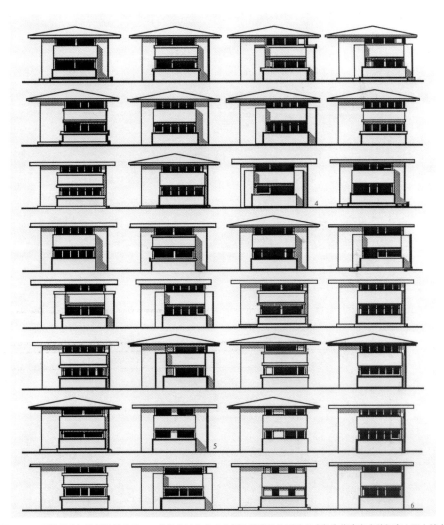

图4-20　风格程度与特征数的关系——赖特的Little住宅立面上的变化作测验品（数字代表多少特征在立面上被去掉）（数据来源：© Pion Limited, London授权重印. 图 6, 237页, Chan CS (1994) Operational definition of style. Environment & Planning B, Planning & Design，21(2): 224-246, Websites: www.pion.co.uk, www.envplan.com）

序被抽离的个数组成。每组实验的测数也不完全相同，因为组的个数是由所抽离的特征作组合而定出，而且每一组测品在这个实验中会重复6次测验，因此每组的响应次数由6次（0和6两组的回应）累积到120次（即特征数为3的一组）。实验的结果从全部6个特征出现在图片里到全部被抽取（即零特征）的肯定（即"是"）回答数，依序是6（100%），14（38.5%），16（17.7%），6（5%），4（4.4%），0（0%）和0（0%）等。当被抽离的特征数是3时，120个对应中只有6个回答"是"，这个结果的或然率（5%）十分低（图4-21）。如果是2个特征存在，其或然率也和3个特征有持续水平线（图4-21）。但如果只有1个特征存在，则"是"的回答数降到0。

讨论：由图4-21画出的统计数据得知，当被抽离的特征数增加时，"是"的回答即递减，这说明特征的数目代表一风格可认度的可能性，这个可能性与在物品中出现的特征数成正比。更多特征会使一个风格的可见性更高。由图4-21的曲线和或然率的数值推断，特征数3是风格可认度的最低值，正面回答率将近零。说明当特征在物品中出现的个数少于3时，这个物品就不可能被认出或认定是带有该风格，更遑论其特征的内涵，但当特征数多于3时，则此风格就可被测度。因此，如实验二所证实，4个共同特征数确实足够确定一风格，当产品中的特征数目降到3时，其所代表的风格就无法被认出了。但如果3个特征重复出现在一组作品中，如实验一所示，则其风格还是会被认出，但认出的概率不是很高，如特征数多于3，则此风格即可被确认出并可被测度。

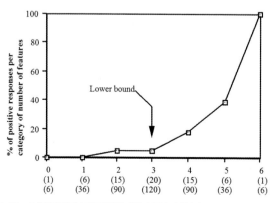

图4-21 特征数组数和正面回答的或然率图表（数据源：© Pion Limited, London授权重印. 图7, 238页, Chan CS (1994) Operational definition of style. Environment & Planning B, Planning & Design，21(2): 224–246, Websites: www.pion.co.uk, www.envplan.com）

4.5.1.2　实验结果B：特征的显现绩效性

每个特征出现的绩效性，代表该特征出现时被认得的高低概率，可由实验中每次特征是"出现"或"缺席"的两个变量值作代表，并可测出特征间的相互影响性。例如低腰斜屋顶可作为一变量代表在6次重复的64个测验物中出现或没出现的概率。表4-6将所有变量及其对应的正面回答（值是1）依阶乘法设计列出，表中每一变数都有代号，一个是两个单字代表出现的特征名，另一个以名称中间划线代表该特征缺席的变量。由表中数据计算，得出每一变量出现或缺席的平均值，并依高低列于表右下。计算的方法是找出同组中该特征出现的或然率。例如受测者在192次有屋顶的测试中（32张图出现6次），有32次正面回答表示所看到的图片是赖特的设计，另外192次无屋顶的测试中，只有14次正面回答。数据整理的结果显示水平窗出现的图片中，所得的正面回答的或然率最高，即出现的回答率是21.87%，它缺席时的正面回答率仅有2.08%。6个变数的高低比重也依回答的或然率排列于表4-6下侧，表示出现时的正面回答是由高往低排，而缺席时则显出是相对的由低往高排。因此，这个高低次序说明了一些特征确实是比其他特征更吸引观者的视觉注意。

表4-6　每个测验所得对应数及每一特征的总平均值

特征			角块				角块			
			顶盖		顶盖		顶盖		顶盖	
			屋顶	屋顶	屋顶	屋顶	屋顶	屋顶	屋顶	屋顶
对称	水台	平窗	6	1	2	1	4	2	1	1
		平窗	0	0	0	0	0	0	0	0
	水台	平窗	5	1	3	0	2	1	2	1
		平窗	0	0	0	0	0	0	0	0
对称	水台	平窗	2	0	2	0	0	0	0	0
		平窗	0	0	1	1	0	0	0	0
	水台	平窗	2	1	0	0	0	0	0	0
		平窗	0	2	0	0	0	0	0	0

1. 平窗平均数=21.87%（水平推窗）无平窗平均=2.08%
2. 对称平均数=17.18%（对称性）无对称平均=6.77%
3. 顶盖平均数=17.18%（阳台扶手顶盖）无顶盖平均=6.77%
4. 斜屋顶平均数=16.66%（低斜屋顶）无斜屋顶平均=7.29%
5. 角块平均数=15.63%（角块）无角块平均=8.33%
6. 水台平均数=13.54%（水台）无水台平均=10.42%

（数据来源：© Pion Limited, London授权重印.表6，238页，Chan CS(1994) Operational definition of style. Environment & Planning B, Planning & Design, 21(2): 224-246, Websites: www.pion.co.uk, www.envplan.com）

表4-6中每个变量的总平均值并没有排除变量间会有互动而影响到辨认的可能性，变量间的互动可能会发生在某一个变量的出现会正面或负面地影响到另一变量被辨认的形势中。变量间的互动有可能是视觉上对变量间脉络联系的审查，或对每个变量几何形的视觉比较，或对不同变量注意力的竞争等因素。为排除数据中互动的效果影响，观察的重点就转而集中在单一变量的缺席效果上。这表示只专注在当一特别特征缺席时的响应值。例如当水台消失在图片中时，6个测验中的正面回答数是5；但当水平窗消失时，没有正面回答发生。一个合理的解释是水台对受测者而言，并不是用来审定这个风格的一个重要特征，但水平窗却是。因此，将单一缺席变量的正面回答值依序排列，则特征的显著程度就可列于表4-7，其结果和表4-6相当接近。因此，某些特征的出现是会比其他特征更有效率和影响力的[①]。

为了更进一步证实特征对受测者视觉的重要性，数据分析集中在特别出现的单一特征的正面回答或然率以及它与其他同时出现特征间的关系上。这表示当一特征与其他5，4，3，2，1或0个特征同时出现的正面回答或然率，同时以百分比列于表4-8，并且将其统计图绘于图4-22。在这个图中，每一曲线代表一个特征，节点代表这个特征出现时配合其他特征数目所得的相关正面回答数。换言之，这部分研究集中于探讨每一单个特征出现时的显著性。由曲线的分布形态可知：水平窗＞斜屋顶＞扶手顶盖＝对称＞墙角块＞挡水台。这个结果和表4-7的结果相似，但是特征间的互动则在特征数是3以及少于3时发生。

表4-7 缺席特征的正面回答对应数

缺席的特征	出现的特征	正面回答数
平窗（水平推窗）	（对称、水台、屋顶、顶盖、角块）	0
屋顶（低斜屋顶）	（对称、水台、平窗、顶盖、角块）	1
顶盖（阳台扶手顶盖）	（对称、水台、平窗、屋顶、角块）	2
对称（对称性）	（水台、平窗、屋顶、顶盖、角块）	2
墙角块	（对称、水台、平窗、屋顶、顶盖）	4
挡水台	（对称、平窗、屋顶、顶盖）	5

（数据来源：©Pion Limited，London授权重印。表7，239页，Chan CS(1994) Operational definition of style.Environment & Planning B, Planning & Design, 21(2): 224-246, Websites: www.pion.co.uk, www.envplan.com）

[①]这个结果和实验二的结果（一风格的特征数比出现特征的内涵特性更为重要）有些冲突的原因，可由特征效率是被个人效率平衡掉之故解释，但个人效率在第三个实验中并没有被考虑到。

表4-8　特征与其他特征同时出现时的正面回答或然率

特征数目	平窗	屋顶	顶盖	对称	角块	水台
0	0	0	0	0	0	0
1	0.033	0	0.067	0.033	0.100	0.033
2	0.083	0.050	0.033	0.067	0.033	0.033
3	0.267	0.167	0.183	0.167	0.150	0.133
4	0.467	0.433	0.400	0.400	0.333	0.300
5	1.000	1.000	1.000	1.000	1.000	1.000

（数据来源：©Pion Limited, London授权重印. 表8，239页，Chan CS（1994）Operational definition of style. Environment & Planning B, Planning & Design, 21(2): 224-246, Websites: www.pion.co.uk，www.envplan.com）

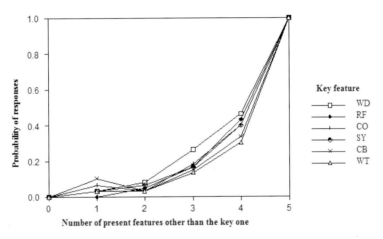

图4-22　受测者对单一特征出现时的对应概率（数据来源: © Pion Limited, London授权重印. 图8, 240页, Chan CS (1994) Operational definition of style. Environment & Planning B, Planning & Design，21(2): 224-246, Websites: www.pion.co.uk, www.envplan.com ）

4.5.1.3　实验结果C：特征间的互动

图4-22中显示墙角块和扶手顶盖是特别会发生互动的两个特征物。这个特征互动的结果也解释了为什么当出现的特征数降到3或少于3时，一个风格的辨认度如图4-21所示是非常不可能的。由另一角度来解释，特征的互动情况发生在当物体中特征数减到等于3或少于3时发生。因为辨识一物品所带有的风格就是"观察"这个物品所拥有的特征，因此可以更进一步地推测3应该就是测度物体风格时的关键界限数。

4.5.2　风格测量度的结论

本节的数据分析建议，物体的特征数里有一个重要的尺度存在，让观者认定一个风格。这个风格的审定并不被物体尺度或体块大小决定，但和特征数目有关[①]。例如屋顶和其他特征相比，是有最大的体块，也最能被认得出的特征，但屋顶在表4-6及表4-7中排名第三和第二。然而当单一物体中特征数降到3或少于3时，互动干扰发生，在该物体中的风格就无法被正确认出了。这个结果也支持实验二中所得的结论，即一组四个数目的"共同特征"出现在产品中会确定一个风格的存在。

4.6　有风格性特征的辨识程度：实验四

另外一个风格的测度是度量当一个特征被修改之后，所代表的风格是否还被认得。这个观念与由别处翻版借用，或被修改过的特征是否还能被认得出其原有风格元素的几何修改极限有关。也可以说，不管特征如何被修改，只要其原有的形态还被保留在某一比例的尺度内，则它所附属风格的风貌身份还会被保留。因此，所有物体的"拓扑图形"可为单独风格提供一个度量的方法。这个假说设定于一个风格特征在某种几何变量内是可被辨认出的，但其几何拓扑图形本质如果被扭曲变形，就会失去辨认风格的能量。本实验的目标就是考证此假说。

4.6.1　受测者与实验物

受测者是参与实验三的同一个人。赖特在Little住宅中代表草原风格的特征被用作实验的受测物（原图可见图4-19中最左上方图片）。每一特征的尺寸依 X 或 Y 两个轴线，以10%的比例依次放大或缩小。例如 $Y+2a$ 表示该特征是在 Y 轴上的尺寸垂直增加20%，$X-2a$ 则表示它是在 X 轴上水平缩小20%。被改变的特征包括整个立面水平性、整个立面垂直性、屋顶、阳台扶手顶盖、角块和水台等六种。至于几何体的改变，由10%到50%的五种变化度，列于图4-23至图4-25。图4-23是屋顶和阳台扶手的变化图，图4-24是角块和水台的变化图，图4-25则是整个立面垂直性和水平性的变化图。图4-26三张图片则代表拓扑图形的改变。这33个图形都贴在白色卡片上作受测物之用。

[①]在这个实验中，特征的尺寸不是关键症结，只要它是该种特征中正常而且是观众所期待的就行。一个不寻常的巨大屋顶或一套特小号的窗户就会格外引人注目。

4.6.2　实验程序与结果

33张卡片都一一显示给受测者看，一次一张，受测者也被要求判断所看到的图片是否可被认定是赖特的设计风格。这个实验重复6次，每次图片次序都会改变，以避免"偶然误差"的发生。每个实验转换之间，受测者会休息3分钟，放松其视觉神经的焦点。

4.6.2.1　结果A：变形的程度

实验物里图形的变形程度和受测者的正面响应百分比的实验结果，以图形

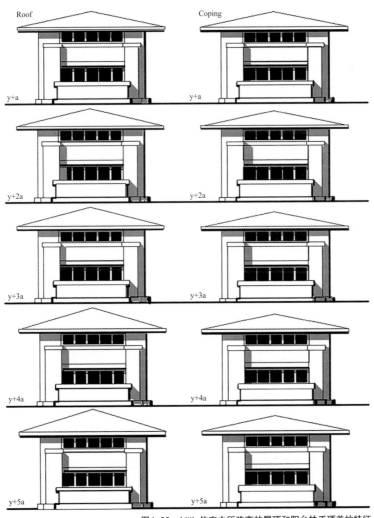

图4-23　Little住宅中所改变的屋顶和阳台扶手顶盖的特征

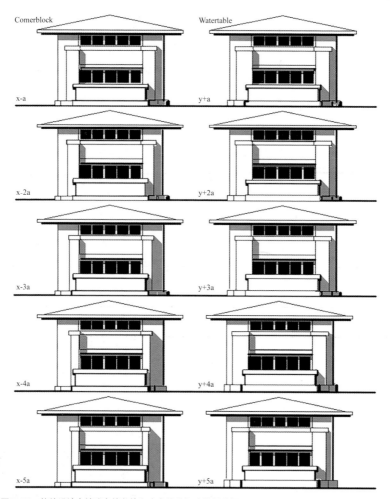

图4-24　赖特设计中被改变的角块和水台的特征（数据来源：© Pion Limited, London授权重印．图 9, 241页, Chan CS (1994) Operational definition of style. Environment & Planning B, Planning & Design，21(2): 224-246, Websites: www.pion.co.uk, www.envplan.com）

展示于图4-27。体块垂直性、水平性、扶手顶盖和水台的变形都有直线反比的关系，至于屋顶和角块两个变量则有不规则的反应。例如当屋顶高度增加40%时，其正面回答的对应反而增加。类似的现象同时发生在角块上。为了证实这个现象，同样的两张图片在一个月之后再重复实验一次。第二次实验的结果绘于图4-27的下部。受测者对角块图形特征的反应改变，则显示了有规则的直线反比关系，亦即特征的几何变化愈大，正面回答的概率逐渐减低。但是受测者对屋顶特征的反应结果依然保持不变。于是实验后与受测者访谈求证，受测者说明屋顶有40%的高度增加的图片与赖特的Heller住宅（1897）和Husser住宅

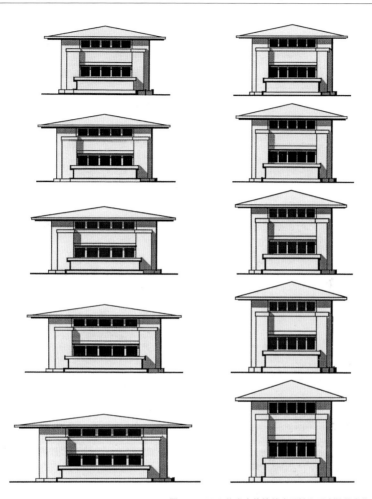

图4-25　Little住宅中体块的水平性和垂直性的变化

图4-26　赖特设计中被改变的角块和水台的特征（数据来源：© Pion Limited, London授权重印. 图10, 242页，
Chan CS (1994) Operational definition of style. Environment & Planning B, Planning & Design，21(2): 224-246,
Websites: www.pion.co.uk, www.envplan.com ）

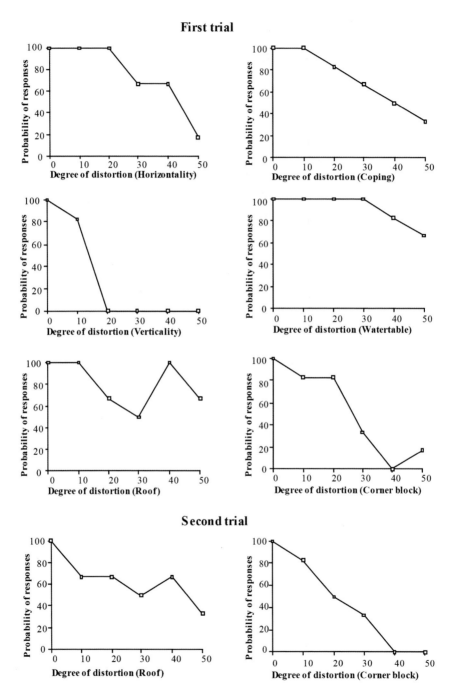

图4-27　特征变形度和相对响应概率的统计图形（数据来源：© Pion Limited, London授权重印. 图11, 243 页, Chan CS (1994) Operational definition of style. Environment & Planning B, Planning & Design，21(2): 224–246, Websites: www.pion.co.uk, www.envplan.com ）

（1899）设计相似，于是受测者给了正面回答。至于三个拓扑扭曲的图片（总共有18个测试），受测者在所有18个测试中，都不认为这些图片是赖特的风格。因此，可以断定拓扑图形关系确实是维护一个人风格的主要因素。

4.6.2.2　结果B：可辨认程度的起点门槛

所有人类感官反应过程都有一些极限的范围存在。低值被俗称为起点门槛值，高值称为天花板顶值。如果刺激物的强度强到足以被知觉领会，就达到了能被察觉的起点。很明显，对物体的辨认也是有其起点的。这个起点通常被认为是刺激物唤起视觉认知的强度值，也曾被学者建议过是有一半的机会被察觉到（Kurtz，1966），也就是会被察觉的概率是50%。但图4-27的数据显示，对图片辨认度的起点门槛在10%~30%，因特征而异。亦即只要几何变化超过10%，20%或30%，都有可能会被判定是非赖特风格。这个可辨度的范围也可推定是因为某些特征比较突出，也易于观者立即辨认出的事实。

讨论：特征的几何形的比例变化在某种程度上是可被包涵容忍的，但拓扑形的变化，改变了特征间的关系，影响了风格的特性，也因此改变了风格。这说明每一个风格是有一个拓扑结构（风貌脉络）存在的，这个结构由风格特征间的拓扑关系和联结脉络而定。任一拓扑形的改变都会迫使其风格代表性的地位发生变化，但几何形的改变让观者还有一些容忍的空间。于是，特征间的拓扑形确实是保存一风格的关键因素。

受测者正面回答的不同波动和不同特征的相异曲线，表示出以辨认特征来分别风格的方法并不与特征的尺寸大小有关，反而与观者的视觉有关。一些特征要比其他特征更吸引观者。例如阳台扶手顶盖在特征组里是小元素，也是最不明显的角色，但它有稳定的反比曲线（图4-27）。在这个实验中，受测者对扶手顶盖和角块两个特征是相当警觉的。

在这个实验里，几何形变化是风格可辨认程度的一项功能，也可从心理学"分类"理论的"原型模式"角度作解释。受测者在实验开始时，当看过原始图片后，即在心里建立一（原型）概念，并用此原型判断分别扭曲的图片。扭曲的程度值与洛许等人（Rosch et al.，1976）建议的在比较"类别"时所用的物体的"普遍性"的程度值类似。这个实验结果与她们的发现相当接近，亦即造型的最平常程度就形成了整个类别的代表性原型。因此，愈平常就愈能代表一类的风格，而愈不平常（被扭曲度愈大），就愈更不能作为代表。

4.7　风格内及风格间的风格程度

本章发展出的理论经过实验测试，证实物体中的共同特征组确实代表一风格。出现的共同特征数愈多，就愈能强烈地代表该风格。表征数量的因素决定了"风格内"的形态辨识性。如果存在于物体间的共同特征组是大组，则这些物体比较容易被认为是带有同样的风格，而单一物体的所属风格也能更强烈地被宣告。表征数量的因素也同样决定了"风格间"的形态辨识，而且意味着具备大量共同特征的物体，不但容易被辨认出是归属哪一种相同风格，并且也更容易被一起认出。例如在观察三套10张建筑图片，比较赖特、迈耶和穆尔三位建筑师风格的研究中就显示，赖特草原风格具备的8~11个共同特征数就强于迈耶的5~6个，并且超越穆尔的4~5个共同特征数。这实验结果也明示赖特和迈耶的风格是毫无错误地被认出，但穆尔的风格就有不少混淆存在。从隐喻的角度而言，共同特征数代表聚合风格的黏合力。大组的特征数将更强地把这种风格聚合成一体。于是，赖特、迈耶和穆尔的风格就有不同的力度，这也说明了"风格程度"的现象。

风格程度不只是受共同特征数量的影响，也受其质量的影响。通常一种风格是由所看到的特征而断定的，而且还有两个因素即特征的大小和可见性的明显度也决定了这些特征是如何被观赏到的。第一个特征"尺度大小"因素和该特征与整个物体的比例尺度相关，大尺度的特征比小尺度的特征更能吸引观赏者的注意力。第二个"视觉可见度"因素则与该特征造型的复杂性和对视觉的冲击度有关。一些特征比其他特征更吸引人也更受人欢迎，有趣的特征更易于被视觉察觉，而且拥有这些特征的风格也更能被记住并认出。例如毕加索的立体派具备的强烈、粗重和浓厚色彩的画风以及洛可可的曲线建筑造型风格就比雷诺（1841—1919）的印象派和现代国际建筑风格更易于被认出。因此，关键性共同特征应该有评估的比重分量，在辨认风格时可将特征前后排名以决定其关键重要性。

如果一特征具有较高的可见度，则该特征就较容易被定位，而且它所代表的风格也较易被认出。这个概念也说出了体察风格和表达风格的一些变异。这些变异可能发生在关键性特征出现在物体中时的不同数量及组合的情况，亦即一物体所具有的特征是从关键性特征组中抽出的，但同一风格的不同物体就会有不同的特征组合情况发生，即使这些特征都来自同一组，仍会造成不同结果。例如从赖特的共同组中抽出四个特征做住宅设计应该可定位它是草原风格。然而一位观者能判断出这个风格的能力却依赖于所用到的特别特征。基于风格程度的强弱观念，低的两坡斜屋顶、一连条水平外推窗、连续的窗台带和凸出的阳台附上低扶手栏杆应该比花瓮、巨大的砖造烟囱、角块和水台更能看出是草原风格。总而言之，不同的特征组合产生不同的视觉体察和风格表达性。如果在A物中的风格特征比带有相同特征数的B物更强，则A的风格性就比B强。同样地，这个概念适合于同一风格以及不同风格，例如由赖特组中抽出的四个强特征会比由迈耶组中抽出的四个弱特征更能认出它们所隶属的风格。

如果以一风格能被认出的次数代表该风格的可视度，则风格内和风格间的风格程度可以图表示（图4-28、图4-29）。图4-28假设物体A及B都代表同样的风格，但有n个强特征的A的风格，会比具有相同数目弱特征的B物更频繁地被认出。例如三个特征具有强的质地、色彩和曲线性的特征会比三个平坦而且单调的更易辨识。图4-29则显示风格间的风格程度，如果代表风格A'

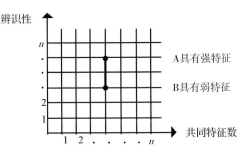

图4-28　物体间具有强及弱特征的风格程度（数据来源：Design Studies, 21(3), Chan CS, Can style be measured? 图8, 289页，©2000, Elsevier 授权重印）

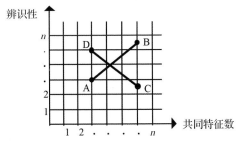

图4-29　风格间的风格程度（数据来源：Design Studies, 21(3), Chan CS, Can style be measured? 图9, 289页，©2000, Elsevier授权重印）

的物体A比代表风格B′的物体B有较少的共同特征数，那么物体A会较不易被辨认出，并且风格A′是弱风格。另一方面，如果代表风格C′的物体C比代表风格D′的物体D有较多特征数出现，但C′特征是弱特征，则物体C会较不易被辨认，那么风格C′就比风格D′还弱。因此，风格程度不仅仅只由数目决定，也会由其特征的质量决定。

4.8　结论

本章列举的一系列实验提供了对风格本质的深入了解。相似的以特征组来决定建筑风格的分析方法也曾经被阿特金（Atkin, 1974，1975）使用Q分析法，将英国拉文汉姆地区（Lavenham）代表都铎式（Tudor-style）建筑风格的特征分类成组做了分析。但Q分析法所受的批评之一是仅有成组的特征是无法构成风格的（Pinkava, 1981; Couclelis, 1983），因为特征必须存在于有特性的脉络里（拓扑结构）。这就如实验四所示，任一拓扑图形的变动都会扭曲一风格，使得该风格无法被认出。因此，有特性的脉络在辨识风格时也扮演一个相当重要的角色。这对历史、地域或群体风格的研究就相当重要了。因为由许多不同的风格或时期衍生出的特征有时会在一种无规律的空间关联中相互并存，就像折中建筑和后现代建筑风格的兴起一样，是一种改变了的次风格。

本章发展出的观念集中于艺术风格，并没有涉及表演艺术风格，表演艺术风格就牵涉到行为模式的一些议题。然而类似的先辨认出物体中的共同特征，再定位一风格的方法也可用于研究绘画、雕塑、家具、室内设计以及建筑设计的风格。例如在绘画里，约翰内斯·维米尔（Johannes Vermeer, 1632—1675），著名的荷兰画家，使用17世纪的房间，配以光、彩和适当比例表达人物素材，在他的35幅真迹中[①]（12幅附于图4-30）就包括下列重复出现的特

---

① 35幅公证过的约翰内斯·维米尔绘画作品及收藏地点都依年代列出，详情请见下列英文部分。画名都附于图4-30作视觉参考。大部分画作都于互联网页展出，并可查到。

1. Christ in the House of Martha and Mary - Edinburgh, National Gallery of Scotland - 1654/1655.

2. Saint Praxidis - Private Collection - 1655.

3. Diana and her Companions – The Hague, Mauritshuis – 1655-1656.

4. The Procuress – Dresden, GemÃ☒ldegalerie – 1656.

5. Girl reading a Letter at an Open Window – Dresden, Gemäldegalerie Alte Meister-1657. http://en.wikipedia.org/wiki/File:Jan_Vermeer_-_Girl_Reading_a_Letter_at_an_Open_Window.JPG.

6. A Girl Asleep – New York, Metropolitan Museum – 1657.

7. The Little Street – Amsterdam, Rijksmuseum – 1657/1658.

8. Officer and a Laughing Girl – New York, Frick Collection – 1658, http://en.wikipedia.org/wiki/File:Jan_Vermeer_van_Delft_023.jpg.

9. The Milkmaid – Amsterdam, Rijksmuseum – 1658/1660, http://en.wikipedia.org/wiki/File:Vermeer_-_The_Milkmaid.jpg.

10. The Glass of Wine – Berlin, GemÃ☒ldegalerie – 1658/1660.

11. The Girl with the Wineglass – Braunschweig, Herzog Anton Ulrich Museum – 1659/1660.

12. Girl Interrupted at her Music – New York, Frick Collection – 1660/1661.

13. View of Delft – The Hague, Mauritshuis – 1660/1661.

14. Woman in Blue reading a Letter – Amsterdam, Rijksmuseum – 1662/1664.

15. A Lady writing a Letter – Washington DC, National Gallery of Art – 1662/1664, http://en.wikipedia.org/wiki/File:DublinVermeer.jpg.

16. The Music Lesson – London, Buckingham Palace – 1662/1665, http://en.wikipedia.org/wiki/File:Jan_Vermeer_van_Delft_014.jpg.

17. Woman with a Lute – New York, Metropolitan Museum – 1663.

18. Woman with a Pearl Necklace – Berlin, Gemäldegalerie Alte Meister – 1664.

19. Woman with a Water Jug – New York, Metropolitan Museum – 1664-1665, http://en.wikipedia.org/wiki/File:Jan_Vermeer_van_Delft_019.jpg.

20. The Girl with a Pearl Earring – The Hague, Mauritshuis – 1665.

21. The Concert – Boston, Isabella Stewart Gardner Museum – 1665/1666, http://en.wikipedia.org/wiki/File:Vermeer_The_concert.JPG.

22. A Woman Holding a Balance – Washington DC, National Gallery – 1665/1666, http://upload.wikimedia.org/wikipedia/commons/7/72/Woman-with-a-balance-by-Vermeer.jpg.

23. Portrait of a Young Woman – New York, Metropolitan Museum – 1666/1667.

24. The Allegory of Painting – Vienna, Kunsthistorisches Museum – 1666/1667, http://en.wikipedia.org/wiki/File:Jan_Vermeer_van_Delft_011.jpg.

25. Mistress and Maid – New York, Frick Collection – 1667/1668.

26. The Astronomer – Paris, Louvre – 1668, http://en.wikipedia.org/wiki/File:JohannesVermeer-TheAstronomer(1668).jpg.

27. Girl with a Red Hat – Washington, National Gallery – 1668.

28. The Geographer – Frankfurt am Main, Steadelsches Kunstinstitut – 1668/1669, http://en.wikipedia.org/wiki/File:Jan_Vermeer_van_Delft_009.jpg.

29. The Lacemaker – Paris, Louvre – 1669/1670

30. The Love Letter – Amsterdam, Rijksmuseum – 1669/1670, http://en.wikipedia.org/wiki/File:The_Love_Letter_Vermeer.jpg.

31. Lady writing a Letter with her Maid – Blessington, Beit Collection – 1670.

32. The Allegory of Faith – New York, Metropolitan Museum – 1671/1674.

33. The Guitar Player – London, Iveagh Bequest – 1672.

34. Lady Standing at the Virginals – London, National Gallery – 1673/1675.

35. Lady Seated at the Virginals – London, National Gallery – 1673/1675.

征：光源来自左上角墙面，黑白棋盘式大理石地板，人物都有其视觉焦点聚焦于画中某一点，开窗都位于画中的左墙上方。这些特征可以用来定义维米尔风格的关键性共同特征[①]。相似的确认特征方法也适用于研究工业设计的产品风格（Chuang & Chen, 1994）。

当然，设计师所用的特征会随时间因社会脉络、风土人情、风俗惯例、知识增进、心智影像以及个人偏好的改变而发生变化。例如赖特的设计事业由早期（1889—1894年）受雇于路易斯·沙利文（Louis Sullivan）时私下与客户做的"走私"住宅设计（Bootlegged Houses, Manson, 1958），到草原设计，进而演变到Usonian住宅风格（Storrer, 1978），就是一例。他的每一风格期都有一些特别的特征存在。因此，共同特征随着时间的改变，也标注了一位艺术家个人风格的转变。设计者如能创出更多的新特征，并且把这些新特征放在不同的组合方式中，将显示同一设计师随时间演进而创出的更多风格。这些风格的改变以及新的共同特征的浮现，也可作为评断该设计师创造力的指标和判断该设计师创造力的尺度。

总而言之，本章中风格的研究结论，可依实验而归纳成下列四个最终重点。实验一明示风格是由一组出现在物体中的共同特征作为代表，这一组特征也就定义了一个风格。实验二说明风格程度的观念。出现在物体中的特征愈多，则风格度愈高，这个风格就愈能被辨认出。实验三解释由物体中的特征数目衡量风格的方法。如果从一共同特征组中抽出的特征数少于3，则观者将无法认出这个物体的风格，或者该风格的可视度是无法衡量的。实验四说明一风格特征的几何图形设计改变的可容度。如果一个在共同特征组中抽出的特征被垂直或水平方向以尺寸变动 ± 30%，它还是可在该可视度的范围中被认成是该风格的代表性特征。超过此变动范围到 ± 40%，则再也不能被看成是一风格的代表了。

最后，风格的操作观念可以简缩成两个句子作为结论：①如果一个人造物有最少3个可认得出的特征（实验三的结果）存在于一（些）特定的拓扑结构

[①]当然画中肯定也有其他与色彩和笔触相关的细部特征存在。

1. 窗下的女孩，1657.

2. 军官与微笑的女孩，1658.

3. 倒牛奶的女仆，1658/60.

4. 写信的女士，1662/64.

5. 音乐课，1662/65.

6. 拿水瓶的妇女. 1664/65

7. 演奏会，1665/66.

8. 拿天平的妇女，1665/66.

9. 绘画的寓言，1666/67.

10. 地理学者，1668/69.

11. 天文学者，1668.

12. 情书，1669.

图4-30　约翰内斯·维米尔的部分画品

中（实验四的结果），则一个风格在此物体中即存在；②如果有4个特征存在于相同的拓扑结构里（实验二的结果），并重复出现在最少3个人造物中（实验一及四的结果），则这4个特征和这（些）拓扑结构即可宣告一个风格的成立。在某些情况中，一些物体会比其他物体有更多的共同特征组件。例如10个特征出现在一个设计中将比5个特征会更强烈地表示一个风格。因此，出现在物体中的特征数会影响该风格被认出的难易度，这也说明了可见度的观念。换言之，更多或更少的特征存在于一个物体中将会改变一个风格的可视度，这解释了风格中的风格度。在另一种情况下，10个共同特征同时出现在许多设计物中将比5个特征更强烈地显示该风格，这个特征数也说明了"表达度"（Expressiveness）的概念。更多或更少的组数出现于一群物体中即影响其风格的表达度，这说明了风格间的风格度。总之，风格是由特征来代表的，也是由特征来衡量的，衡量的结果就显示风格度，而风格度也就注明了它是"强风格"还是"弱风格"。

第5章　由设计过程看风格

风格可由两个不同方向角度来分析研究：一是从"设计成果"，另一是从"设计手法"。由第一个从成果的角度作分析，风格是呈现在创出人造物结果中的特征，学者通常会将产品中的特征加以分类以便区分风格（Newton, 1957; Finch, 1974; Scott, 1980; Smithies, 1981; Chan, 1994，2000）。相似的方法也被用来检验特征以便进一步探讨风格的本质，研读不同风格间的风格程度以及观察同一风格内不同物体的测量风格度等，这些方法都已经在第4章中作了详尽的说明。由第二个从手法的角度作分析，风格是一个式样，借着式样，设计师的个人兴趣和职业偏好都可因此得以表达外显，这方面的研究同时也描述式样的表达性，以便标示风格（Torossian, 1937; Evans，1982; Cleaver, 1985）。虽然大部分研究风格的学者都同时采取这两个方向角度进行，但研究结果并没有清楚地解释出风格是如何产生的。这是因为没有足够的深入探讨是哪些手段方法的使用而促成一个风格形成的。本章即开启由"手法"研究方向的先河，专注于探讨创造风格时的特点，并且以个案研究钻研产生风格的原动力（Chan, 1995，2001）。但首先，不同领域中所有在"手法"方面已做出的研究以及产生风格因素的学术报道，都先在下列数节作一回顾。

5.1　由手段方法角度研究风格

就如第3章启头的解释，美术是高度抽象、概念化，并且是形而上的学说，同时哲学家和学者研究美术时，将风格当作一个测度性工具，用来区分艺术家、学派和不同时期艺术的相异性。因此，从希腊哲学家柏拉图开始，风格就被发展成一个研究艺术的工具。在柏拉图之后，风格的概念就在"艺术史"的领域被长期发展出来。当然，艺术史这一领域的研究，囊括了美术的历史演变和风格性的衍延脉络，并且西方艺术史是在西方被发展出来研讨欧洲的美术历史。在这个领域已做出的研究，简而言之是试图解说物体被创出时的文化价值。因此，风格就被用在美术史中辨认艺术体间的文化关联以及物体所展现的美术本质。

当研究美术的理论发展到一定阶段之后，风格概念速融于绘画、文学、建筑、雕塑、音乐以及电影等专业中，用来研究造型和表达性。造型就是最后成品可见的形态，而表达性则与经由造型所传达出或宣示出的表达式样有关。在20世纪之后，理论家开始鼓动说明艺术的研究不应仅限于只读成品的造型，或其表达的意义，也应该研究表达式样在创造过程中是如何被执行实现的。表达式样可看成是内在自我经由有特性的外在表征将之外显的方式（Wackernagel，1923）。而创造过程指的就是在制造一件艺术作品时，所运用的任何过程（Sparshott, 1965）。从此之后，评论美或美学的艺术评论家，就和历史学家一起合作回答下列问题：①艺术家如何创造出他们的艺术品；②产品风格内哪些是关键性的特征；③产品表达出了什么意义；④产品的机能如何能被可视化；⑤有哪些象征会被牵涉到；⑥艺术家是否恰当地达到了设计目标；⑦产品是否适当地达到了机能要求。这些问题全与设计过程中所用的表达式样的主题密切相关。

自从风格的研究开始探讨创作过程与艺术成品的关系以及风格在创作过程中是如何被创出之后（Wollheim, 1979），这方面的努力才获得一些发现性的成果（Whyte, 1961; Sparshott, 1965; Weitz, 1970; Kubler, 1979; Chan, 1995）。例如牛顿（Newton, 1957: 467）解释"风格是艺术家气质的外在宣示"，夏皮罗（Schapiro, 1962: 278）也争论"风格意味着恒定的型——有时是恒定的元素、质量以及表现——存在于个人或团队的艺术品中"。他提议，风格的描述应参考三个方面：型的元素或动机，型与型的关系以及型的质量。型的元素或动机确实是艺术表达的根本，只要元素构件或动机被忽略掉，就不足以将风格描绘出。其次，要区别风格，就必须找出艺术家合并型中元素的方法，合并的方法就涉及型与型的关系。至于型的质量，由于型的构件和型与型的关系在成品中就已表达出，因此型的构件和型中元素的关联性，就应该倾向于造成一个完整的整体性表现。所以，风格就像是一种语言，有其内在秩序和表达性，也允许不同强度的表达或宣示。更进一步，艾克曼（Ackerman, 1963, 1967）也解释，当明确具备了传统的造型和象征手法、材料以及技巧三个特色时，就可被称为是有一种风格存在。上述这些概念，在如何将型归类成一种风格以及探讨哪些美学原则或内在秩序能够将物体做得更美的研究上，是享有相同立场的。即使这些理论在某种程度上解说了风格的基本概念，但如要理解一些共同型是如何产生以及创作者是如何将这些型创造出来的，仍然要看创作过程中的原创方法，这也就是夏皮罗（Sparshott, 1965: 99）所说的"风格是一种做事情的方法"的观念。

英国著名学者贡布里希（Ernst Hans Gombrich）在另一方面发展出了另一深入的概念，说明风格是由"选择"而生成的。他由完形心理学的角度（Chan, 2008）提出一个相当完整的理论，解释了艺术创造者的创作过程中所发生的以及观者领悟艺术时所产生的种种现象。他的概念可分为两个部分：一是风格本身，二是艺术家创作过程的解析（Gombrich, 1960, 1968, 1971, 1982）。他认为："风格是任何明晰独特因此可认得出的方法，在这个方法中，一动作是被执行出，或一物品是被制作出，或必须如此地被执行或制作出。"（Gombrich, 1968: 352）至于艺术家的创作过程则是观者对艺术家创作过程的诠译。他在风格上的观点特别提出了风格是由一些选择行为中生成的。这些观点当然也更进一步地被司马贺（Simon, 1975: 1）说明："风格是某单一做事的方法，由一些可替代的方法中选择而出。"贡布里希和司马贺两人都有相同观点，认为风格应当局限于实行一事件或操作一程序时由许多方式中所作的唯一选择（Simon, 1975），也只在有可替代选择存在的背景下，挑选出的唯一方式才特别有表达性（Gombrich, 1968）。即使这两位学者的中心思想都围绕着行事过程中必须有在替代物中作选择的情况存在，也唯有经由在可替代选择中做出的特定选择下，才被看成是艺术家个人的表达特质，但贡布里希的选择是针对于（外在）所得视觉线索的选择以艺术表达实际的外界，而司马贺的选择则是在设计过程中所施加的（内在）知识选择。

梅耶（Meyer, 1979）则更进一步地深入解释了所谓"选择"的本质。他对风格的定义则是"某一些式样的重复，或者存在于人类行为中，或者存在于由人类行为所制造出的人造物里，但全是由某些限制中所做出的系列选择而造成的结果。"（Meyer, 1979: 3）他指出，选择的存在是有限制也有规范的，因为世上有许多重复的选择式样通常是肤浅的，是不能被看成是有风格的。因此，选择这词也就被建议成"有意识的察觉和有深思熟虑的意图"下的动作（Meyer, 1979: 4）。

在考古学中，风格被克罗伯定义为"是一系列条理清晰作某些事情的系统方式"（Kroeber, 1963: 66），克罗伯认为文明和文化是风格的一种表达。在音乐里，菈露（LaRue, 1970: IX）也说明："一首音乐的风格，含有作曲家在发展乐曲中韵律和音乐形态时，对乐理元素和程序所作的主要选择。"菈露则辩解，风格可在一组乐曲中由重现的作曲家的相似选择而被认出，并且该作曲家的整体风格也可由使用某些乐理元素及程序的恒常偏好，或者正在改变中的偏好描述出来。

在建筑设计里，司马贺则建议设计时使用的"限制约束"是另一个影响风格的因素之一。他指出设计约束设定了一些对选择作决定的自由度，并且也因此决定了设计的结果（1975）。埃肯随后也详细地说明"风格是被用来减低对替代解答方案作考虑时的负担的（Akin, 1986: 94）"，同时"决定解答方案是否可被接受的方法也就由风格性的选择来主控权衡（Akin, 1986: 96）"。所有这些在不同领域中的观念都解说了选择就是在创造过程中决定风格的一个主要因素。

另外一个发生在设计创造过程中会决定风格的因素，是设计者在作选择时所设定的限制以供决策的参考。这与阿摩司·拉波波特（Amos Rapoport）所用的"重要性"观念相关。他用"重要性关键点"来代表作选择时的自由度和加诸于设计中限制等级的关系。他的住宅造型就是一例，即是在所有已存可能性中作选择的结果。如果设计的可能性数愈高，选择性就愈大，关键性就相对较低，因为限制少。反过来说，如果可选择性低，关键性的临界点就愈大，因为限制多。打个比方，设计火箭比设计飞机有更高的关键性重要点，因为火箭设计有更多的技术要求，从而设定了更多的设计限制。低速的飞机就比高速的飞机有更多的设计选择自由度（Rapoport, 1969）。同样地，当新的建筑技术成熟到更有可用的机会时，那么选择可替代方案的自由度就高了，设计限制的临界点也就随之降低。

第三个在设计创造过程中决定风格的因素是司马贺所指出的搜寻秩序（Simon, 1975）。他的学说提出，人类设计师会有某些特定的历程和程序，设计开始就决定考虑有哪些元素，运用哪些设计限制，或实现哪些设计目标。因为设计是一种求取令人满意的设计解答的过程，于是首先被考虑到的物体就会满足某些特定的限制而产生第一个满意的设计解答。随后相继考虑的物体，会基于第一个解答而延续产生更进一步并同时也是令人满意的解答。于是这些陆续探讨可能性的次序，就会对解答产生主要的影响，并且最后也影响了最终的建筑造型。

搜寻秩序的观念可被解释成与思考过程的次序类似。在文学写作里，学者（Buffon, 1923）相信风格就是作者给予他自己的思考次序和运作程序。因此，风格，或作家对写作主题所作的思考安排次序，来自于他本人的思源，所以风格就存在于他思考的程序中。要表达一个自然的写作风格，就必须作家本人安排一个计划，有程序地收集思考，并将基本的思考有系统地放在写作的题材中（Buffon, 1923）。这个观念解释了思考运作程序和次序在文学写作中就是风格的来源。然而，所有上述不同领域里的研究观念，并没有详细说明产生风格的心智过程。为了要详尽说明风格的现象，包括风格发生的心理原因和风格的变化，重点应该集中研究设计师如何运作设计信息，亦即"信息运作"的主题。

5.2　风格在设计过程中的创生

从"信息运作"的角度来探讨风格，就必须要发掘个人风格是如何从系列的设计过程中生成的。一个设计过程一般是定义成"为完成一设计目标而运作的一系列状况"。一个过程可能会生成一些新过程，也可能会与其他过程分享信息，也可能会把自己的信息分配到其他的过程状况中再作运用。如此，一个建筑设计就包含许多如此的设计过程，这些过程也就是设计者在心中掌控信息的步骤历程。

抛开其他的教义不言，风格在设计中生成的"操作定义"可如此设定："任一明晰并可认得出的设计方式，在设计过程中重复地被运用，并因此于不同设计结果中产生一些共同的特征。"所以，风格就是由一些心智活动而生成从而产生某些特征的现象。一个艺术品不是一自然产品，而是由人类的活动，被心智所创，而造成事实的物品。这些心智活动可能是某一个人的努力，也可能是一个团队的成绩。如果是来自个人的努力，就可称其为是个人风格。对个人风格而言，设计案中一些特殊的特征可让观者将一设计成果在视觉上联想到同一位设计师的其他作品，或联想到不同建筑师的其他作品。

遑论风格是个人所创还是团队努力的成果，心智活动以及设计决策必须在设计过程中被实际操作。所以，风格的研究就毫无疑问地应该集中发现设计过程里的认知活动。这个方向和人类在观念上组织周遭环境时所谓的"认知风格"不同（Cognitive Style, Goodstein & Blackman, 1978），也和组织信息或进行信息时的常用式样不同（Messick, 1976）。相异之处是"认知风格"强调认知架构，亦即心智认知是如何被组织的独特方式，而非心智思想的内涵，内涵应该是可运用的设计智慧（Suedfeld, 1971）。但本章中所谈的"个人风格"涉及在艺术作品中所透显出的风格，这种风格当然也包括建筑设计的风格。

因此，本章中为风格所下的宏观定义实际上包括两个主要部分：一个是物品中所具有的共同特征，另一个是在设计过程中因某些重复操作的程序因素而造成这些共同特征的出现。第一部分所谈到的特征已在前面章节中解释过，但第二部分所涉及的因素，包括一些解题时固定的程序步骤，或使用同样的设计限制，或惯常使用某些几何形体等，则可经由观察同一设计师的一些设计过程而认出。两个例子在本书中被引用解说这些观念。例如赖特的草原风格就是第一个例子，用于本章代表强势风格。第二个例子是执业建筑师的弱势风格，将在第6章中从设计认知的角度来分析。当然，所谓的弱势风格指的是风格数量，而非风格质量。相信这两个例子能从设计过程的视角给风格研究提供全面性了解。

5.3　个案分析：草原住宅风格

本个案分析里最基本的观念源自于一前提，即一设计产品就是一设计过程的函数。由运算的角度来说，只要执行一个设计过程，就应当产生一个设计产品。所以，同一个设计过程在相似的环境中只要被重复运作，就应该会做出相似的产品。当然，此处所说的设计过程不一定是全部的过程，也可以是过程中的子过程。只要过程执行之后会产生一些特征，定出一种风格，那么这种风格创作的过程现象即可用作探讨的题材。至于赖特被选为研究对象是因为：①赖特的设计具有许多丰富的共同特征，也被看成是强势风格（Chan, 1990a, 1992）；②赖特的设计在他的年代里具有最独特的风格；③赖特已在这种风格里发展出他自己完整的设计语汇。因此，研究他的作品会有力地证明本书中所发展出的观念。同时，草原风格是赖特的第一个风格期。草原住宅是在十年中持续不断地被设计出，所以这十年集中期也就提供了一个相当明确的观察空间。同时，也因为许多他写自己以及别人写他的出版物的存在，为其风格的研究提供了丰富的题材。到目前为止，与他相关的出版物，在美国而言，是没有其他的建筑师堪能匹配的。

5.3.1　赖特的背景

赖特（1867—1959）基本上被认为是住宅建筑师。在他70多年的执业期所做出的建筑作品里（1888—1959），由最早受雇于苏利文（Louis Sullivan）时所作的早期建筑物，一直到1959年去世时（Storrer, 1974）由塔列辛建筑协会（Taliesin）同仁负责完成他的设计草图这段时间里，赖特总共设计了929栋包括已盖和没盖的建筑案件（Streich, 1972）。在这些设计中，有653栋是住宅，其他276件是非住宅设计（Streich, 1972）。大约70%的住宅设计是单栋住宅，其中1901—1910年间的住宅被特别命名为草原住宅。草原住宅群分享了一些独特的共同特色，这些共同特色有异于他后期所作的美国风别墅（Usonian House）住宅特性。1902—1906年，他也设计了广被批评的三栋非住宅设计——亚哈拉船俱乐部（Yahara Boat Club）、拉金大楼（Larkin Building）和联合教堂（Unity Temple）。这三栋非住宅设计也分享了一些共同特征。在本个案分析中，一些草原住宅的例子和这三栋非住宅设计被选为研究赖特早期设计的代表性作品。

5.3.2　数据收集法

解析个人风格的方法可由三个阶段着手。第一个阶段是收集同一建筑师所作的许多设计，同时辨识这些设计中的重复特征。第二个阶段是在这些持续不变的特征中追踪背后潜存的不变观念。这可由建筑师亲口解说的设计概念中收集到相关数据，同时观察这些设计概念是如何在建筑师的设计中体现出的。只有这种方法才有可能深入了解造型重复显现的原因。最后一个阶段是研究是否一些不变的设计方法或某些设计过程的程序会被建筑师重复使用，同时分析是否这些特别的方法或程序会产生一些相似的造型特色，当然这些造型特色也必定是符合并且存在于由第一个阶段认出的重复特征里。

研究的数据可由出版物替代心理实验收集相关信息。在大部分的建筑期刊中，建筑设计的解释是经由设计案的相片和图解表达，再配上作者本人的解释一并叙说该设计案。在这种情况下，要收集到设计图或建物相片是不困难的，但要得到设计过程的真实数据就不简单了，除非用"原案口语分析"。因为一般建筑师很少在写作里一五一十地解释他们的设计过程或设计方法。即使解释了，在设计过后所作的解释有可能是一种回溯反省，而非真正反映设计情况发生时所有作为的重现。然而，一般设计师在刊物上报道的设计过程及方法的解说，也可看成是他们一般性的设计方法说明。因此，通过分析建筑评论家、设计者自己的著作和相关讲座中所收集到的所有信息情报，就应该会大致浮现出一个描述建筑师的一般设计过程、方法以及他的具有相对特征的图像。

如果说把所有从学术性报道中收集到的第二手数据放在一起，就肯定会做出一份完整的图像来解说一个设计者的创作过程，并且这份图像会真正代表一种设计风格的真正故事，这种说法本身就值得争议。特别是每一个设计都是独特的，而且设计师的设计思考是会因案而异、因时而变的。因此，设计的生成也会因案而生异，并且每一个设计案背后的设计原则，除了设计师之外，一般是很难由外人辨认得出的。但个案研究方法的目的是使用故事解说风格的认知心理现象。只要这些收集到的信息被研究赖特设计的专家们评估过是足够真实的，那么说出的故事在某种程度上是可靠到有资格代表其背后存在的认知心理现象的。

5.3.3　设计中重复出现的特征

赖特设计中重复出现的特征首先可被分成住宅类及非住宅类。住宅类涉及 1901—1910 年间设计的草原住宅，而非住宅类则包括 1902—1906 年间设计的亚哈拉船俱乐部、联合教堂和拉金大楼三案。草原住宅中出现的特征，可依平面、立面、墙、材质用料和结构等方面加以区分。这些特征涉及平面配置的周围脉络、空间的组态、应用的特别建筑元素以及产生造型的特别方法等。六个设计案例的平面和立面图，因为特别有代表性，因此被选出重新绘于图 5-1 及图 5-2 中，以供参考。

5.3.3.1　住宅类中草原设计的特征（1901—1910）

1. 平面

（1）每一草原住宅的中心都有一壁炉，一般是砖造，宽大而且稳固的构架位于整个设计构图的中心位置。以壁炉的底座为原点，整个建筑空间往外扩散，辐射到基地里。

（2）主要的空间（包括客厅、餐厅、厨房和入口大厅）各自占据一轴线，并组成一十字形平面（图 5-1）。佣人的住宿区在厨房边，一般是隔离于主人的居住区之外。

（3）没有封闭的地下室（除非业主要求），也没有阁楼。

（4）内部隔间墙大都会延伸到庭院里，在窗台线下形成阳台或外庭，阳台及外庭的四周也都围绕着低扶手墙，防止外界有直接进入的机会。

（5）平面里有一主要的狭长造型，用于串接所有能够以直线相连的房间，创出一延续的水平线。因此，许多赖特设计的住宅都是一个房间深度。所有房间都可由两面采光，两边对流通风，并对外部空间作大量的开放，接触到基地的不同部位。

2. 立面

（1）屋顶设计里有挑出很深但檐沿是细边的屋檐。

（2）窗一般是外推竖铰链的垂直窗，在形状的安排上就像是连续的水平窗条。设计上是由屋檐下方开窗，窗坐落于连续水平、往外挑出的窗台线。

（3）房子有一基座，赖特称之为水台（Water Table）。水台显示楼板厚度，由逐渐降下的阳台围绕，最后将楼地板线带到自然的外界坡地上。

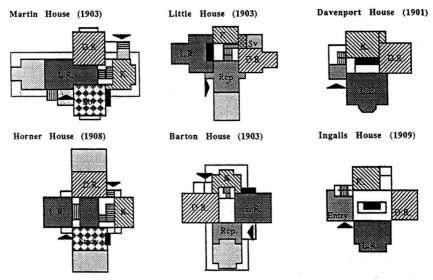

图5-1 草原住宅设计中带有相似形态的案例（数据来源: Copyright Locke Science Publishing Company, Inc. 授权重印. 图 13, 229页, Chan CS (1992) Exploring individual style through Wright's design. Journal of Architectural and Planning Research, 9(3):207–238 ）

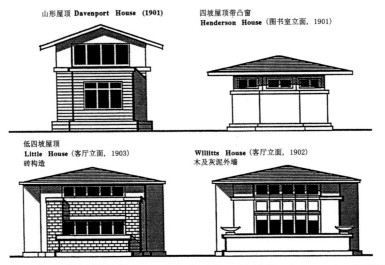

图5-2 赖特住宅的立面范例（数据来源: Copyright Locke Science Publishing Company, Inc. 授权重印。图1, 211页, Chan CS (1992) Exploring individual style through Wright's design. Journal of Architectural and Planning Research, 9(3):207–238 ）

（4）挑出户外的阳台也都有连续的水平扶手，扶手上方以水泥或石灰石加盖，上置花盆或植物花瓮。

（5）一般立面中心有一高于他物的建筑元素——可能是卧房区，或二层楼高的客厅。由此最高的体块开始，沿边翼由各方向往下延伸，先是屋顶面，再是墙、扶手或阳台的植物，最后到阳台的地板，所以整个住宅建筑就有几段水平元素或水平面。

3. 墙

（1）墙是帘幕墙，或是垂直板块，但绝不像普通方块盒子造型所用的边墙。一般也都设有角边窗。

（2）内墙在房间门的开口上方高度有一水平条。水平条围绕整个内墙，最后浮现在外墙形成屋顶的饰带。所有添加的高度都由此条面往上加，也因此许多房间都带有低的天花板区（通常也围绕着壁炉）。

4.材料及结构

（1）大部分住宅或是砖造，或是灰泥面加木框的结构。

（2）楼地板、门及木框饰以及家具、窗框和灯具等，都用橡木材料。

5.3.3.2　非住宅类（1902—1906）设计中的特征

亚哈拉船俱乐部设计后没建成。至于拉金大楼和联合教堂，则是在草原住宅期所完成的两个重要杰出设计案。

（1）亚哈拉船俱乐部（威康斯辛州，麦迪逊市，1902）：此设计是一简单的方块造型，顶部在屋檐下配以长条玻璃窗，并以深挑的平板状屋顶收尾。整个组合，坐落在往外推出的承重墙上（Blake，1960：325-326），草原住宅风格的水平特色在此设计中的水平屋顶面和长条边墙中明显地出现（图5-3左图）。

（2）拉金大楼（纽约州，水牛城，1904）：相对于亚哈拉船俱乐部的水平性，拉金大楼的设计则带有垂直性特色。其内部及外部材料都采用砖材，但楼板及天花则是水泥，内部中庭则由高窗采光，草原住宅里空间围绕着实体的设计原则就不存在于此设计中，楼梯形状像楼塔，位于角落（图5-3右图）。

（3）联合教堂（伊利诺伊州，橡树园，1906)：整个教堂建筑是场铸混凝土结构，并没强调水平性。此教堂有结实厚重的底座，上设条状垂直窗户，并盖着挑出的平板屋顶，整个体块有些垂直的个性，内部中心空间以天窗采光照明。楼梯看似厚重的体块也坐落于建筑的四个角落（图5-4）。

这三个非住宅类设计案中所发掘出的共同特征包括：对称的平面图，平顶屋顶和厚重的角块等。赖特在这段十年时期的设计中，会产生所有这些特征的运用因素，即在下列章节中逐一详细讨论。

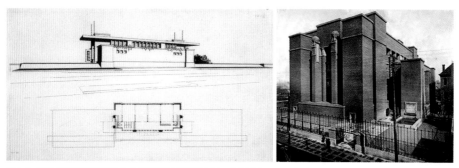

图5-3 亚哈拉船俱乐部及拉金大楼透视图（数据来源：左图采自©The Frauk Hoyd Wright Foundation, AE/Art Resource, NY；右图采自 http://en.wikipedia.org/wiki/Larkin_Administration_Building。登录时间2016-5-19）

图5-4 联合教堂透视图（数据来源：维基公共领域Aude, http://commons.wikimedia.org/wiki/File:Oak_park_unity_temple.jpg。登录时间2016-5-19）

5.4　设计中恒常使用的观念及原则

设计案中共同特征被辨认出之后，在这段草原风格时期里赖特设计所用的方法和伴随的思考方式，就是下一个研讨的课题。这些方法包括设计观念、原则、限制以及用来生成所认出的代表性共同特征的设计因素等。这些被赖特所持续运用的观念及设计方法内的原则也将在后面详细描述。

5.4.1　设计观念

设计观念的定义是：一些关于如何设计一部分建筑或全体建筑的一般性主意、想法或抽象概念。赖特在他的自传里如此写道："关于建筑物里的水平面，我有一想法，这些水平面是应该和地面平行，并与地层面认同——也如此让建筑属于地层的一部分，我开始把这个想法放到设计里。"（Wright, 1943:140）这是他追忆最早为草原住宅原创出的设计概念之一。这个概念，简而言之，是水平性的表达。赖特也称之为地球线（即大地草原）与情感（就是落地归根）的质性相联，并与土地、安稳及庇护所认同（Blake, 1960）。因此，一个设计概念，由设计认知（见第2章）的角度解释，就是一个知识智能，是抽象、形而上的。这个例子也解释了赖特将水平地际线连上土地面，创出草原住宅中水平性的特色。

5.4.2　设计原则

设计观念可进而变成设计原则，设计原则的定义是：某些被设计师在设计工作中惯常运用的设计概念。例如水平的概念可归类为赖特的设计原则之一，因为草原住宅中是必定会用到水平性的。设计原则也可看成是几个设计概念被合并成一个，而用于数个设计中。这些合成的原则是基本的指导方针，也带有一些哲学特质。再比如，赖特在1894年制定了六个设计概念，他称之为六个命题，并于1908年首次付印出版（Wright, 1908）。这些命题包括：①表达简朴；②达到住宅单一个性化；③建筑是生成于基地里；④由自然中撷取色彩系列；⑤表达材料的本质；⑥住宅必须有自己的性格。1931年，他再次提到草原住宅的概念，并列出九项，称之为设计动机和说明（Wright, 1931）。这些动机和说明是：①达成简朴；②把建筑和基地相联；③房间不看成是一盒子；④

把房子放在平台上；⑤达到可塑性；⑥使用单一建材；⑦将采热、采光和水工合成一整个系统；⑧最后的装修收尾应与建物合成为一；⑨去掉装饰。最后在1932年的（第一版）自传中，他又再度提到草原住宅的三个观念——简朴、可塑性及材料本质。在1908年、1931年及1932年三个出版写作中，简朴、可塑性及材料本质是重复被强调的，也因此说明了草原住宅的根本设计原则。在他的自传里所提三原则的所有文字说明现合叙于下（Wright, 1943: 145–149）。

（1）简朴性。赖特说："设计师必须要把简朴性体现到像似整个有机的部分里。只有当一个特征或任何建筑一部分变成整个和谐整体中的和谐元素时，才会达到简朴的境界。"（Wright, 1943）小查理士·怀特，赖特的芝加哥橡树园事务所学徒之一，于1904年写道："他（赖特）过去这两年（1902—1904）的设计倾向是简化，并且把他的设计减到'最低的建筑元素'。"（White, 1971: 105）这显示赖特也在早期设计中，试着达到这一设计原则。

（2）可塑性及连续性。在可塑性和连续性上，赖特说："可塑性可看成是包裹建筑骨架的肌肉之外的显性，这有别于将骨架表达的清晰性。在我的作品中，目前考虑的可塑性观念也可看成是建筑连续性的元素……让墙、天花、楼板这些构件看成是对方的一部分，让各个表面相互流入对方表面……我也开始专注于考虑可塑性是实质的延续性，把这个观念用作实际的工作原则，在结构物的本质里体现这浩大的、称之为建筑的东西。"（Wright, 1943: 146–147）

（3）材料本质。草原住宅可以由平面、大小和造价、地点、材料或屋顶形态等不同的方式作组合分类。但赖特建筑的基本根源是他对建材本质的感受。他说："抽出材料的自然本质，让这本质亲密地融入你的设计方案中。剥开木头的亮光漆，孤立它，再染色。把灰泥材料做出自然的质纹，并上色。把你的设计里的木头、灰泥、砖或石块的本质外显。这些本性都是亲切友好并且美丽的。"（Wright, 1908: 55）他还说："建筑物所用结构的材料会决定它的适宜体块、它的组合轮廓，特别是比例。结构本身所显示出的形态必须忠于材料的本质。"（Wright, 1943: 345）因此，内在固有的材料个性，就变成建筑表达的一种主要媒介方法。

5.5　设计中恒用的设计限制

设计限制（Design Constraint）是设计中所用的非常特别的信息。限制被定义成是在设计一个设计单元或一组设计单元时必须满足的一些机能要求。从负面的角度来看，限制也可被定义成是某些必须避开的要求。因此，设计限制就代表着在设计中必须要考虑的一些规则、关系、常规、结构特质、自然定律以及建筑法规等。

另一方面，设计观念、原则以及限制等三项也可由其抽象的程度来解释。例如设计观念和原则比限制更为抽象，观念是可以为某一种特别的设计所发展出的特别设计想法，但原则则是成组的观念，具有一般普及的特性并可用于不同的设计形态中。至于设计限制则更为特殊明确，并且有其特定的属性和数值。下列数节将说明赖特设计草原住宅平面时所用的限制，这些限制是由他的出版著作中收集而得的。

5.5.1　设计平面时所用的限制

赖特（1928）提到在作平面图时有几个很重要的因素要考虑，特别是在一般性的目的、案例或方案的主要因素决定之后，还包括材料、建构方法、比例大小、清晰外显[①]以及表现或风格等因素。这六个因素可看成是六个他在作平面图时所用的设计限制。

根据赖特所言，建物的"一般性目的"比任何因素都要先考虑。然后，在剩下的其他五个限制因素中，比例大小是最重要的因素之一，也主宰了平面的生成。之后，材料决定结构方法，影响随后的解法的生成，并且也影响比例大小的决定。不同的建构方法产生不同的造型和图形，并且最后会将平面定型。至于清晰外显，他说明建物中每个不同的单元应该被赋予一些特别的目的，这些单元也应该肯定自己是整体（建筑）的单一因素（单元）。最后，当所有因素都决定了之后，建筑师也应该强调他自己所钟意的设计目的，这就是自我表现。

对赖特而言，尺度是与其他三个因素，即人类身材比例、材料的本质以及

---

①清晰外显（Articulation）一词可以看成是一些特殊或特别的表现，以某些形式呈现在造型中，这些呈现可能是某些特别安排的形态或者是结构特征。

建筑建构的方法相关的。全部合起来，这三个因素决定了平面的整个造型。清晰外显和表现则是从属于这三个因素。因此，当赖特在考虑这些因素时，就有一个重要性的先后次序存在用作决定的依据。

格兰特·曼森（Grant Manson）说："无论何时当业主授权给他做设计时，赖特想到的是砖和石，但他通常会把他的想法以木料和灰泥砂石做出……但所有想法，还会围绕一个主题（对称）而生变化。"（Manson, 1958: 111）这里，曼森说明两件事，赖特通常会用砖和石作为建材考虑，同时还有另一个设计限制，即对称。曼森给了一个例子，即威利特斯（Willitts, 1902）住宅。在威利特斯住宅（Willitts House）中，赖特就给草原住宅设立了一个对称边翼的前例。

虽然这六个因素（或限制）是相互关联并且本质上是复杂的，但赖特有一个方法掌控这些因素。他的方法是使用"单位系统"（Unit System），用此单位系统不但可以照顾到并且也联及所有的因素（或限制）考虑。基于这个单位系统的应用，他能替平面发展出一个几何形态，于是一个整体综合的平面图就随而呼之欲出了。

5.5.2　决定墙面位置所用的限制

一些学者指出，赖特的主要发明是其内部空间的设计完全不用传统的封闭式。这就是所说的"毁灭盒子"（Scully, 1960; Brooks, 1984）。例如在罗丝住宅（Ross House，图5-5）和威利特斯住宅里，客厅及餐厅两个房间的角落是交叉的，于是在房间之间赖特创出了一个对角的视线，并且消除了所有的角落。这些被分解了的角落，就用作流动空间或者开角窗。这些墙，因为不再是用来连接角落把空间封闭住的元素，反而变成了帘幕，用来分隔空间或定义空间（图5-6）。这可看成是赖特用来掌握平面细部的手法，也可说成是局部限制（Local Constraint），用于局部设计或用来决定房间的形态。这个概念，是在赖特的联合教堂中第一次做出的（Wright, 1953）。

5.6　恒定的设计方法及过程

设计方法涉及做设计程序的方式，也可看成是系统化的方法，在特别的时

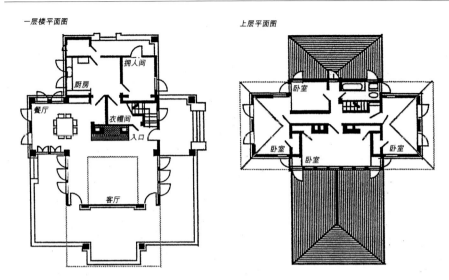

图5-5　查理士·罗丝住宅平面图（威斯康星州，1902年）（数据来源: Copyright Locke Science Publishing Company, Inc.授权重印。图2, 215页，Chan CS (1992) Exploring individual style through Wright's design. Journal of Architectural and Planning Research, 9(3):207-238 ）

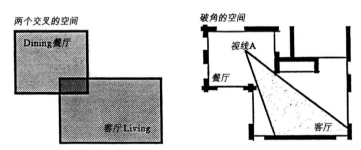

图5-6　毁灭盒子（数据来源: Copyright Locke Science Publishing Company, Inc. 授权重印。 图3, 216页，Chan CS (1992) Exploring individual style through Wright's design. Journal of Architectural and Planning Research, 9(3):207-238 ）

刻用来进行某一事件。赖特所用的设计方法，根据他自己、他的学徒以及一些评论家的解释，可以分类成作平面、立面、造型以及决定造型的方法。

5.6.1　设计方法

5.6.1.1　作平面的方法：单位系统及格网系统

1. 设计的单位系统

小查理士·怀特在1904年写给朋友的一封信中就指出： "他（赖特）的平面是将单元以一种有系统而且对称的方式组合起来。所用的单元是下列比例的竖铰链外推窗（图5-7右图）。这些单元在大小和数目上为了适合各个设计也有变化，而且这些单元决定后的结果也在平面的各部分同样实现。"（White,

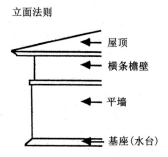
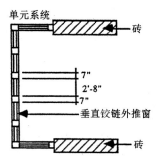

图5-7 单位系统及赖特所用的模具（数据来源：Copyright Locke Science Publishing Company, Inc.授权重印。图4, 217页, Chan CS (1992) Exploring individual style through Wright's design. Journal of Architectural and Planning Research, 9(3):207–238）

1971: 105）

1908年，赖特写道："在规划安排即使是不起眼的地面层平面时，一个简单的轴线秩序和依某种结构单位系统生成的有序空间，配合案例的结构建造和美感比例就成立了，一方面也是为了简化施工技术困难的应对之计，虽然做出的对称性不明显，但也维持了平衡感。"（Wright, 1908: 160）

1925年，赖特解释道："所有已盖出的建筑物，不管是大是小，都是由一个单位系统织造而出——就像地毯缝在经纬线里。所以每个建构都是一件有秩序的织品。韵律、每个单元的规律尺度以及施工的经济实惠，都被这个简单的经纬织法有效地促成——将一个机械化手法融到最后的结果中，赋予一个更有规则质纹，也更细致的整体性质量。"（Wright, 1925: 57）

2. 格网系统

赖特有规律地使用一个几何格网（例如方形、三角形、钻石形、六角形等）作为他的设计平面的基础（Streich, 1972）。这些"格网系统"（Grid System）以及"单位系统"在设计平面时实质上是相互关联的。赖特用这些系统来掌握平面设计时所考虑的一些设计因素。赖特解释："不同建筑部分的尺度或单元大小，都因建筑的特殊目的以及所用的建构材料而发生变化。唯一明确地把所有单位都掌握到一个正确尺度的方法，就是采用一个单位系统，在这个系统中，单位线在图纸上纵横跨越预定的间距，比方说是依4英尺（合1.22米）间距由中心定出（格网系统），或2英尺8英寸（合0.81米）（单位系统中的竖铰链外推窗户尺寸）或任何间距，只要能为所考虑的建筑机能目的生成适当尺度就行。"（Wright, 1928: 50）

对赖特而言，似乎这个格网系统是针对建筑的特殊目的，如其比例、材料以及建造建筑的构造方法生成。赖特在不同材料及建造方法所用的不同格网系统，可由列于表5-1中所收集的几个例子作说明。

5.6.1.2　作造型的方法

1. 福禄贝尔幼儿园系统

方形空间配上几何体块是赖特规划空间的单元和决定造型的工具。在自传中（1943），他赞美所受"福禄贝尔"幼儿园（Froebel Kindergarten）教育的正面价值，因为这段童年教育主导了他的设计方法。福禄贝尔系统包括一些几何体块和一彩板，幼儿在彩板的方形格状上砌出型和结构体。最开始的操作系统只包含一个方块、圆球和圆柱体，也只有当这些块体的潜在性被完全掌握之后，额外的系统及体块才会被加入。这个做法的重点在于强调单纯的几何造型以及在格子网状上所能堆砌出的抽象、对称的形态（Manson, 1958；Scully, 1960；MacCormac, 1974）。因为在格网上操作体块，其结果是会形成一种有尺寸比例并且对称地交叉连锁在一起，而且形式厚重的造型。这依赖格网的几何倾向，按照曼森的说法，已经清晰地反映在联合教堂及拉金大楼的设计中。

2. 屋顶是决定因素

罗瑞克（Rorick, 1975）的研究则提议草原住宅的造型应该是由屋顶决定

表5-1　赖特所用的不同格网系统

材料	建造方法	格网式系统	例子
木	灰泥表面 木栽（板条及灰泥）	4'格式单位 位于板条长边16''中心	康恩利别墅（1907）
混凝土	浇铸块及板	7'-0''格状水平间距， 多重16''木造单元	联合教堂（1906）
砖	砖支柱	4'-6''格网式	马丁住宅（1904） 奥曼住宅（1910）
混凝土支撑及楼板 预铸块 混凝土	钢及玻璃 双墙建构 混凝土板	4'-0''格网式 多重16''正方形格网式 多重7'-0''格网式	恩尼斯住宅（1923） 商业大楼
混凝土及砖	混凝土柱及砖造木墙	20'-0''正方形格网式， 垂直方向是3.5''砖条	首都季刊案（1931） 约翰逊制蜡办公楼 （1936）

（数据来源：Copyright Locke Science Publishing Company, Inc.授权重印。 表1，218页，Chan CS (1992) Exploring individual style through Wright's design. Journal of Architectural and Planning Research, 9(3):207-238）

的。他分析赖特作造型时所用的规律，并运用计算机程序成功地仿造出赖特的风格。他说明这些造型规律包括：①建筑的主要形式是由屋顶决定的（在复杂的平面上加上简单的屋顶）；②建物中有一最主要的型（屋顶），它是长而窄的，并且都是最低的那个屋顶（Rorick, 1975: 57）。

5.6.1.3　作立面的方法：立面法则

当平面图完成、型造出之后，赖特会使用一技巧完成立面。这个技巧是"立面法则"的应用。小查理士·怀特在1904年写给他友人的一封信中就如此说明："他（赖特）的法则，可能是如他说他发明的，也像他用在温斯洛住宅（Winslow House）设计里的，包括一水台底座（Watertable）、一道高到二楼窗台线的直墙、一横条楣饰板从窗台线拉到屋顶以及一檐条加上深深挑出的屋檐。他绝不在檐条之上切出任何开口，比如屋顶的老虎窗。这是他的法则（图5-7左图，是大致画出的示意图），这些时日中几乎他所有的建筑都是顺着这些路线建出的。"（White, 1971: 105）

赖特在1908年也提到他自己的法则（或设计文法）："有一个为所有建筑地面层所准备好的物体，这也是所有法则里的第一法则表述。这个法则（是一个）装置，或称水台，是为住宅建筑而备，就像基坛是为所有古希腊庙宇准备一样……有这个新创（水台法则）成立之后，那一条有原始材料的水平条，（也就是）透出地面的基础墙低矮（的水平）条，就被掩饰取代，而且第一类法则也就（体现）变得可能了。这时一个简单的、由墙脚到二楼窗台的连续完整墙面就确定了。这个时候，节点上材料开始改变，以便做出简单的带状装饰而形成早期的建筑（带状装饰）特色……至于开窗……（窗）是成组有韵律群的单元构件……这些（窗）组是被要求安排的，（在）某些时间，不让屋檐阴影盖到……这时这些窗户就显得像断头台架般狭长（的形状），同时我也花了时间决定要做长直外推的竖铰链窗……当这些法则走到这个程度后就会产生一个简洁的表现了。①"（Wright, 1908: 159–160）

1954年，他又重提："每栋房子，如果要让它值得被评价（称）为一件艺术品，则必须有它自己的法则。'法则'在说法上，意味着在任何建构上所要

---

①这些是赖特自传原文的直接引用和直译，句子中括号内的词句是添加填补，以便贯通脉络提供一个了解完整概念的方式。本节之后所有引用赖特的论述，都用此法翻出。读者可参照原版自传或本书由Springer出版的英文版内所附原文。

使用的同样东西——无论是字、是石块、还是木头。这也是建构该物许多不同单元间的相互造型关系。住宅的法则也就是它对所有构件单元清晰外显所作的宣示。"（Wright, 1954: 181）

5.6.1.4　决定型的方法：透视证实

在做完立面设计之后，赖特会以透视渲染审视整个造型。因此，透视图在赖特的设计过程中出现得很晚。赖特曾经说过："在建筑的名义下，没有任何设计师会在一透视草图中，把他设计的建物做出他想要的口味式样，然后捏造平面去配合所生成的式样。"赖特指出："这种方法只是做出画布上的画而已。透视应是验证设计，而非培育生成设计。"（Wright, 1908: 161）因此，对赖特而言，透视是用来表达概念而非生成概念的（Connors, 1984）。

赖特也永远相信当一建筑已经以有机方式配上正确的比例作了安排之后，则该建筑别致生动的图景，会清楚地表达自己。建筑物是由地面看去，但视线则是由接近建筑物的情况决定。因此，当建筑的平面和剖面或立面完成之后，他有时会做出一个小透视来审视了解这个建筑的景象，之后再回到平面作更正或修改。例如1904年在芝加哥橡树园规划欧曼住宅（Ullman House）时，他绘出两个概念草图显示设计的大致平面。在一张图里，他以一系列从一透视点画出的辐射线盖住整个平面，这些线是用来完成在另一张图中的透视图的法则线。似乎赖特不满意设计结果，因此客厅单元这一边翼被拉出并加长（Connors, 1984）。此图就是在《建筑记录》月刊所注销的最终完稿定案图（Wright, 1908）。虽然不清楚在这个特例中，最后的型是否由透视渲染所定，但很可能透视是用来探视最初设计所生的型，并可能是用来作修正之用的。

在设计联合教堂时，透视图则是在设计最后时期产生的。赖特用透视描述并传达他的设计给业主。例如随后于1910年作品集印出的教堂透视图，是在设计完成之后才绘出的，并且赖特用透视表达建筑多于用透视产生造型（Connors, 1984）。赖特自己也在他的自传中提到在平面、剖面及立面都完成之后，"我们有足够的纸上作业，做出一完全配合平面的透视图，让评审委员会的委员们认真地观赏。通常委员会只看概念图而已，但在目前这一方式下是不可能只由一张概念图表现的，而且建筑是整体的，也必须在画出概念图之前完成设计，而非绘图之后再做设计"（Wright, 1943: 51）。很清楚，只有在形体做出之后，赖特才会发展出透视图，以便确定建筑物在视觉上的状况，或者用透视传达他的设计概念。

5.6.2 设计过程

设计过程是完成一个设计成品的整个连续的过程状况。一个设计过程会是连锁性的情节状态，在这些状态中，某些设计方法会被用来完成某些过程中的设计课题。一位设计师可能会有他或她掌握一个设计的方法，这些方法被称为设计过程的方法。有时，一个设计过程的方法是一个特别的设计程序。本节里赖特的设计过程，是由分析他的学生、评论家或赖特自己所写的一些文献所得的描述[①]。希望能合并所有必需的数据，在本节中将赖特的特别设计方法提供清晰的图片。

5.6.2.1 怀特的诠叙

小查理士·怀特在1904年写道："他（赖特）酝酿新设计的过程，与一般常用方法相反。大部分设计师会列出严格的实利功能要求，选择他自己的风格，然后把设计沿着这一路线进行。但赖特会首先发展他的单位（单位系统），然后把他的设计尽量配合所要求的（机能），或者把所要求的（机能）配到设计中。我不是说他因此忽略了（机能）要求，但确实地，他是从比较宽大的建筑角度处理他的工作，从不让业主的琐碎要求干扰到他设计中的建筑表现。"（White, 1971: 106）怀特对赖特设计过程的信息，可用图解列示于图5-8。

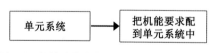

图5-8　怀特对赖特设计过程的描述（数据来源：Copyright Locke Science Publishing Company, Inc.授权重印。图5, 221页, Chan CS (1992) Exploring individual style through Wright's design. Journal of Architectural and Planning Research, 9(3):207-238）

上述怀特的解释涉及赖特早期的草原住宅设计。但怀特只指出赖特做平面设计时的过程，即先有单元系统，再将机能配到单元系统中。怀特并没有解释赖特如何做出

[①]赖特曾经在1932年第一版的自传中，报道他设计联合教堂（1904）的设计过程。但描述是在完工18年后才写的，并不能看成是忠实反映他设计教堂时真正发生的思考过程。反而，这是追思当时设计与逻辑性相关的事件。因此，上述出版的数据只能用作作为参考数据，而非用作分析数据。

型，也没有解释赖特如何应用格网式系统和立面法则。但有一件很明显的事实，即除非平面图已经发展到某一程度，否则立面是无法做出的。因此，可以推测赖特会为平面先发展出一格网式系统，然后应用立面法则掌握立面。这一点可由赖特在1908年的著作以及由约翰·豪（John Howe，赖特在西塔列辛的学徒）写出的笔记中得证。赖特说："我努力……为这些建物的平面及立面建立起一个和谐的秩序，考虑这（平面）是设计答案，另一个（立面）则是问题情况下对问题的表达，并且是从整个案件的角度来看。我也先从建立起一有机的整体开始，以之作为后续的基础，以期建起一显著的文法规则表现，并且持续地将设计的整体，尽我的可能，体现出来。"（Wright, 1908: 158）

5.6.2.2　豪的诠叙

豪在1980年的笔记中如此写道："在所有的建筑中，赖特先生绝对会首先设计平面，然后转到剖面，至于立面，则是平面和剖面的结果。他的建筑物绝对是由内往外设计……赖特先生在作立面时也会建立起建筑的文法规则。"（Lipman, 1986: 25）豪的记录有两个重要的信息。第一个信息说出赖特的过程，即先平面，再剖面，后立面。透视图并没被提到用在设计中。这一点确实说明透视图是不会用来发展概念，反而是用来传达概念的。另一个信息是说赖特所发展出的建筑文法规则只涉及立面而已。

如将怀特和豪的诠叙放在一起，则可用另一图解说明其设计过程，如图5-9所示。

5.6.2.3史考利的诠叙

根据文森特·史考利（Vincent Scully）的分析，赖特的设计过程有以下几个程序（Scully, 1960: 13）。

（1）他的最初关切是"抽象概要"（Abstract），首先在生成空间的抽象概念时，会通常由他的双重意念中将形抽出落实，并将其塑成有节奏韵律的几何形态。

（2）其次，他希望同时把创出的抽象"空洞"（空间）给封闭住，同时也将其进一步地推展出；或者把这个（空间的）表现经由整个建筑体块的雕塑性显示在外部。有时，如他的几个早期的作品，对外部形体的关切胜于对内部空间的考虑。

（3）在将建筑的实与虚于视觉上作了整合之后，他希望用适当的材料和适当的建法将建物也作成一个结构性的整体。在一些后期作品中，结构的设计原则会在过程中先被考虑到，但当所有赖特的设计作品被研究过之后，发现他对结构的整合考虑都倾向于在设计时间的最后阶段发生。同时，他自己也特别满意于把任何建筑设计的结构部分，而非仅仅是空间和雕塑性方面，设计到把结构变成是整个设计的一个内在本质。

上述史考利的描述，可和怀特及豪的描述合并成一个大说明，画于图5–10中。在此图中，方块代表设计时期。第一期是发展此设计的一个抽象概要。最早发展概要期的程序可在赖特的著作中找出一些证实。例如他说："在平面出现之前，这个设计在一些创造者心中应该是一个概念……因此，在想象中建构这个建筑概念，应该是在心里生成而不是在图纸上做出……并且是在碰图纸画图之前就有的。"（Wright, 1928: 49）第二期及第三期属于平面创造期，在此期中，依怀特及豪的说法，一个大概的造型就该逐渐形成。第四期是发展建筑

图5-9 合并豪及怀特对赖特设计过程的描述（数据来源: Copyright Locke Science Publishing Company, Inc.授权重印。图6, 221页, Chan CS (1992) Exploring individual style through Wright's design. Journal of Architectural and Planning Research, 9(3):207–238 ）

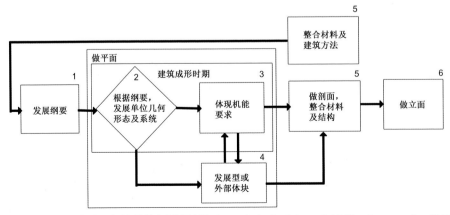

图5-10 史考利对赖特设计过程的描述（数据来源: Copyright Locke Science Publishing Company, Inc. 图 7, 222页,授权重印. Chan CS (1992) Exploring individual style through Wright's design. Journal of Architectural and Planning Research, 9(3):207–238 ）

的形体，有时（依史考利所说，曾经发生在草原住宅的设计时期）这个第四期
会在第三期之前发生。因此，在第二期之后，可能有两个分叉期出现。至于第
五期，则是把材料和结构一起整合到建筑大体块的时期。参考豪的论述，这期
的课题可以推断也是赖特在作剖面时所追求的课题。虽然，史考利表示这些第
五期的两个活动有时在赖特的晚期作品中会很早被考虑到，但这并不说明剖面
在设计开始时即被考虑。反而，这意味着在某些例子中，一个综合"材料"和
"结构方法"的大体设计纲要，会是第一个被考虑的，例如约翰逊制蜡办公楼
（1936）和古根海姆美术馆（1946）等案例就是。

5.7　重建赖特的设计过程

一个设计过程也可被解释成是要完成一系列设计目标的程序。每一个目
标，都有一套"设计限制"在达成目标时被用来产生解答，并且被用来测试解
答（Chan, 1989; Chan, 1990a）。同时也有一套"设计原则"在过程中作为引导
设计方向的指南针。这套设计原则在整个过程中前后保持不变，并且也被看成
是"总体的限制"（Global Constraint）。这个概念，如图5-11所示解释了一般
性的设计过程现象。但赖特有他特别掌握设计限制以便达到设计目标的个人方
法。因此，在图5-11至图5-14里，就将他不同时期所用的设计方法附加于一般
性模型的下部，以解释何种不同的方法在何时所用。

赖特曾经提到在处理平面设计时会考虑六个因素，并且单位系统及格网系
统是用来掌握这六个因素的方法。同时，他会达到设计原则中的水平性、简洁
性、可塑性、连续性以及显示材料的本质等考虑。把这些细节全部加到一般性
模型中，那么赖特作平面时的例子就可在图5-12中显示出来。

其次，由怀特、豪、史考利和赖特的著作里可收集到关于赖特一般设计过
程的具体发现，并可由这些著作中的发现，将赖特早期和晚期设计归类出两种
设计方法。第一种方法属于赖特的草原期（图5-13）。在这期设计中，赖特会
首先在心中酝酿出一个可能是该建筑空间计划的纲要。尔后，基于这个纲要考
虑该用的材料和结构，发展出一个最能配合所有目的的格网系统。建筑材料是

取决于经费预算限制（Budget Constraint）的考虑，如果预算宽松，他会先选用砖石，但通常也会用木和灰泥砂岩石。在格网系统决定之后，他开始做平面。赖特也常把壁炉比喻成房子的心脏。草原住宅的大部分设计里，壁炉都位于住宅的中心。因此，赖特会以壁炉放在中心为做平面时的设计起点。另外，在设计平面时，体块的考虑在机能配置安排之前就已发展出。形态的规划则配合格网。然后整个住宅在作剖面时就整合成一体了。至于立面，则是在平面上采取立面规则文法的结果而生成的。

赖特的第二个设计方法，属于草原住宅之外并且晚于该期的设计（图5-14）。在图5-14中，做平面的手法秩序就已经改变。根据史考利的说法，赖特会先集中于机能的安排，然后再发展造型，并且相对应的设计原则和设计限制也和早期有所不同。例如水平性和对称性在晚期设计就不再是主要的考虑，

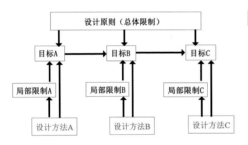

图5-11 一般性模型显示过程中目标，限制和方法之间的关系（数据来源：Copyright Locke Science Publishing Company, Inc.授权重印。图8, 223页，Chan CS (1992) Exploring individual style through Wright's design. Journal of Architectural and Planning Research, 9(3):207-238）

图5-12 赖特设计过程的简单例子（数据来源：Copyright Locke Science Publishing Company, Inc.授权重印。图9, 223页，Chan CS (1992) Exploring individual style through Wright's design. Journal of Architectural and Planning Research, 9(3):207-238）

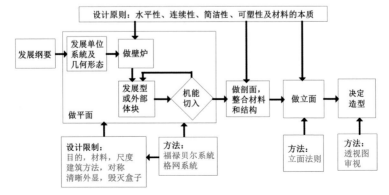

图5-13 赖特在草原住宅中的设计过程例子（数据来源：Copyright Locke Science Publishing Company, Inc.授权重印。图10, 224页，Chan CS (1992) Exploring individual style through Wright's design. Journal of Architectural and Planning Research, 9(3):207-238）

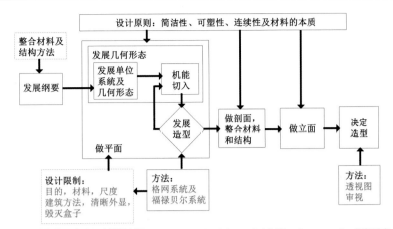

图5-14 赖特在晚期的设计过程（数据来源: Copyright Locke Science Publishing Company, Inc.授权重印。图11, 224页, Chan CS (1992) Exploring individual style through Wright's design. Journal of Architectural and Planning Research, 9(3):207–238）

而且发展立面时的立面法则也和草原住宅所用不同。在一些晚期的案件中，发展出整体结构方法和材料的阶段，就如约翰逊制蜡办公楼设计（Lipman, 1986），会发生在非常早的设计时间里。因此，所发展出的整个形体以及立面结果就不再享有草原住宅所具有的特色。

5.8　特征和设计方法的对应

了解赖特做设计的方法及程序之后，本节就将设计限制、原则、方法和程序等设计因素——这些因素也是因为运用搜寻、联想、领会等的认知机制操作所生的设计智能（Chan, 2008）——是如何影响到产品的造型，并因此产生一些共同的特征作仔细分析，并将结果在表5-3及表5-4的最后一栏中作简短的结论。

5.8.1　由设计方法产生的结果

5.8.1.1　格网系统

单位系统是整个设计组合中的基本模具。借着单元的概念并考虑材料的自然本质，建构方法及材料所能容纳的尺度，一个格网系统就可被发展出。例如用在罗丝住宅中的格网就在图5-15的上方两图中画出作参考。使用格网系统有两个效应：第一，格网提供一个基准，控制每个建筑部分的比例以及部分与部分间的关系；第二，格网可整合材料的本质和筑构方法，例如材料的自然本质决定柱间距离，而筑构方法则确定柱式的大小以及柱间距的尺寸。总体而言，用格网不但会顾及材料、尺度、比例以及结构方法等不同的限制，也同时会掌握到每个建筑元素的尺度以及这些元素在平面上的配置。

赖特几乎在其建筑生涯中每个设计都使用格网系统方法，即使在他晚期的美国风别墅住宅里也是。根据图温布利所述（Twombly, 1979），赖特固定使用2英尺×4英尺（0.61米×1.22米）水平的模式格子。这个格网系统支配着整个平面图以及楼地板层，所以施工者能轻易地掌握门及窗的位置，减低工时，也因夹板材料是以切成4英尺（1.22米）的体积送入工地的，所以能减少浪费。所有建筑单元的安排也都对应格网单元的中心线，或靠边线对齐，或与格子或其细分格子有密切对应（Twombly, 1979）。

格网系统有时以长方形格状取代正方形格式做出格子呢的形状。格子呢的形状效果是由于在网格中的某些网线，赖特在设计中将主要的设计因素对准次要的考虑元素，作了相互距离调整，使得在格网中得到一些强调了的效果。如图5-15的下方两图是将用在罗丝住宅设计中的格子呢形式画出作为参考。曼森和麦柯尔麦，也曾经将拉金大楼、联合教堂、罗丝住宅、巴顿住宅和埃文斯住宅（Evans House）等设计以不同的格网和格子呢形态成功地实验组合过（Manson, 1953; MacCormac, 1968）。

拉金大楼及联合教堂的三度空间造型反映出可能是因为使用福禄贝尔系统，把设计单元以体块对

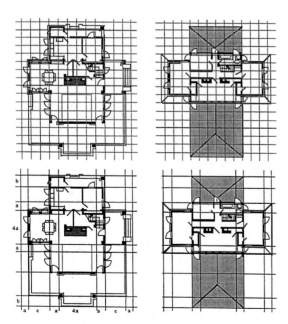

图5-15　罗丝住宅设计中所用的格网系统（上两图）及格子呢形态（下两图）（数据来源: Copyright Locke Science Publishing Company, Inc.授权重印。图12, 226页, Chan CS (1992) Exploring individual style through Wright's design. Journal of Architectural and Planning Research, 9(3):207–238)

称并厚重地排列在格网上，而产生明显几何体形的特色。曼森曾经指出这种二度和三度空间的福禄贝尔式策划运作和赖特于1900—1910年间所完成的设计特色有明显的相似性（Manson, 1958: 7）。这也指出型的产生可能就是运作这种方法，即用福禄贝尔系统在格网上操作体块所产生的结果。但这个推断被范·赞滕（David van Zanten）质疑反对，他辩称，福禄贝尔式的经验长期以来就很含糊可议。他指出，福禄贝尔的幼儿教育体块系统在其效果的正当性上是可疑的，而且也是一个没有事实根据的观点（Van Zanten, 1988）。

5.8.1.2　立面法则

赖特说过："我已尽了最大努力在这些建筑的地面层平面和立面之间建立起一种和谐的关系，并考虑一个（平面）是解答，另一个（立面）是表达。"（Wright, 1943）对他而言，立面是对平面的回应，并且所用的立面法则是他个人习用特色的一项创新。用此法则，生成的立面在草原住宅中就享有一些共同并可认得出的特色，亦即都有一基底、一水平长墙、一奇数成条的竖铰链外推窗以及在窗户正上方升起的低脊屋顶。从客厅或入口廊厅延伸出的阳台，也都永远有一基底、一小低平扶墙和一扶墙顶盖。这些特色并不会出现在他的非住宅设计中，因为他并不将设计住宅的立面法则应用在非住宅设计的立面中。

5.8.2　运用设计原则的结果

三个例子可以解释设计原则如何能够产生一特别的特征。第一个例子涉及简单化原则，赖特于1908年如此写道："一个建筑应该有最少量的房间，并且这一个数目应满足能将房子盖出，并在里面可以住的情况，而且在这种情况下，建筑师也得要继续保持简化……除了入口和必要的工作室之外，在任何住宅的地面层，只需要客厅、餐厅和厨房，再加上一个额外可能需要的社交办公室就行。"（Wright, 1908: 156）这解释了赖特为他的草原住宅地面层设计所运用的简化原则。结果显示，在大多数的草原住宅里，客厅和社交区都位于一楼，卧室则在上层楼面。

第二个运用设计原则的例子涉及"可塑性"和"连续性"原则。赖特曾经试着发展出一个木饰嵌板（通常是作装饰之用），以便实现这些原则。他说："我将木造饰板整个消除，把它变得可塑，即是说，轻便并且连续的流动取代了目前流行的粗重木工饰板……于是木造饰板就变成了一条在窗及门上部的平坦、狭窄的水平带以及另外一条位于楼地板上围绕贯穿整个房间的墙壁。"（Wright, 1966: 36）于是这些连续的木饰嵌板，就是可塑性和连续性原则的结果。

第三个例子解释了如果一个设计原则被持续应用，会如何在造型表达上产生持续的特色。在草原住宅中，空间是一水平移动的存在实体，永远有层次地平行于地面。就像早期讨论的，这就是水平性原则的成果。但这个原则并不永远适合于公众建筑。赖特必须为公众建筑找出并发展出不同的设计原则。于是为拉金大楼及联合教堂，赖特开始实验空间往上、下以及侧边运动的可能性（Blake, 1960）。结果拉金大楼及联合教堂的垂直特性，就是由相同的原则产生，即将这个原则由水平性转化成垂直性。

5.8.3 运用设计限制的结果

一个特别的限制在设计概念中创成，会孕育出一些设计的产品特征。两个例子可作解释。

5.8.3.1材料的设计限制

对赖特，不同材料有不同的建筑性表达。在木结构里，赖特会透出木造的结构骨框架，并用浅色灰泥石板填充深色细条（赖特称之为饰条）间的表面。这可在威利特斯宅及昆利之家（Coonley House）中找出（Scully, 1960）。至于水泥材料，赖特提供三个解决方法。第一个解决方法，他会将角柱表现得像是厚重的屋顶支撑（Wils, 1985），或套用希区柯克的用词，是宽大角柱撑（Hitchcock, 1942）。这个解决方法第一次出现在亚哈拉船俱乐部（1902），之后在联合教堂（1906）中显现，尔后又再次出现于"一栋5000元的壁炉住宅"（1906）设计中。第二个解决方法，屋顶是在窗子上方挑出的平顶结构。这个解法是联合教堂和"5000元的壁炉住宅"两个设计的共同特色。第三个解决方法，楼板在窗间壁形成条带状挑出，用来支撑女儿墙。有时楼板伸出几英尺，由墙边挑出看不出有任何可见的支撑，形成阳台（Wils, 1985）。这个解答在他的后期设计中重复出现，如考夫曼住宅（Kaufmann House，即1936年流水别墅）和约翰逊制蜡办公楼（1936）等。

5.8.3.2　清晰外显的设计限制

在赖特的住宅设计中，每栋建筑的部分单元处理，一则是与其他单元分离，二则是由另一单元的表面延伸而出。与其他单元分离的现象可以解释为一主要空间，这个空间是一体块，在一轴在线占有它自己的位置。其结果，就把客厅、餐厅和厨房一起组合形成一个L形或者T形平面。然后配上接待区（1903年之后改称为入口大厅），将整个平面变成一十字形，这成果可以解释成明示主要空间的原则运用。当然这种清晰外显的手法也可解释成某一建筑单元由另一建筑单元的表面延伸出来而成的效果。这可由他的线性直条平面图里面主要空间都会突出几英尺来突显它自己的方法上看出。因此，外部造型映推显出内部空间。

在他的拉金大楼及联合教堂的非住宅设计中，形似高塔的楼梯都位于角落。赖特写道：“我试着把一些想法放到拉金大楼中，有趣的是，现在考虑与秩序相关的清晰外显之原则。”（Wright, 1943: 151）他的作业方式是将塔式楼梯从中心体块解放出来，推到角落作为独立单元，供沟通和逃生之用，也作为空调系统空气的入口[1]。于是，这个塔状的厚重的大体积就成了清晰外显的成果，并且他也在联合教堂的设计中重复使用此法。这个外显的结果同时也将拉金大楼的内庭和联合教堂的大厅往外突出，于外部显露其全部高度。于是，这两栋建筑的每个单元的机能都很完整地表达了出来。

上述材料和清晰外显的两个设计限制例子解释了：①一个设计限制如何提供型的产生机会；②使用同样的设计限制如何产生相似的造型。因此，在不同设计中，借着使用相同的设计限制，就会将所产生设计解法造成的型做出一些相似性效果。

5.8.4　其他因素产生的结果

5.8.4.1　先决模型

“先决模型”的定义是一个设计答案在先前的设计中就已经做出，并且用在后续的设计里（Foz, 1972; Chan, 1990a）。使用先决模型，会在不同设计中

---

[1]根据艾恩拜恩德分析，将楼梯放在角落的解决方法，第一次是出现在拉金大楼的设计中。同时这也是火灾逃生设计限制的结果（Einbinder, 1986）。

保持相似的造型，因此不变的特征即会出现。1903年，赖特在水牛城设计了巴顿住宅。巴顿住宅（Barton House）的主题安排和他在芝加哥设计的瓦瑟住宅（Walser House）相似，是草原住宅公式的浓缩，变成一个绷紧的对称平面，入口处在侧边，临街立面则是一楼客厅，带有三段窗形，二楼则有连续的一条带状竖铰链外推窗以及有盖的屋檐等。曼森指出："瓦瑟—巴顿的模式是赖特常用的腹案，解决如何将草原住宅塞到狭窄基地中和满足有限预算等的问题，但是这两种基地和预算问题情况并没在森密街（巴顿住宅的所在地）出现，因此很困惑为何他将相似解法用在这个设计中，除非那是权宜之计，也或许是为了要马上把房子盖出之故。"（Manson, 1958: 140）不管为何，基地情况并没影响到设计解答，这个例子证明他使用了先决模型。在此例中，相似的平面安排提供了造型结果的相似性。同样地，可以找到有好几个几乎主要的平面空间安排都相似的例子，如马丁住宅（Martin House, 1903）和霍纳住宅（Horner House, 1908），利投住宅（Little House, 1903）和巴顿住宅（1903）以及达芬波特住宅（Davenport House, 1901）和英格尔斯住宅（Ingalls House, 1909）等皆是（图5-1）。

另一个使用先决模型的例子就是赖特于1936年为约翰逊制蜡办公楼所发展的草菇形柱式。草菇形柱式的剖面原先于1931年为首都季刊报社大楼设计。在1950年中期，赖特将空间中充满草菇形大柱子的空间形态转成两个腹案。第一个腹案出现于1954年圣萨尔瓦多市的弗若恩得百货公司的最初草图中。第二例腹案则是1955年出现于加州圣马刁市为廉克特电力公司设计的可扩张篷形总部大楼。这些相同柱式设计答案的重复出现，确实是会在不同的设计中产生相似的（草菇影像）形体。

5.8.4.2 偏爱的造型使用

不同的设计者有不同的品位或偏好某些几何型。例如勒·柯布西耶（Le Corbusier）喜好自由曲线，弗兰克·盖里喜用自由有机体，约翰·波特曼（John Portman）设计凯悦旅馆（Hyatt Hotel）时喜欢圆柱体。在设计中使用某一特殊的造型会注定该建筑师的个人习性和气质。虽然这一个偏好会随时间而发生变化，但在一定时期中持续地使用相同的造型就是这位设计师风格的标志。例如，赖特在私下设计住宅期间（1889—1894）所用的多边形以及草原住宅期所用的低檐挑出屋顶，都是这两个时期中出现最明显的造型。

1. 多边形

最能解释使用偏爱造型会产生特别特征的情况，是20世纪初期赖特偏爱多边形的例子。根据曼森（1958）分析，多边形凸窗和多边形壁炉边是19世纪90年代赖特会重复用在平面设计中的特征。1889—1894年，当赖特还在阿德勒与苏利文建筑事务所工作时，他也在芝加哥郊外的橡树园地区设计了17个住宅（Storrer，1974）。通过研究赖特出版的这段时期他所设计的平面图（Manson，1958; Steiner，1982）和相片（Storrer，1974），学者发现多边形壁炉边用在下列三个设计案中: 赖特于1889年自己建的橡树园住宅，1892年的布洛森住宅（Blossom House）和1894年的贝格利住宅（Bagley House）。但在另一方面，最少有一个多边形凸窗出现在这17个设计（表5-2）的15个案里[①]。这88%的出现率，证明多边形

表5-2　赖特由1889到1894年设计的住宅

设计案	日期	凸窗位置	多边形元素	资料来源
橡树园住宅	1889	客厅，入口大厅		Manson，1958
L. 苏利文住宅	1890	显示在相片中		Storrer，1978
强黎夏日住宅	1890	显示在相片中	八边形窗沿	Storrer，1978
强黎住宅	1891	餐厅		Storrer，1978
麦克哈格住宅	1891	〈缺平面图数据〉		Storrer，1978
麦克阿瑟住宅	1892	餐厅，起居室，客厅	多边形窗沿	Manson，1958
布洛森住宅	1892	〈缺数据〉		Manson，1958
艾德蒙住宅	1892	接待室，客厅，阳台	多边形窗沿，屋顶	Manson，1958
T. 盖儿住宅	1892	客厅，餐厅	多边形屋顶，八边形窗沿	Steiner，1982
派克住宅	1892	客厅，餐厅	多边形屋顶，八边形窗沿	Steiner，1982
哈兰住宅	1892	图书室		Manson，1958
A. 苏利文住宅	1892	显示在相片中		Storrer，1978
W. 盖儿住宅	1893	客厅，楼梯间		Manson，1958
乌礼住宅	1893	起居室	多边形老虎窗，窗沿	Steiner，1982
温斯洛住宅	1893	客厅		Manson，1958
贝格利住宅	1894	餐厅	八边形图书室	Manson，1958
枸安住宅	1894	显示在相片中		Storrer，1978

（数据来源: Copyright Locke Science Publishing Company, Inc. 授权重印。表2，231页，Chan CS (1992) Exploring individual style through Wright's design. Journal of Architectural and Planning Research, 9(3):207-238）

---

① 1892年的布洛森住宅（Blossom House）是唯一的一个凸窗没有多边形的案例。另外一个麦克哈格住宅（MacHarg House，1891），因为缺乏可用数据，所以无法判定是否出现多边形凸窗。

凸窗是这个时期赖特的设计中明显的特征。赖特对多边形的嗜好在他随后的草原住宅期中也明显地连续出现过，虽然没用在每个设计案里。

2. 屋顶

几个早期的草原住宅中，赖特用了山形屋顶，例如葛莱德利住宅（Bradley House, 1900），一个多房的小屋案（A Small House with Lots of Room in It 1901），希考克斯住宅（Hickox House, 1900），福斯特住宅（Foster House, 1900），达芬波特住宅和黛娜住宅（Dana House , 1903）等。赖特于1910年写道："研究一下所绘的图可发现这些住宅享有三种相当亲近的相似属性：低四坡斜坡顶堆置呈金字塔状，或代表着安静的天际线带简单三角墙附长屋脊的低屋顶以及那些简单的平顶盖……在第二种形态中，贝格利住宅、希考克斯住宅、达芬波特住宅和黛娜住宅就是典型的代表。"（Wright, 1941）但低四坡山形屋顶附上宽大屋檐几乎出现在大部分的草原住宅中。这种屋顶最早的出现更可追溯到1893年的温斯洛住宅。曼森的研究说明："在温斯洛住宅中最重要的创新是它的屋顶。这里，明确地说，低而缓降带有宽屋檐的斜坡顶，变成草原住宅的主调，而且注定是草原住宅的外貌。"（Manson, 1958: 62）

赖特和其他学者都没解释它（低而缓降带有宽屋檐的斜坡顶）最早是如何被创出的。曼森（1958）则推测可能是来自于日本的传统屋顶建筑。同时也有推测说，屋顶中绝对没阁楼的解法，因而减低屋顶的高度，部分源于赖特对阁楼的反对。在他的自传中，赖特就表明住宅中不允许有阁楼和地下室（Wright, 1943）。不管其解释如何，在大部分住宅设计中重复应用相同的解法就标示了草原住宅的明显特征。这是另外一个例子，显示了重复用先决模型而立刻彰显出相似的造型是能够宣示一风格的，同时这也说明赖特在他的住宅设计中偏好特殊的屋顶造型，并且这个型也决定了他的个人风格。

曼森将赖特1889—1894年的五年期归类成他的"走私住宅设计"期。如果要鉴定这时期的赖特风格，则相对于草原住宅所用的低斜坡屋顶特征，他所偏好的型——多边形凸窗标示了最明显的特征。

3. 设计基模

赖特在草原住宅中所用的设计单元（或建筑计划）大都很相似。通常都有客厅、餐厅、厨房、佣人居间、2～3个卧室、1个接待室和1个图书室（有时也称为书房），或1个依业主的兴趣或要求而定的音乐室。同时也发现赖特的草原住宅会用相似的位置安排，主要空间的位置（包括客厅、餐厅、厨房、入口和佣人空间）安排几乎相似，同时空间的关系也有一定的规律。例如典型的赖特空间平面可形容是客厅在南，餐厅在西，厨房在北，佣人房在更北，而壁炉居中，东边留作入口。如果入口是平台梯道，那么一个T形平面就会形成。这里，平台被看成是负空间，开放而非圈闭。如果入口是阳台走道，或封闭而成一个接待厅，那么就会形成一个十字形平面。有时接待室或入口门厅会换成书房或图书室。在T形和十字形平面，餐厅和厨房是可替换的，典型的平面安排和地理位置可见图5-16。

在图5-16中，并不清楚赖特是否在这些案件中曾经重复相同的设计程序而达到相同的配置，或者赖特就是运用一些固定的空间安排"基模"（Schemata）腹案，所以每次在设计时，记忆中的这些腹案就被引发采用而生成相似的配置。"基模"（或称知识模式）这个词能适当解释许多现象。例如建物居中的壁炉和建筑基底（水台）都是草原住宅中不变的特征。这两个特色可以看成是两个持续采用的知识基模。赖特在他的著作中将壁炉参照为房子的心脏。在自传中，他也指出在做新设计时，他立意要"去掉阁楼、老虎窗，之后去掉不健康的地下室，而且绝对要在所有草原中的住宅都做到这些（Wright, 1943: 141）。他处理地下室的概念基模是将地下室从地下拿走，然后在其上面做整个房子生活空间的底座，让地下室变成地面上可见的低大理石平台（即水台），所以整个建筑就建在这个平台上（Wright, 1943）。

5.9　结论

本章所收集的例子说明了赖特的设计方式，证明了一些与设计有关的活动（限制、原则、方法和程序等）是如何影响一些共同特征的生成的，也因这些特征的存在而能定义一个个人风格。赖特的住宅及非住宅设计中的共同特征以及所造成的原因因素可总结于表5-3及表5-4。

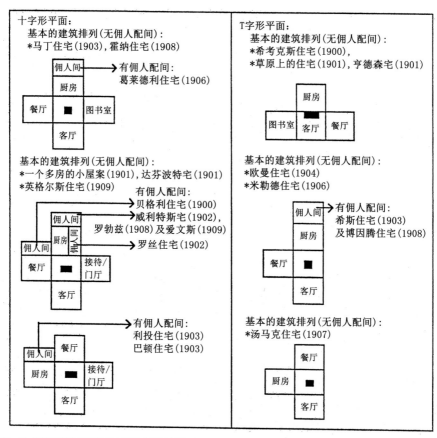

图5-16 赖特典型的地志形态之概论（数据来源: Copyright Locke Science Publishing Company, Inc.授权重印。图14, 232页, Chan CS (1992) Exploring individual style through Wright's design. Journal of Architectural and Planning Research, 9(3):207-238 ）

　　本章的个案研究基本上解释了以固定过程和持续不变的应用发生在设计过程中会引起相似产品的生成，同时也证明了一个产品就是一个过程的函数。产品中的造型是因过程中某一因素的运作而生成的，因此一个个人风格可以通过许多产品中共同的特征或许多设计过程中共同的操作因素来辨识。总而言之，本章发现及研究所收集到的证据说明赖特的草原风格可由下列元素定义。

　　（1）重复的低斜坡屋顶，一条带状竖铰链外推窗，阳台扶手顶盖，挑出的平台加上低扶手，连续的窗台线，连续的水台，对称的立面，植物花瓮，大体积的砖造壁炉和角块。

　　（2）重复的失落元素：地下室和阁楼。

　　（3）重复使用的固定设计限制（材料、尺度、建筑方法、清晰外显、对

表5-3　赖特草原住宅的共同特征

	共同特征	结果来自
平面	壁炉居中； 主要空间（窗厅、餐厅、厨房、入口）； 每一空间占据一轴线位置； 没有地下室，也没阁楼； 延伸墙，形成阳台和外庭； 平面上有一长而狭窄的主要造型	清晰外显（设计限制）
立面	挑出的山形屋顶或低分坡斜屋顶； 一条带状竖铰链窗； 住宅有一基座； 阳台扶手有顶盖； 水平元素（屋顶、墙、扶手、平台、阳台）	水平性（设计原则） 立面法则（设计方法）
墙	墙是帘幕； 连续的水平带在门窗上方环绕墙面	水平性（设计原则） 毁灭盒式（设计方法）
材料	大部分住宅是木饰镶以白色灰泥板； 橡木是主要材料	可塑性（设计原则） 材料（设计限制）

（数据来源：Copyright Locke Science Publishing Company, Inc.授权重印。表3，234页，Chan CS (1992) Exploring individual style through Wright's design.Journal of Architectural and Planning Research, 9(3):207-238）

表5-4　赖特三个非住宅设计的共同特征

	亚哈拉船俱乐部	拉金大楼	联合教堂	结果来自
平面	简单体块和长方体形	平面配置围绕着内庭，内庭位于正中，天窗采光	侧廊围绕着礼堂空间，大厅由天窗采光	基地情况（设计限制）（有烟空气和嘈杂基地）
	对称平面	对称平面	对称平面	对称平面
立面	平板屋顶外挑	平板屋顶	平板屋顶外挑	材料本质（设计原则）
	长条带状窗		长条如带状窗	
	连续窗台线	连续窗台线	连续窗台线	可塑性（设计原则）
	建筑位于延伸出的承重墙上		有一厚重底座	
	强势的水平特色（水平屋顶板面和长边墙）	垂直运动	垂直运动	水平/垂直（设计原则）
	厚重的角块	厚重的角块（砖造角楼梯塔）	厚重的角块（角落楼梯塔）	清晰外显（设计限制）防火逃生（设计限制）
材料		外部及内部都是砖造，楼地板和天花板是水泥	倒灌水泥	预算（设计限制）

（数据来源：Copyright Locke Science Publishing Company, Inc.授权重印。表4，234页，Chan CS (1992) Exploring individual style through Wright's design. Journal of Architectural and Planning Research, 9(3):207-238）

称和毁灭盒式）以及设计原则（简化、可塑性、水平性和连续性）。

（4）重复的设计方法，即格网系统及立面法则。

（5）重复的使用固定的设计程序（从设计大纲摘要开始到楼平面，剖面、立面，直到透视审视，如果有必要，再回到平面上）。

本章中的个案研究也发现在不同的建筑形态里，有些设计因素不变，但有些是改变的。例如格网系统、格子呢系统（设计方法）、清晰外显（限制）和程序次序（从平面到剖面再到立面）是不变的（住宅或非住宅设计）。但水平特色在两个非住宅案中改成垂直，于是设计中不同因素的运用就生成不同特征。但相同因素的重复（造成的力量），却会确定风格的生成。另一决定风格的因素是对某些几何形的偏爱，也能宣示一种风格。例如赖特对低斜屋顶，植物花瓮和住宅中有盖扶手的低阳台以及住宅及非住宅中成条的竖铰链外推窗的偏爱。他对这些元素的喜好也在型里明显透出。所有这些造型就十足地定义出赖特的个人设计气质和风格。也因为赖特有丰富的设计语言（包括型、方法和表达），并且固定地使用在不同的设计案中，他的作品显出的是强风格，即清晰、强势而且易认。

第6章　设计过程中风格的形成

一种风格可解释成一种文化符号，一种社会现象，一种产品标志或一种做事情的方式，从一个人或一个团队的努力中产生。前两章研究风格的方向是由有企图的结果外显的方向着手，本章转个角度由设计认知探讨个人风格是如何在设计过程中形成的。焦点特别集中在设计概念形成期，因为任一设计方案在设计结束和发包施工之前，概念期是整个造型形成的关键期，其目的是要探讨一种风格在设计过程中是如何发展成形的。基本的概念是基于下列前提，即"任一个人的风格是由一组共同特征决定，这组特征则由一系列运作设计信息的心智活动所创出"。如果设计产品确实享有许多共同的特征，那么设计过程中必定存在某些共同的过程，操作相似的信息，生成相似的特征，也因为生成的许多特征存在，该风格会被强烈地表达出，并且轻易地被辨认出。因此，产品中的共同特征数和过程中的相似运作因素应该可用来决定风格度，并且一种风格也可被"共同特征"和"共同运作因素"这两个函数定义和衡量。

顺着这个思潮，风格就可从辨识发生在设计过程中的因素这个角度来探讨。这个观念假设一种风格是一位设计师的特别专业化的做事方式，经由过程中一系列设计决策选择而彰显其设计表达的形式。在建筑设计里，做事的方式可看成某些做设计的程序方法。理论上，每一个设计都包含一系列的设计过程，每段过程可引喻成一段"部曲"（或剧本），每一部曲中都套用一些适合该部曲的设计方法，企图达成一个设计目标。这些设计方法可能包括操作心智影像产生造型（Downing, 1992; Chan, 1997)，沿用设计规则产生设计解答，或利用设计限制减少在记忆里寻找解答的心智负荷量等。这些基本的要素——心智影像、设计规则、设计限制和设计目标等，是用来做出可视产品的方法和手段。这些可视产品则是在概念设计期生成的、尚未定案的成品，也还带着某种程度的抽象性。至于型中所表现出的抽象程度，则由设计是否已达到细部考虑或离结案还有多久而定。型中的抽象性愈少，则表示愈多的细节特征已经被考虑到并产生出，同时出现在产品中更多的特征将提供更多宣告一种风格的机会。

如果由另一个执行运作的角度来看，设计师必定得走过许多程序，运用不同方法达到一些设计目的。如果设计方法是重复的，那么一些因素肯定会重复出现，遑论其不同的设计本质。也因为这些因素在不同的设计过程中重复运作而创出相似的特征，于是一种风格就诞生了。大量的相似过程肯定会产生大量的相似特征，而更强有力地表达出这种风格。这就界定了一种风格是设计过程函数的定义。如果设计过程中重复的因素能与其相关重复创出的特征被明确定义出，并且以科学方法验证，那么风格的认知原动力就可被证实。

为系统性地辩解上述观念，就必须用一些实证性研究方法加上分析性科学步骤，逐步地分析设计的过程。其中一个适当的研究分析法就是"原案口语分析法"。此法曾经被用来收集设计过程中的认知数据，并且分析收集的数据，发掘设计过程中所用的认知机制。这种分析法能更深入地探讨为何设计师在不同的设计中虽然努力解决所面临的不同设计问题，但仍然能产生相似的风格。依据此分析法，在本章讨论一个执业建筑师的个案分析例子，并借之深究风格的驱动力。

6.1　探讨设计过程的方法

原案口语分析法，发展于认知心理学，是一系列收集口语数据，系统化分析数据的步骤。此法用以研究寻找解答问题时所用的思考形态，或用来为研究"解决问题所用认知机制"下的理论假设作证明。事实上，运用口语数据研究设计中的认知现象，或者分析设计行为的种种方法已在一些出版的论文中被仔细谈过（Cross & Cross, 1995; Ericsson & Simon, 1996; Eastman, 2001; Chan, 1990a，2008）。同时，口语数据也被证明是能提供扎实的证据，说明观念成形的因果关系，同时解释孕生概念的心理现象（Dorst, 1995）。因此，如果使用原案口语分析法做研究设计过程的工具，那么在不同设计过程中重复出现的因素是极有可能被辨定的，也因此整个风格生成的故事应该可以被揭晓。

一个设计过程也可看成是处理信息的先后次序，或者是发生在设计师的脑海中为解设计而作的信息处理过程。因此，为了了解设计过程，对设计过程中的认知现象必须先要全盘了解，之后风格是如何生成的解释才能称得上有意义。为此，经由研究智能以及智能系统的方法，再配合由电算信息处理学（Information Processing Theory）处理智能行为的方向(Simon & Kaplan, 1989)，就能变成极为便利的学习方式。由电算信息的角度而言，这种研究方法是通过观察设计师的许多实际设计过程，辨认在产品中重复出现的特征，然后分隔出重复的因素来解释在制造这些特征背后所涉及的认知机制，以便标志产生的风格。

使用这种研究方法的最终目的是要发掘生成个人风格的机制，并观察这些机制是否会被重复使用，变成一种产生风格的力量。根据信息处理学理论，认知现象可能会因人而异，但个人的认知现象不会改变。换言之，在一位设计师长期设计生涯中的一小段时期里，所用的基本认知机制应该是恒定的，也因为不会改变多少，才足以称得上是这段时期中风格的生成力。因此，在一小段时期中，从设计师处所收集到的一组口语数据，应该适合于观察这段时期里能够宣告其风格的一般因素和特征状况。

6.2　生成风格的假设因素

基于风格是由显著的二维或三维实体对象（称为特征）由设计过程的运作而产生的理论假设，风格应该可被看成是发生在一个设计过程里某些因素的产品。建筑设计的过程是独特的思考过程，涉及逻辑理性运用、影像操作、二维或三维表征的使用以及许多心智活动，将设计师脑海中的造型实体化。一般而言，有两种说法可以阐明设计思考。第一，如果由信息科学的角度来看，解决设计问题是有逻辑性可描述的信息处理程序。第二，如果由美术的角度来看，设计是发展一件美术品，以直觉驱动将发生在设计师心中美丽的特色及造型创出。但是要使设计思考研究达到可信服的水平，就必须要全神集中，将精力放在考察心中的信息是如何被处理的关键上，这"心中"一词也曾被象征性描述为脑中不可见的黑盒子。

设计思考中所包含的信息有两种重要构件：①推动设计过程的设计知识和设计推理的"符号"表征[①]；②心智影像描绘设计造型的"肖像性"图形表征。在设计过程中，这两种信息元素会被有企图的掌握运作，以便达到一些设计目标，直到最终设计成品被设计师和业主接受，或被学生和教师双方接受才停止。因此，设计过程也可看成是有序执行一系列设计目标达到可接受答案的过程。这就是解决任何问题的基本特色。在这个过程里，一些因素也可看成是一种能将问题解答过程往前推的运作者，并看成是创出风格的推动力。因此，下列十个假设就顺次推出、依序描述。十个假设都与8个认知机制有关，细节请参阅本书第2章2.4.1至2.4.8节的认知机制及功能介绍。

6.2.1　对某些造型的个人偏好

设计师对某些基本形态可能有不同的品位或特别偏好，或者钟意某些过去曾经用过或创出的材料（Schapiro, 1962）。所谓的基本形态，是指用在设计组合中的几何形状或几何体。例如法国设计大师勒·柯布西耶在某些设计方案中就喜欢自由曲线，赖特在20世纪初期的草原住宅设计中也偏好多边形外推窗（Chan, 1992）。因此，在一个特殊时期中持续使用相似的基本造型就标示了这位设计师的风格。通常，不同的型会用来满足不同的功能要求。设计师也可以选择做事情的方法，方法结果也会反映在所用的型上。例如楼梯造型可以是方梯、长方梯、直梯、圆梯或半圆梯，如果半圆形楼梯一直被设计师选择使用（如纽约5人组派），则设计结果就会显出设计者的特质，也因其重复使用某种造型而表明一种风格的出现。虽然偏好会因时而变，但在同一时期，持续选用所偏好的造型就标明了这位设计者当时的设计风格。这个个人对型和材料偏好的重复性设定就是"假设一"。

---

①表征一词在第2章中已解释过。简言之，这表示用一套惯性俗例来描述一组事件。设计的知识表征是一套理性描述设计知识的俗例。这组惯性俗例可看成并描述成是存在脑海中一体系象征符号的网状结构，每个网状中的象征符号都有其属性，用来定义建筑物体或构件。

6.2.2　设计目标

一个设计目标是要实现一个特定设计课题的作业任务。不同的目标可以用来分别不同的设计时期，以便解释不同时期的设计活动。在设计目标中，设计师会寻找知识提供设计解答，或发掘储存在记忆中的设计案例作为灵感起源。潜在的可能答案是已存知识，也可能是由学习、实物操作或不同信息来源中所得并发展出的有特性的知识，至于在记忆中已存的先前解答，则可能是设计师在以前设计完成的案例中所产生的心智影像。

在设计里，思考过程通常是由逻辑推理或目标程序导引的。逻辑是理性推断，目标程序则不只设定了设计所用的策略，并同时反映出了设计师的一般设计法。不同设计师可能会有特殊的设计方法或策略来解决设计问题。如果一个设计师在不同设计案中一直使用相同逻辑和目标次序（或程序），则其产品将在结果中展示出某些相似性。只要一个设计策略的形态重复出现在设计中，一种风格即呈现。因此，"假设二"是目标程序，亦即设计策略，将产生一种风格。

6.2.3　设计限制

有经验的设计师会随时间和经历发展出丰富的个人做事或做设计的知识素材，这些知识素材可以说是一套行事的剧本、部曲或戏码[①]。但在不同设计期也只有部分的戏码素材会被用来达到不同的目标，也因此设定了不同的设计限制。如果设计限制是用来产生设计初期的设计解答，与许多设计单元相关联，并且始终在整个设计过程被持续地考虑，那么这就是一个总体限制（Global Constraint, 或全局限制）。根据已有的研究(Chan, 1990a)，总体限制一般出现在设计初期，因此对设计造型很早就埋设了限制，也因为总体限制是设计知识结构的一部分，由储存在记忆中知识戏码数据里回记找出的总体限制，也应该算是选择性行为的结果，并因而显示出风格。如有些选择是在决定储存数据于

①设计师有一大组由经验中累积出的知识存在脑中。一般而言，设计知识有两大组件：陈述性知识和程序性知识。陈述性知识是事实信息，而程序性知识则是动作或技术性的信息。基模是一种知识表征，内带有规则代表设计限制约束（细节请阅 2.4.2 节有关知识本质的介绍）。基模通常以生产系统的形式表达。一个生产系统是一组有次序的过程，称之为产品。每个产品包括一对"条件"和"动作"。条件部分包含了陈述性知识，而动作部分则有一组规则代表程序性知识。无论何时只要条件达到，动作就立刻会发生（Newell & Simon, 1972: 32-33）。在建筑设计某一设计期，只要从人类记忆中找出限制，就会运用附在限制中的规则，并且生成解答。

记忆作选择的时刻发生的，有些则是在回忆寻找时决定回记什么数据时而发生的，更有些是在成功回忆出一些限制之后作取舍决定时发生的。因此，"假设三"是对总体限制作选择时所作的决定产生了风格。

发生在设计早期的总体限制会对设计造型有深厚的影响，因为在设计中出现的所有总体限制的先后次序决定了设计师解决设计的方法及设计师探讨设计的方式。任一特殊限制的出现都时刻反映出它在问题中的重要性以及它对问题的必要性。如果设计师运用相同的总体限制并且存有相同的优先次序于许多问题中，这个次序不但决定了限制的选用，并且也成了风格的生成因素。由另一个角度来解释，一个设计可能考虑到多于一个的总体限制，它们被考虑到的先后次序就决定了结果造型的特性。因为一个设计问题有无限的解答途径①，每一途径都有可能得到一个最后解答，所以限制的设定会帮忙缩小在问题中寻找解答的工作负荷量，并间接地决定了答案的路径。如设计师在不同设计里始终使用相似的设计限制，并挂在特定的设计目标里，那么设计答案的路径将会显出一些相似性，并且产品也会有相似性存在。于是"假设四"就是相似的决定总体限制的先后优先次序将会产生相似的风格。

在另一方面，如果一个限制被用在一个特殊时期，针对少数设计单元而设，并解决局部性问题，则这个限制就被称为是局部限制。在设计里，每个目标期都有一组特定的设计限制被发展出，以便生成解答。设计答案的产生，是将限制设置于过程中，再在记忆中寻找相关的知识满足问题情况。当然，设计师必须寻找并且组合设计形体，以便满足一组设定的限制。虽然有些限制是业主要求并提供的，但设计师自己也必须提出个人限制以便组织问题，设出答案。更进一步，创出的解答也必须以另一组限制评估，以便决定最终的解答的可行性。因此，"假设五"是用来生成解答并评估解答的共同总体限制和局部限制是产生风格的因素。

---

①通常，设计问题对设计者而言，是有个问题开始的情况，称为起始状态。另外有一个当问题已被解决的目标状态。由起始状态到目标状态的解问题的过程，可以一系列的转换产生一系列的"问题状态"作模拟。所谓的问题状态，可解释成是在特别的状态下，设计者知道一组事情的智能状态，又称知识状态。设计师所能达到的所有知识状态（或问题状态）合起来就称为"问题空间"。由状态转到状态的许多不同途径称为路线。一个问题的解答线就是将问题由起始状态带到最后目标状态的游动路线（Chan，2008）。

设计限制在理论上而言定位于设计目标里，因为每个设计目标都有它自己特定的设计限制，例如用来发展平面的限制就和用来发展立面的限制不同。一旦用在设计过程中目标的次序被改变，就会影响到所界定的限制，最后影响到最终产品的造型。因此，"假设六"是维持目标的先后次序将会维持设计限制的先后考虑次序并且最终生成相同风格。简言之，目标次序和限制次序之间的互动会影响风格的形成。

设计限制的特性是其本身就是一群设计知识。它涵盖的知识包括：建筑单元间的空间关系、物理定律、建筑材料和结构特质、空间质量的要求、建筑持续性和有效应用能源等。储存在记忆中行事素材的设计知识是以团块（Chunk）的形式保留的（Miller, 1956; Simon, 1974; Larkin, et al, 1980），而设计限制是素材的一部分，因此设计限制的形式也可看成是群团块，内有知识和规则存在。设计规则是一种程序知识，告诉设计师如何执行设计事项。设计中的每一个设计单元都有一些限制依附可供应用，而且每个限制里都有一些执行方法满足此限制。如果设计师对相同设计单元使用相同规律，解决相似限制，那么解答将会产生某种程序的相似性，一种风格就会产生。因此，"假设七"是重复使用相同的限制和相同限制中的相同规律，将会产生相似解答，并且一种风格也由此生成。

6.2.4　数据搜寻的形态和次序

存在记忆中大量知识团块和心智影像的知识模式（基模），可比拟成是信息海洋，充满了丰富的数据项目。因此，在设计中寻找恰当并可应用的信息的过程，就构成了一个追求的款式，称为搜寻。搜寻的方式可以是寻找心智影像、设计规律、设计限制或设计目标的不同方式。当然，不同设计师也会有不同的搜寻式样。例如一些设计者会多依赖于寻找心智影像，而少依赖于设计推理；或反之亦然。因此，用于设计的搜寻式样就会影响到风格的生成。

心智搜寻的秩序（Simon, 1975）是设计过程中另一个决定风格的因素。设计师心中通常有一些程序决定第一个该考虑哪些设计单元（空间要求）、设计限制约束或设计目标。因为设计过程也被认为是满足设计约束的过程，所以第一个被考虑的单元将会满足一些特定的约束而产生第一个满意的解答。任一后续的考虑单元则将基于第一个解答，随之产生的也是满意的后续解答。因此，单元被考虑的先后次序将对后来衍生的最后解答有主要影响，并对最后的总造型产生最深厚的决定作用。于是，"假设八"是搜寻的秩序规律也是产生个人风格的驱动力。

6.2.5　先决模型

先决模型是由设计经历中发展而出的（Chan, 1990a）。在设计经历里，设计师通常先由设计约束开始，致力于运作一些程序而达成一件产品。在设计师后续的设计里，他或她也会复制自己已做出的产品，因此相同风格也就持续存在。例如曼森就指出，瓦瑟—巴顿住宅（1903）就是赖特用来解决将草原住宅设计放在狭窄基地和面对有限预算挑战的设计腹案的最好例子（Manson, 1958: 140）。因此，设计师会做出一个解答，并且重新用在后来设计中以便保存设计师的相同风格。因此，"假设九"是先决模型不只产生一种风格，也维持相同风格。

6.2.6　心智影像

心智影像（Mental Image, Chan, 1997）是另一个设计限制约束。设计师通常会在心中运作某些基本几何形的空间关系，并以图形或模型表达。换言之，设计草图一般会先在脑海里大致成形，之后再画于画板上。无论何时，建筑师面对设计问题时，他或她解问题首先的秩序是将潜在的解答可视化，亦即发展出一个不真实或不现存的心智影像。这是对一个实体造型的心智重现或仿造。贡布里希（Gombrich, 1960）解释过画家学画山的方法之一是到山里去看山。看山的程序是将山的型抽象化，然后就会发展出一个原型，再存在记忆中。这一原型不但是一个心智影像，也是画家对山的概念。基模（Schema, 或知识模式）这个词就用来描写存在记忆中的形象。基模的形成也造成可用的原型存在于记忆中，画家就可依记忆中的形象画他自己的山，当然山并不是某一特别的山，而是画家对山的概念。在画家的记忆中，可能存有成千成百的绘画原型形成巨大的数据库。相同地，在建筑设计领域中，建筑师也可能有丰富的建筑元素影像存在脑海中形成他的影像模式。这个概念就是"假设十"，即重复使用相同的影像会在设计产品中创出相似的特征，那么一种风格也就产生了。

6.3　实案研究

一系列的设计课题在下例以实验方式做出，以便证实所提出的十个产生风格的假设因素。由设计是解决问题的角度来看，设计课题是解决由设计概述[①]（Design Brief, 或设计大纲）所定义出的主要设计问题。例如简单的住宅设计大纲可包括特定的业主、特定基地、一组设计约束、一些特别的住宅使用以及一组特定的空间要求（或称设计单元）。改变任何要求都会产生一个新设计问题。但是，不管设计大纲有任何变动，上列所提的十个假设因素应该在不同设计过程中都保持不变，因而附带的认知因素也随之运作产生某些固定的建筑造型，而宣示一种风格。下列的实验就是有计划地改变设计大纲，测定设计过程中所存在生成个人风格的不变因素。

6.3.1　受测者

参与本实验的受测者曾经得过几个设计奖，设计作品也被登录于《建筑记录》（Architectural Record）季刊中，是位极有经验的成功建筑师。在这个实验进行时，他已执业25年，并在美国宾夕法尼亚州匹兹堡市开设建筑师事务所，掌管事务所中所有的设计活动。选取的受测者是由9名在匹兹堡市区开业的建筑师，并曾获得过最少两个建筑奖的提名。本实验受测者选取的过程是在名单上随机点出，经过面谈，并且立刻表明愿意参与的人选。因此，选取受测者的过程可看成是独立随机抽样（Random Selection）的方式。

6.3.2　实验课题及程序

本实验的运作方式被设计成在实验室的环境里模仿真正的设计活动。这个实验室中的设计工作环境，被安排成与一般建筑事务所或学校设计室做设计的情况相似。但本实验受测者喜欢用图纸和马克笔的绘草图方式做设计，自己带了绘图装备，包括不同笔尖尺寸的马克笔、比例尺和一套彩色铅笔到实验室。

[①]设计概述或设计纲要通常是明列设计要求，并说明要求的本质。本质可分类成业主的背景（社会、文化和经济类），建筑类型，设计问题（设计限制），基地要素（气候、外围关系脉络，或地理情况）以及空间要求（质量和质量要求）等。所谓"业主"或甲方一词，也应该包括大环境中或在复杂建筑中所有的建筑参与使用者。

实验者则提供黄色透明草图纸。

受测者被邀请做8个设计（称为8个阶段期）。在这8个阶段期中，设计问题有系统地被改变。五个定义问题的变量也被用来设定基本的问题结构。一个变量的改变就重新定义了一个新设计问题，如表6-1所示的1，3，4，5，6及7等6个阶段期。但第8期的变量，则完全相异于其他阶段期。目的是要完全改变定义问题的变量，形成新设计案，企图辨别出不同设计里存在于每个过程中不变的风格生成因素。

实验课题中基本的设计主题是一个简单的单栋卧室住宅，业主是一位年轻的单身男性教授。基地平坦（70英尺×110英尺）（21.34米×33.53米），南北走向，位于匹兹堡市区。基地隔街可看到一个景观公园，另外三边则有邻居住宅围绕（基地B，见图6-1）。冬天气候多雪，刮西南风，夏天则热潮，刮东北风。业主将投资70000美元，并期望看到公园的景观，而且要减低临街噪声。三个设计问题要素，即预算限制、视觉景观要求和噪声控制等是要求被考虑的。五个基本而且必要的设计单元包括客厅、餐厅、厨房、卧房和浴厕。这些设计大纲和要素就定义了这个设计最基本的问题结构，并且被第一个随机选来开始做第一个实验，以便去除偏差，所以这个实验课题被定名为实验第1阶期。

在第2阶期，基地被换成与阶期1所用相同大小的位于匹兹堡市郊区，北边有阿勒格尼河（Allegheny River）流过（图6-2中基地A）的基地。这个基地可由面对的街道进入，基地左右边有邻房。其他的设计要求保持与阶期1相同。阶期3则维持与阶期2相似的设计大纲，除了多加一个书房，并且预算增加到85000美元之外，其他相同。由第4阶期开始，每个阶期中只有一个情况改变（表6-1、表6-2）。例如在阶期4，设计约束被改成：私密、亲密空间、天窗采光以及140000美元的预算限制等。在阶期5，业主改为非常喜欢音乐的大公司退休主管。在阶期6，原来的业主坚持设计考虑的次序必须是按噪声控制、预算70000美元和看外面的视线等所定，目的是要探讨这位业主坚持的设计次序是否会改变建筑师的设计结果。在阶期7，基地的气候改成类似于西雅图地区的温暖气候区，冬天没有寒雪，夏天则温暖而不太热，冬季风向来自南方，夏季风向则来自北方。

表6-1　设计阶段的系统化改变（A，B，C和D代表不同的变量值）

阶期	业主	基地	气候	设计单元	设计考虑	预算	结果
#1	A	B	A	A	A	A	答案A
#2	A	A	A	A	A	A	答案B
#3	A	A	A	B	A	B	答案C
#4	A	A	A	A	B	C	答案D
#5	B	A	A	A	A	A	答案B
#6	A	A	A	A	A+	A	答案B
#7	A	A	B	A	A	A	答案B
#8	C	C	C	C	C	D	答案E

表6-2　八个设计阶段的简表

阶期1
业主：一单身男性教授
基地：B在匹兹堡市区
气候：匹兹堡市气候
设计单元：卧室、客厅、餐厅、厨房、浴厕
预计因素：噪声、视线、花费极限
预算：$70000

阶期2
业主：一单身男性教授
基地：A在河边
气候：匹兹堡市气候
设计单元：卧室、客厅、餐厅、厨房、浴厕
设计因素：噪声、视线、最大花费
预算：$70000

阶期3
业主：一单身男性教授
基地：A在河边
气候：匹兹堡市气候
设计单元：卧室、客厅、餐厅、厨房、浴厕以及书房
设计因素：噪声、视线、花费极限
预算：$85000

阶期4
业主：一单身男性教授
基地：A在河边
气候：匹兹堡市气候
设计单元：卧室、客厅、餐厅、厨房、浴厕
设计因素：私密、亲密空间、天窗采光以及花费极限
预算：$140000

阶期5
业主：一退休公司主管
基地：A在河边
气候：匹兹堡市气候
设计单元：卧室、客厅、餐厅、厨房、浴厕
设计因素：噪声、视线、花费极限
预算：$70000

阶期6
业主：一单身男性教授
基地：A在河边
气候：匹兹堡市气候
设计单元：卧室、客厅、餐厅、厨房、浴厕
有次序的设计约束：减低噪声，$70000预算限制，视线景观

阶期7
业主：一单身男性教授
基地：A在河边
气候：西雅图市气候
设计单元：卧室、客厅、餐厅、厨房、浴厕
设计因素：噪声、视线、花费极限
预算：$70000

阶期8
业主：一对中年夫妇
基地：C在康涅狄格州
气候：康涅狄格州气候
设计单元：双卧室、客厅、餐厅、厨房、浴厕、书房、工作室、车库
设计因素：最大花费极限、开放和阳光充足的内部空间
预算：$300000

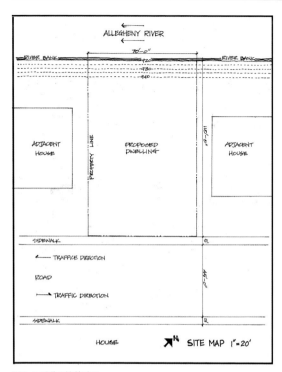

图6-1 阶期1的基地B

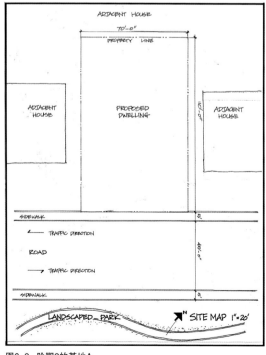

图6-2 阶期2的基地A

在阶期8，整套设计变量更新。新业主是一对中年夫妇，儿子住在另一个城市。这对夫妇好客，喜欢招待客人，偶尔在晚上会邀请朋友聚餐社交。先生是个电影制片家，太太是位有名的水彩画家。基地（89英尺×95英尺，合27.13米×28.96米）位于康涅狄格州的西南郊区，基地是一缓坡山丘，东北边是枫树林（图6-3的基地C）。基地的左右边有几棵枫树，并可俯览南方远处的小镇。业主将投资300000美元，并且希望有餐厅、厨房、二卧室、浴厕、一个书房、一个专业画室以及两个车位车房等。

所有这8个设计阶期都是以住宅类型为主，以避免巨大的设计方法改变。

在实验开始前，参与者先被告知每个设计阶期都是各自独立的设计单元，建筑师也被期望依照他们自己的惯例手法做设计。这8个阶期是选在不同的时间完成的，

以期减少相互学习沿用的效
果。每个阶段的进行程序相
似。首先，会发给建筑师一
个设计大纲，然后建筑师开
始以笔和纸的方法做设计，
并且被要求将整个设计过程
的思路口语化。发出的设计
大纲中的数据也被减低到最
小量，希望在这个实验里找
出设计师做设计时，会用到
哪些和何种设计信息。参与
者并不被鼓励询问问题，但
期望他们自己对一些设计因
素作假设。在每一阶段的最
后完成时刻，参与者被要求

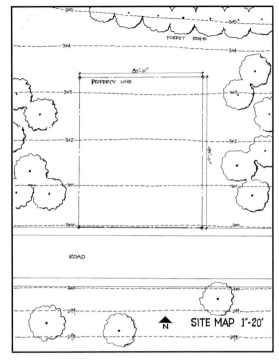

图6-3　阶期8的基地C

完成设计作品，画出平面图、基地图和立面图。整个过程由两架摄影机拍录，
一架摄影机架立在正面上方，以拍取整个画面；另一架摄影机设在侧旁，集中
于草图细部。设计过程也没有时间限制，但参与者平均花费5个小时完成一个
设计。设计数据由收集每个设计的"原案口语"[1]得出。

6.4　实验结果

　　建筑师花2个月时间完成8个设计阶段案。如表6-1所示，在阶期1，2，3，
4和8中有五套设计图完成，但因为录像带故障失音之故，阶期3的图并没被考
虑使用，因为录像带故障失音之故，四套图（1，2，4，8）被用作数据分析。
下面将这8个阶期中所发生的设计活动作一简短描述。

---

[1]实验中非常重要的课题是需要收集到参与实验的设计师的充分设计思考数据，包括做设计时所运
用的设计信息以及如何处理这些信息。方法是用高效率的"口语说出行为"当作原始数据，称为原
案口语。过程是要求并指导设计者在做解决设计问题思考时，以口语说出他所有思考的细节。

（1）阶期1：在五个半小时里，建筑师完成这个设计，并且评估设计结果（称解答方案A），认为是满意的作品（图6-4）。

（2）阶期2：虽然基地已更改，但建筑师回记设计阶期1所做出的解答A，并再度用这个方案。他的策略是配合方案A修改基地平面。做了一个半小时之后，他发现他已陷入沿用方案A的困境，于是决定休息一阵再做设计。他的策略是无论何时，陷入困境时，他会离开绘图桌，过一段时间冷静后再回绘图桌。一周之后，他回到绘图桌继续设计，而且重新发展出另一个全新方案B（图6-5）。方案B中前院安排一矩阵橡木树林（见图6-5平面及立面素描），车道以45°切入到露天停车位，以步道连到正门入口。后院阳台设楼梯下到河边。

（3）阶期3：在这一期，书房被加到五个设计单元中。建筑师回记阶期2的方案B，做了一些修改，并将书房套入方案B的结构中。三个小时后所完成的方案C是在客厅下部多加一地下层用作书房（图6-6）。下层可由位于东边平面尽头的螺旋梯通达。这个解法从结构、机能和基地考虑等因素方面而言，与前一解法方案配合得相当优雅完整。建筑师称此解法不必在平面及立面上做重大

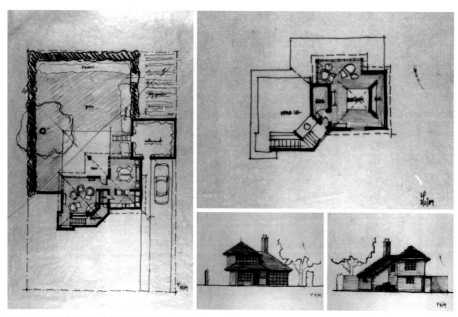

图6-4　阶期1的平面和立面图（数据来源：取自Design Studies, 22(4), Chan CS, An examination of the forces that generate a style. 图3, 332页, Copyright (2001), Elsevier授权重印）

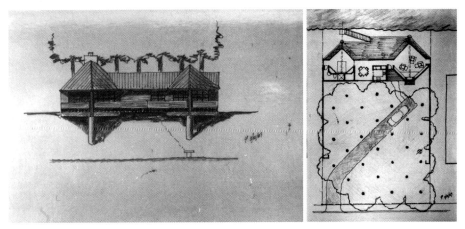

图6-5　阶期2的平面和立面图（数据来源：取自Design Studies, 22(4), Chan CS, An examination of the forces that generate a style. 图2, 331页, Copyright (2001), Elsevier授权重印）

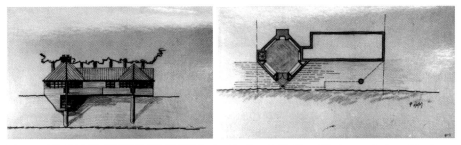

图6-6　阶期3的平面和立面图（数据来源：取自Design Studies, 22(4), Chan CS, An examination of the forces that generate a style. 图6, 336页, Copyright (2001), Elsevier授权重印）

改变，是阶期2的一套修建设计方案，并且涉及甚多的建筑专业细部考虑。不幸的是，本期前面两个小时的实验，由于录像收音的控制主机故障，使得一套录像带失去音响效果，而无法用作数据分析。因此，在随后的实验中，立即在实验室中架设一架额外的录音机专作音响录音，以防意外事件再度发生。

（4）阶期4：在这个阶期，建筑师先工作两个小时，直到做出一个概念草图。由于体力不支，他决定一周后回来继续对这个概念图加工修正。在后续的期间里，他又花三个小时完成整个设计，称之为方案D（图6-7）。

（5）阶期5：在这个阶期，设计案的业主被改成喜爱音乐的退休公司主管。建筑师回记阶期2做出的方案B，并将该解答和本案的设计要求作比对。他指出，方案B可配得上这位新业主，特别是方案B里客厅中南边墙上的书架，也可用来储放新业主的音乐器材。因此，经过20分钟的分析评估和思考，他决定不做新设计，沿用方案B。在口语数据中，他如此说道："我看不出有任何不同。""这些房间会相似，那位业主（方案B）与这位老先生唯一的不同的不是书，而是音乐嗜好。他已退休，所以他会花些时间留在这个住宅中，但音乐是他所爱的，同时他要景观视线，这就是他的世界……[1]他会从另外的业主手中买下这栋房子，对，他必得买下我们在阶期2中替那位教授设计的房子。"

（6）阶期6：设计因素的考虑次序在这个阶段中被强制了。建筑师以所给的设计限制先后次序来评估方案B，并指出该方案能满足所要求的新设计限

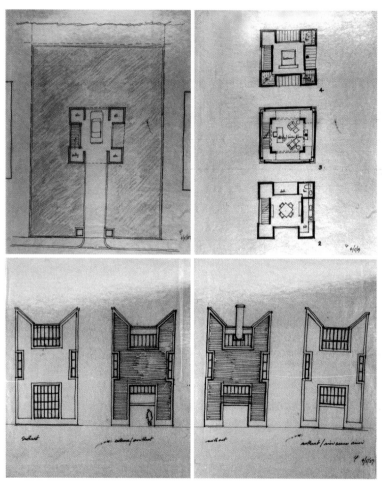

图6-7　阶期4的平面和立面图（数据来源：取自Design Studies, 22(4), Chan CS, An examination of the forces that generate a style. 图4, 333页, Copyright (2001), Elsevier授权重印）

---

[1]引述受测者的口语数据中的点号"……"代表受测者说出前后两个句子的相隔时差长于三秒钟。这个时差是口语停顿时期，代表受测者在"短程记忆"中运作认知、所需要的标准（或最短）搜寻时间（Chan，1997）。本章中收载的口语数据都是直译原条的口语资料，没经任何修饰。目的是让读者有机会捕捉数据的特色，体会思考过程中思路变化的敏捷和离散。

制。他的讲评是，如果这个阶期是第一个要做的，他可能会做出完全不同的设计案，但在这个阶段，他已经没有足够的动机做新的设计。这个阶段因此停止。口语数据显出："这和阶期2的设计大纲因素相似，除了一些……房间吗是相同[1]，这（基地）也相同。唯一的事情，业主在这里说的……而且预算相同，也要求有景观，所有要做的也只是优先排列噪声，预算限制和视线而已。""哦，我可能会回到这相同的概念（方案B），并且说……他所能做的是回来说他要优先安排三个设计因素，但我不确定这会如何改变这（B）方案。"

（7）阶期7：气候环境在这个设计中是相异的，同时吹到基地上的风向来自不同方位。但建筑师仍然回想到方案B，并评估分析相对于解答上的设计要求。他指出该解答和新要求完全没有任何冲突。因此，没有新设计解答产生。建筑师说："我不认为任何主要气候的数据会对这房子（解答方案B）产生明显不同的方位排列。我不觉得会。""唯一在这里能够想到的是……如果你真正在这里想要做个非常精锐复杂的遮阳系统，那你可能会在这挑出的窗板上做些修改（在北边阳台上）。没别的。"

（8）阶期8：建筑师对这全然不同的设计问题感到十分兴奋。他花了四个小时发展出一个新设计方案E（图6-8）。

分析收集的口语数据的方法是从目标导引的角度看设计过程，以设计的目标方向来作数据分析，亦即在过程中的"事件"是先后依序发生，每个事件都有一些要完成某些设计意图的目标。这个分析方法就如其他论文（Newell & Simon, 1972; Chan, 1990a, 1990b, 2008）所讨论的，具备下列的程序步骤。首先，建筑师的口语数据会被转换成文字格式，然后把这些文字记录依完成每个"设计目标"的行为模式作段落区分，之后隔离这些目标的数据，再分出目标里连续的部曲单元。分辨口语数据中完成每个"设计目标"的方法，是由追踪解答一个设计单元的系列动作所得，要完成的设计单元可能是设计大纲中所列

---

[1] 受测者有时说出的语句前后不连贯，表示突然的思想改变在那时发生，这是因为思考速度极快，当念头一闪，思路方向转变时，口语无法顾及说明转换刹那的事态，但还着跟着说出当时的思想运作，反映当时的实况。即使受测者知道当时的改变情况，但在思考快速反应时间的局限下，是无法也不能同时同步解释转变的原因。也因此，口语数据有时无法透明得适当反映转换的原因、动机和逻辑。

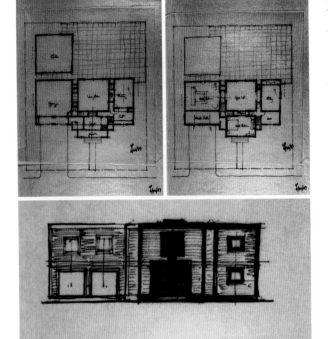

建筑物的要求空间。另一个辨别"设计目标"的方法是分辨口语中一些特别明朗的意图，在这些意图里，一群设计单元或一个特定单元是被考虑解答的主题。之后，整个过程的文字记录就依"生产系统"的"逻辑格式"（Newell, 1973; Valkenburg & Dorst, 1998）化成特别符码代表解决设计单元所运用的知识。这整个方法可：①辨识出在某一特定目标中解决某一特定问题时所应用的设

图6-8　阶期8的平面和立面图（数据来源：取自Design Studies, 22(4), Chan CS, An examination of the forces that generate a style. 图5, 334页, Copyright (2001), Elsevier授权重印）

计限制；②探测建筑师所用的"程序性知识"和"陈述性知识"；③科学化地发掘过程中产生共同特征的认知元素，并分辨这些元素是否会跨越出现在不同的设计阶期里。详细的方法已在《设计认知》一书中介绍过（Chan, 2008），过程则将在下列数节逐段说明。

6.5　资料分析

就如本章6.2节所定义的，重复的现象是本书风格理论中假设的前提，即风格是因为过程里重复出现的认知因素而产生产品中相似的特征。在分析实验数据的结果中也显示，产品的设计里确实是有一些重复出现的情况，并且出现在整个过程里，包括相似特征、设计程序、限制约束、先决模型和心智影像等。

6.5.1　产品中重复出现的特征

经过仔细研读实验结果中由受测者做出的立面和平面图后，确实发现阶期1，2，4和8中有共同特征存在，并列于表6-3。这些共同特征并没均匀分布于四个设计阶期案里，但由表中分布可见风格的"相似程度"这个现象存在。例如立面中水平的外墙面板全部出现在四个设计里，但一个特征不足够代表一种风格，所以这四个设计的结果在风格上不能说是全部十足相似。或者说这个建筑师的风格在这个草图设计时期，是不够强烈的表现在四个立面中的。如将衡量风格相似性的公式（见第4章4.3.1.3节中相似度量的解释）套用在数据资料里，可发现阶期1和2相比的相似性是5，和其他阶期相比则是-3和-5，于是阶期1和2比较的结论是这两者有较强的相似性。但阶期8与阶期1及2都只共享一项共同特征，也因此阶期8的设计成品与其他两个设计产品不相像。

表6-3　在四个设计中出现的共同特征表

特征	阶期			
	1	2	4	8
立面图				
外墙水平面板	+	+	+	+
格状式样全高开窗	+	+	+	
双坡斜屋顶	+	+	−	
外显柱式	+	+	−	
砖造烟囱	+	+	−	
圆形金属烟囱	−	−	+	+
外墙角块	−	−	+	+
与阶期1的相似性		5-0-0=5	2-3-2=−3	1-4-2=−5
平面图				
卧室中有背后走道围绕的衣橱		+	+	
厨房水槽面对窗口角窗	+	+	+	
楼梯围绕着额厅	+	+	+	
入口在厨房边	+	−	+	+
转角壁炉	+	+	−	
封闭内庭	+	−	+	
厨房在客厅之前并以视线贯串相能	+	−	+	+
天窗	−	−	+	+
对称	−	+	+	+
与阶阶期1的相似性		5-3-1=1	4-4-2=−2	6-2-2=2

少量共同特征的情况也同样出现在平面图里。四个设计中的平面只有两项共同特征被互享。如表6-3所示，任何两个设计中共享的共同特征数在-2到2之间，算是偏低。再用相似性公式衡量每阶期间平面图设计的相似性，结果并不显示有较强的风格趋势。例如将阶期1和2、4及8作比较，相似性分数各自是1，-2和2。如果和赖特草原风格的相似性分数相比，这位建筑师在实验中的风格，在平面及立面中的特征表达性不够强烈，因此被归类成是一个弱风格。弱风格之意不在互享特征的质而在其量。

6.5.2　重复使用设计目标和程序的观察

在组织安排口语数据作数据分析时，口语数据一般是被组织成小组的数据团，代表达成某些设计目标的一群动作。同样地，一个设计过程可以被分解成几个和目标相对应的阶段。至于一团口语数据中涉及要达到的目标，则是由设计师口语中叙说的一个声明或一个句子，配上随后相关的动作定出。有时一个目标在口语中没被明确地叙说出，但可由相关连续动作的意图作分别和由所做出的事件进行判断。通常，所完成的事项和相关配合的连续动作，可在编码或安排数据中整合成一个部曲代表一个达成此过程的目标。这种整合数据并化成部曲的方法，可由下面例子作说明。

例如在阶期1的过程中，建筑师曾说："唔……这样，让我们看看有什么已经解决的。我想如果我们有个平面组成，那就会很理想。"这个声明指出即将出现的下一个目标是要做个平面设计组织。在声明说出之前，这位建筑师正在作基地草图，期望达到一个完善的基地计划。当这个声明说出后，建筑师随即开始发展初期的平面计划。于是，目标声明以及随后的动作（由口语数据中判断）就构成一个部曲，定名为"平面发展期"，这个名称也适当地描写了所要完成的设计课题。在其他的设计阶期或设计案中，只要有任何部曲是执行相似的发展平面图活动，就会被定名为相同的执行目标名称。这就解释了数据分析中所用的整合目标及分辨目标的分析法。

设计目标的先后次序，事实上，足够反映一位设计师经营设计的过程，企图达成设计的策略。没有如此的目标次序，一个设计可能无法有效地推展，并达到一个满意的解答境界。在课堂上，教授通常会在同一门设计课里教同样的设计方法，但学生最后必定会发展出自己的方法，也必然与老师或同学的方法不尽相同。无论个人设计有何不同，一位设计师在不同情况下肯定会有不同策略可用。经过多年的执业后，有经验的建筑师也会对某些特别的建筑形态设计，发展出一些特别的固定常规，而且一套固定的惯例会逐渐成形并演用。

例如在阶期1"决定建筑物大小"的部曲中所完成的课题包括：①设立几个假设，决定开发基地的预算费用，并根据给予的经费限制，决定建筑施工法；②设立假设，决定每平方英尺（1平方英尺=0.093平方米）的平均单位（施工加材料）费用；③将甲方给予的经费预算扣除基地施工费后除以上述单位费用，得出在这个经费下可以建出的估计面积；④依算出的总面积大小，再细分可能的单元去决定房间大小。整个方法程序显示出有策略的次序出现在阶期4及8中。于是，在阶期4及8中相似的部曲也就一起被定名为"决定建筑物大小期"。图6-9及图6-10两个图解就用此法标示过程。图中每个方格代表时期（或程序，或部曲），格中所用到（或辨识出）的设计约束限制，也同时列于图中方格旁。因为一个部曲代表一些集中的努力完成一特定的课题，于是部曲的过程就反映出做设计的一般方法。依次观察，本实验建筑师被发现有一个标准的常规，代表他的一般设计方法，出现在四个设计中。

简而言之，建筑师的策略是首先了解基地的要素和设计问题。然后，基于他浏览基地图所收集到的视觉数据，以表格形式成立一组重要的设计限制，并注明于图纸上。表格上成组的限制，可看成是总体限制（或全局约束）。随后，就发展出一个针对解决所有总体限制的"语意解答"①（Semantic Solution）。此后，这位建筑师针对这个"语意解答"决定平均每平方英尺单位施工费用，再由此费用进一步决定全部楼地板面积（尺寸）和房间大小。

随之，根据解决所有设计限制的"语意解答"，建筑师再配合对基地的考虑，进一步发展出几何图形的设计纲要，用之作为随后的设计方针。再其次，所做出的图形纲要会经过几次调适，将图形纲要做系列的修正，做出几个选择方案，再选取其中一个满意的作为最后可用的案例。经过评估各项选择方案

---

①语意解答一词指的是非常抽象而且大部分是以口语表达的初步设计解答。受测者在实验中永远是发展出第一个原案形式的总体建筑想法（解法），并用这整体概念控制所有定下的设计考虑。在这个时期产生的解法大都非常有弹性，有语义结构，而且有很开放的特色。

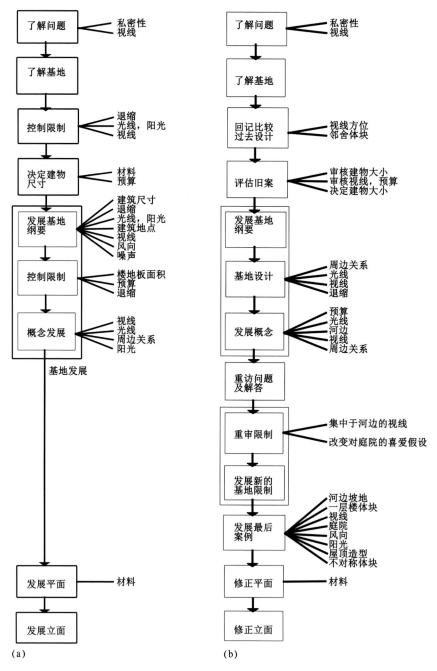

图6-9 设计阶段1（a）及2（b）的设计目标及程序（数据来源：Copyright Pion Limited, London授权重印. 图5, 403页. Chan CS (1993) How an individual style is generated. Environment & Planning B, Planning & Design, 20(4): 391–423, Websites: www.pion.co.uk, www.envplan.com）

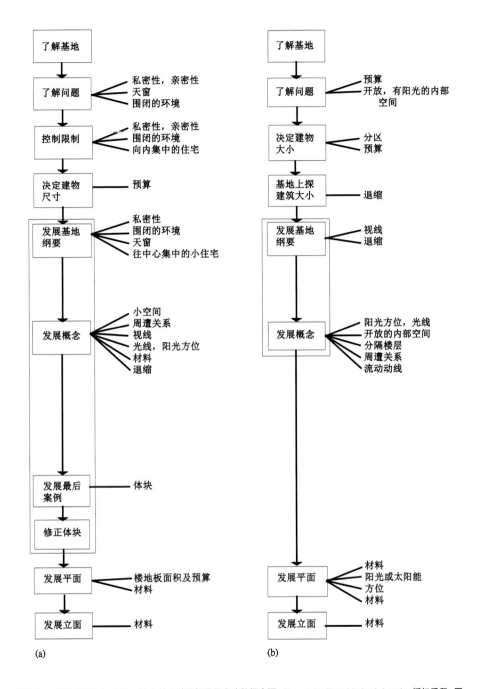

(a)　　　　　　　　　　　　　　(b)

图6-10　设计阶期4（a）及8（b）的设计目标及程序（数据来源: Copyright Pion Limited, London授权重印. 图 6, 404页. Chan CS (1993) How an individual style is generated. Environment & Planning B, Planning & Design, 20(4): 391–423, Websites: www.pion.co.uk, www.envplan.com）

后，最后的设计案也终于通过对系列的平面和立面图的修改，而达到最后的总结。这些系列的设计目标及在四个设计阶段中显示的特定程序可化成一个大概的程序并显示于图6-11中，图6-11也可以说是这位建筑师所采取的设计方法。图6-11里，基地大纲和概念发展两期可由综合的角度归纳，化成基地规划的大程序期，并将此大程序期定名为"基地发展期"。

6.5.3 设计中重复使用的限制约束

口语数据也显示有数个总体限制在实验过程中被重复用来生成并评估设计解答。这些总体限制包括：阳光/光线，视线，周遭关系和预算等。其中，"阳光/光线限制"（Sunshine/Light Constraint）决定房间的布局方位。例如在阶期1中，这个因素在设计早期就在邻近客厅的外部创出了一个室外空间（在建筑物大小以及建筑费用决定之前）；在阶期2中，这个因素决定了客厅和卧室的几何安排；在阶期8中，它安排了画室的位置。所有这些相似的思考活动都发生在"概念发展"的相同时期（图6-9及图6-10）。尤有甚者，在阶期1的"概念发展"末期，阳光/光线限制，同样也是决定客厅、餐厅以及厨房位置的主要限制因素。这些例子说明，阳光/光线限制在居住单元的空间安排上是一个重要因素。也因此，内部空间布局在方位上确实互享了一些相似性。其他被重复使用的设计限制则解说于下。

"视线限制"（View Constraint）是一个相当特别的约束，因为它为设计单元，如厨房、餐厅和客厅等提供了向内庭看去的视角，并且设定一个由厨房经过餐厅通到室外庭院中可视物体的视线途径。例如视线限制在阶期1及8中用来生成最后的设计案，并且在阶期4中创出两个选择方案作决定之用。所有这些解答都有一个隐闭私密内庭位于建筑后院的共同特征。尤其视线这一

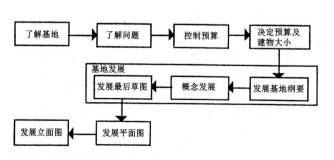

图6-11 用于四个阶段中的一般设计方法（数据来源: Copyright Pion Limited, London授权重印. 图7, 405页. Chan CS (1993) How an individual style is generated. Environment & Planning B, Planning & Design, 20(4): 391–423, Websites: www.pion.co.uk, www.envplan.com）

限制合并阳光/光线限制，于阶期案1，4及8中联合生成一个合成特征，即客厅和餐厅都位于建筑的背面，提供视线到达后院内庭。相同地，口语数据也显示出视线和阳光/光线两个限制共同决定阶期案1，4，8以及2早期设计概念草图中厨房的东南位置安排（参见下列推测规则所附列的口语数据）。于是厨房的几何位置在阶期1，4及8的最终案中有相似的设计结果出现。

"周遭关系限制"（Context Constraint）指的是建筑物间的脉络关系，也就是所要设计的建筑物和其周遭邻近建筑之间的脉络关系。在设计早期，这个限制用了离街道线退缩25英尺（7.62米）和由地界线退缩5英尺（1.52米）的方式决定建筑在基地图上的位置，并且也在阶期案1，2及4中生成设计解答。例如在阶期2中，建筑师说："我想这些邻栋建筑的体块结构也碰巧只是一个假设吧。但我想是有道理的。嗯……我不以为这里会有25英尺×25英尺（7.62米×7.62米）的正方形这种齐正边线的房子。这不是普通老匹兹堡平凡的大四方形住宅。所以，我大概不要把房子放在这里，与这些房子所在的地方并作一处，因为这会看起来很奇怪，而且在外观上被这些房子压倒。事实上，我所要做的是……建个远远放在背后边上的房子，接近基地边缘，所以它会真正充分利用到景观。"

在阶期案2，4和8中，"周遭关系限制"也同样被用来评估临时的设计解答。例如在阶期2中，这个限制用来评估可用的选择方案之一。这个方案是将住宅定位在河边，由一长条车道通达，客厅在左，厨房在右。建筑师指出，因为邻近房子位置也都靠近河边，并且小房子的尺度会被这些邻舍尺寸压倒，所以这个设计解法后来就被放弃了。他解释道："当然这里另外还有个问题。哇！这个一层楼高的小客厅坐在这巨大块头的邻栋建筑旁边（是不合适的），问题是这些大房子也都靠在这个河边的悬崖边上（阶期2）。"

在阶期4中，"周遭关系限制"则用于评估最后的方案。建筑师说道："我猜我正在想的是怎么能将这个房子并排和这些大房子放在一起（画出邻舍的透视图）。我说的是这个房子是会坐在这些大建筑之间。那么这个小房子会在这儿（画出这小房子），另外一个大房子就在它边上（画另外一个邻舍）。所以……而且……这车道，它看起来就像是个小玩具在这儿，同时这种……嗯，所以，我想我必须要做的是拣起目前我所有（所面对）的，也就是试着经由平面，解决这个体块问题。"

在阶期8中，做出可选择的解答方案之一的是U字形体块，这个方案占据了基地全部的宽度，而且画室是放在车库上部。建筑师评论这个解答，说道："因为我不清楚你要不要这个（房子）相当靠近地界线？可能哦！这意味着将会有别人盖个房子，也像这个房子一样相当靠近地界线。"这些例子证实了在这些阶期设计案中，决定与其他建筑物关系的周遭限制，持续地被用来生成解答，并且也被用来审核解答。

最后，被用到的设计限制是"预算限制"，这个限制显示出一个特别的计算面积的方法，亦即把设计题目所给的成本预算除以每平方英尺单位的平均价格，得出大约的建物尺寸、房间大小以及所能用的建筑材料等。至于所用的方法，已在前节中作了详细介绍。但毕竟考虑"预算限制"的程序也代表了一个策略程序，用在阶期案4及8中。

在另一方面，也在口语数据中发现一组"局部限制"重复出现在四个阶期案中。这组限制被用到的机会很少。局部限制是指这些限制只用在局部设计，对总体设计没有显著的影响。这组局部限制包括视线和材料同时出现在设计平面期和修正立面期（图6-9和图6-10）。视线用来决定窗户位置和大小以及厨房和餐厅的关系。材料则用来决定烟囱和壁炉的形状。例如在阶期1及2中，建筑师选择用砖，所以做出一个厚重长方形砖造烟囱；在阶期4和8中，改用金属，因此做出圆形管状烟囱。同样地，材料的考虑也被用来决定庭院中地面材质。例如在阶期1中，建筑师说道："在内院的花园中，没别的，只有石造踏脚板铺在院里，而这也就是这个小院中所有的铺材。"在阶期2中，他指出："可能有一些踏脚石用来连到这儿（入口），或这条通道。"

实验中收集到的数据也说明这位建筑师在使用设计限制时，确实有些明确的规则存在于设计限制中。例如光线的限制有上午光和下午光两个单元。上午光被用在：①阶期1决定厨房位于基地东南角；②在阶期2，将厨房放在基地的东南角方位，而且之后在同一阶期里用来考验卧室的解法；③在阶期8，用来决定画室的位置。至于下午光则用于阶期案2，生成挑出檐边遮阳板，并测定客厅的解答可行法。相关的口语被选择性地挑出整理细列于下，连带的规则也化成公式列于表6-4作为参考。

（1）在阶期1，由表6-4中的规则1生成一个答案："但这是个厨房，你可看到有人进来，也可看到院子和花园，并且在早晨还有阳光透进来。"

（2）在阶期2，由规则1，3和5生成一个答案："或者这房子在这边（厨房）可得到一些早晨阳光。所以这就是为什么厨房的位置是放在房子的东边。"

（3）在阶期2，以规则1及6用来评估测定一解答："这卧室可放在小小空间里，但却没法得到任何早晨的阳光。嗯，是没法得到任何早上的太阳光。"

（4）在阶期8，由规则1及2生成一个解答："哦，我猜这画室的位置事实上应该是由这位艺术家是否喜欢有早上的光线而决定的。如果你把它放在这儿（基地西边），那儿（侧边）会有（东边）早晨光线，当然就能给她一些早上的光线，而且也会有些下午的光线（由西边）射进来……我将假设她不会在（别处）工作，而喜欢在这儿（基地点上）逗留，这里她会得到早上东边光线，可能也要作些天窗在（上边）这里（靠房间的南边），在白天给她一点什

表6-4　在阳光/光线约束限制基模中推测出的规则

光线基模：
〈光线〉（〈X〉）
规则1：　如果　〈光线-来源〉=早晨光线/太阳
　　　　　则　　〈开窗-位置〉=东边立面
　　　　　　　　以及　由〈光线-来源〉到〈开窗-位置〉的轴线是不能被截断
规则2：　如果　〈光线-来源〉=冬天下午光线/太阳
　　　　　则　　〈开窗-位置〉=东南面立面
　　　　　　　　以及　由〈光线-来源〉到〈开窗-位置〉的轴线是不能被截断
规则3：　如果　〈光线-来源〉=早晨光线/太阳　以及〈X〉=厨房
　　　　　则　　〈X-位置〉=基地东边
　　　　　　　　以及〈开口-位置〉=东边立面
规则4：　如果　〈光线=来源〉=下午光线/太阳　以及〈开口-大小〉=一大面往外的视线窗
　　　　　则　　〈X〉装上〈遮阳板〉
规则5：　如果　〈X〉=厨房
　　　　　则　　〈光线-来源〉=早晨光线
规则6：　如果　〈X〉=卧室
　　　　　则　　〈光线-来源〉=早晨光线
　　　　　　　　以及〈光线-来源〉=下午光线/太阳
规则7：　如果　〈X〉=客厅
　　　　　则　　〈光线-来源〉=下午光线/太阳

（数据来源：Copyright Pion Limited, London授权重印. 图10，412页. Chan CS (1993) How an individual style is generated. Environment & Planning B, Planning & Design, 20(4): 391-423, Websites: www.pion.co.uk, www.envplan.com）

么（相关的）东西（在南边），也可能在这（北面）边给她多一点私密性。对，我想这就是我们要替她做的。"

（5）在阶期2，由规则4产生一个答案："真正的问题将会是由河对面射过来的下午低太阳，将会十分酷热，肯定是会被热到，等等，太阳是在什么地方？……下午阳光事实上开始是在3点钟的方位左右，是会很低的。你可能需要某种大的遮阳板放在边上，或什么东西。"

（6）在阶期2，规则2和7评估测定一个解答："在冬天太阳要下山时，一些午后太阳也会射到这个房间（客厅）里。我想这样作应该很好。"

这些规则明确定义了设计限制的内涵，也就是为何设计案中会创出一些相同设计结果（答案形态）的主要因素。简短地由技术层面解释，光线/阳光的限制可以用基模的表征法，如表6-4所示[①]。在表征法中，基模的名称定名为〈光线〉，之后的〈X〉则代表所要设计的单元。整个规则是由一个"如果……则……"的计算机程序句子公式代表一个"生产系统"的逻辑形式（见本章6.2.3设计限制一节中的附记）。在这个记号法中，系统的右手边是设计动作手法（程序性知识），左手边则代表陈述性知识。在这个光线/阳光的限制中隐藏着另一个"轴线不能被截断"的规则（表6-4中规则1及2）。这些例子说明光线/阳光的规则是用来决定厨房、画室以及遮阳板的位置的，并且评估卧室和客厅的解法，但不包括餐厅或浴室设计。这可能是这些规则并不适合于餐厅和浴室设计之故。虽然相同的早晨光线规则（包括规则3）在阶期案1及2中决定了厨房和开窗方位，但并没用在阶期4中，因为它会与"向内空间焦注"的要求相冲突。这位建筑师也很自觉，他并没用到光线限制决定设计方位，因此他说："很有意思的是这个房子没有……它只是一种朝内看的设计。我没有真正认真地想过房间的方位朝向。这些房间的空间问题（向内焦注），也就……把我带到这个房子的体块问题上。"

[①] 光线基模的观念与克里斯托弗·亚历山大于1977年发展出的模式语言不同。模式语言是一种生成建筑物设计的方法。这种方法是将建筑设计概念以建物设计的小部分模式组合而成整个设计概念。"语言的元素是一群个体称为模式。每一模式叙述一个在我们环境中重复发生的问题，然后再叙述这个问题可能的解答的核心意义，使用和组合的方式是你能用这个解法千万次，但不会两次都重复相同的方法（Alexander, 1977: X）。"模式可由过去经历，或最适合新设计案的前例中选出。于是模式可由组合一些小模式来代表建筑的整体元素，表达出建筑的总体设计概念。这种以组合模式解决设计问题的方法，是和应用设计限制及其附带规则生成解答法相异。

　　另外一个说明设计规则的例子，来自视线的一个"总体限制"。这个限制中所包含的规则被用于阶期1决定房间开窗位，阶期2决定建物方位以及解决第8阶期中的建筑体块造型问题。相对的口语数据引述于下，推测出的限制内涵规则细列于表6-5。

　　（1）在阶期1，由光线规则1，3和5（表6-4）以及视线规则1（表6-5）生成一个解答："嗯，我猜，早上的太阳是在这边，我试着要……我要有我的……因为这（房子）是这么小。你可以由这边看过去。我的意思是说你可以在客厅、厨房、餐厅做一些事情，像这样（的视觉贯穿），同时厨房能有些阳光，而且好的是能站在厨房看到客人开车进来，并且我猜能站在厨房这里看到这般景象也不会是个很差的地点。"

　　（2）在阶期2，一个设计草图原案由规则1生成："这房子退缩到（河边）这里就能够生成一边是河边景色，另一边（前院）是庭园风光，并可能在整个前院做出一个小菜园。所以这个房子不同的是，在前后两边都有景色。我说的是大角度的潜在景色。嗯……应该有个大景观（可以做得出）吧。"

　　（3）在阶期8，另一设计草图原案也由规则1生成："嗯，我猜这里这方向可看到小镇景色。另一边是树林，这个树林是已经在基地上的，好的一件事是如果你看着它，它永远都是……如果你多看，它永远都是被照亮的。这我喜

表6-5　在视线约束限制基模中推测出的规则

视线基模：
〈视线〉（〈X〉）
规则1：如果 〈物体〉是（河流，树林，公园，城镇景色）的一成员
　　　　则 视觉线从（X-位置）到（物体-位置）应该是连续的
　　　　　　以及（开口位置）=边墙中心
　　　　　　以及（开口大小）=大尺度观赏开窗
规则2：如果 〈物体〉是（河流，庭园，树林，公园，城镇景色）的一成员
　　　　　　以及 〈X〉=厨房
　　　　　　以及　餐厅是在〈物体〉以及〈X〉之间
　　　　　则〈开口位置〉=边墙
　　　　　　以及（开口大小）=大尺度观赏开口
规则3：如果 〈物体〉是（河流，庭园，树林，公园，城镇景色）的一成员
　　　　　　以及 〈X〉=客厅
　　　　　则〈开口大小〉=从楼地板到天花的全尺度

（数据来源：Copyright Pion Limited, London授权重印. 图11，413页. Chan CS (1993) How an individual style is generated. Environment & Planning B, Planning & Design, 20(4): 391-423, Websites: www.pion.co.uk, www.envplan.com）

欢，我想我要做的是建个，一种空间方案，这个房子是种围绕一内庭的建筑，不必要往这个（西边）方向看，或往这个（东边）看，尤其是装上窗帘之后。但应往这个（北边）方向看，有某种（内部中心）空间在这里，外部空间（在这里），而且这里（东南角）某处该是车库。"

至于光线／阳光和视线这两个限制约束，除了用作总体限制之外，也用于局部设计决定窗户开口及开口位置。例如在阶期案1及2中，建筑师用光线约束决定卧房和厨房的窗户位置，用视线限制决定厨房和楼梯的窗户开口，相关的原案口语附于下。

（1）"如果这上边有窗，让光线进来环绕这烟囱该多好。嗯，让一些早晨光线射入这房间。这应该是东北方向的光线（阶期1）。"（窗户由光线基模生成）

（2）"我想在这个例子情况中，早晨太阳会射入厨房，而且卧房上方这里也会有早晨阳光。那么就把窗户放在这里吧（阶期2）。"（窗户由光线基模生成）

（3）"唔，就放些可能的高窗在这里（厨房的墙面）。当然你也可能要些别的窗子，能透过这些松树，这个松树林（在高窗下再画个窗户）。好的是从……好的是能从餐厅和厨房，这厨房有窗口能看到松树林。当然当你坐在这个餐厅时，这里有一个……一个大尺寸的窗口能看出穿越松树林（阶期2）。"（窗户由视线基模生成）

（4）"楼梯来到这，当然会有个楼梯平台在这里，同时在平台这边，也应该有个窗户在楼梯平台的那边看到公园（阶期1）。"（窗户由视线基模生成）

视线限制中同样的规则2，也曾用在阶期案1及2中，创出一个视线路径由厨房穿越餐厅到终点要看的端景物品，最后生成相似的造型特征（图6-4及图6-8）。原案口语数据如此显示。

（5）"事实上，这个厨房是比上一案（阶期1）更能集中视线于庭院花园。上一案的设计真正是，上一案是看穿这，穿过餐厅，而同样事情也可能发生在这里。它可能有一（视线）途径穿过这（餐厅），那你就可看到河边。那就会相当怡人赏目（阶期2）。"（解答由视线基模生成）

（6）"并且，这样，厨房可以被如此设定……你能看穿到那里。你能透过餐厅看出去外院（阶期2）。"

另外一个使用相同设计规则的例子，出现在应用视线约束规则3（见表6–5），决定阶期1、2及4的窗户形态。原案口语数据如此显示。

（7）"嗯，我敢打赌这一（窗户）会一直开到楼地板面上……需要一处在客厅中的（落户窗）窗子能开到地面上，那就很好了（阶期1）。"

（8）"走到（客厅）这里，你能看到这些视线穿透，视线被保持成特殊的造型，特殊的，就像是在客厅所用的，整个都是视线景观，能看到各处的景色（阶期2）。"

所有这些分析结果，证明相同的设计规则确实是被重复在总体的层面上决定厨房位置及在局部的层次上决定窗户开口及形态。一些有趣的发现是：①由设计规则所造成的结果可以在设计晚期（局部性）被别的限制中的规则改变；②相同的规则也可能无法在所有设计中相同的设计单元里被运用到。因此，型会被更改或修正，并且很难在每个设计中都维持不变的特征。

6.5.4　重复用在设计中的先决模型的观察

所谓的先决模型是个已经被定义好的具体的二维或三维造型，代表一个在以前设计已做出的设计解答。先决模型可由记忆中回记，经过修改，再利用，而且可再存回记忆里以便未来使用。这和所谓的案例式推理[①]中的案例或原基（Foz, 1972）或先验概念（Kant, 1998）都相似。建筑师在实验中应用了好几个先决模型来做出设计原案，或者解决细部设计。第一个例子显示沿用以前做出的设计解答生成一个原案，这原案也是最后解答的起始观念草图。在阶期案1、2及8中，建筑师连续地回忆一些他设计过的房子，或他看过的房子，并用这些印象当作发展草图的灵感来源。下列找出的口语数据解释了这一现象。

（1）"有点像是提醒我在很久以前做过的一个住宅设计，那是一个翻修案。虽然那房子本身不是，平面不是，但由房子到花园的观念却是一个很好的小构想。那房子，在花园里加了屋顶，整个想法是一种大块头屋顶的房子，

---

①案例式推理指的是将一新设计情况和已存情况做比较，然后由记忆中选择适当的建筑解答，作修改之后，采用这些解答解决手边问题。

计划要做出……它有很厚的屋顶，沿着边线垂到不同地点。它是……它在卧室上有一个很棒的老虎（窗）俯视花园。我还记得我做了一个绿屋顶，一个真正的绿地屋顶……。""但这（目前设计的）房子能……可能有一……可应该做点有趣的东西，也提醒我另一个以前做的房子……事实上是在匹兹堡，是个有两个面的房子。它有一个大的公共尺度正面，维持了周遭房子的尺度。但在内部，在不是很深的内部，它只是一个房间进深。位于街角，正面和侧边基本上是三层楼高，但在内部中央只是一层楼高。因为这……让我们看看……这内庭是在这儿，客厅看来像这样。嗯，可能它是二楼高内部但做来又像这样，车库放在这上头，所以它真正在路边看来几乎像是三层半高的房子，但是一个房间进深，同时这个大的斜屋顶斜坡落到内庭，内庭有树。它不是完全不像这样（目前）的基地规划，嗯，而且它和尺寸的关系，在外边有个大尺寸，然而在内部却是小尺度。嗯……（阶期1）。"

（2）"嗯，这也提醒我一个我在夏天住过的房子。基本上，它是深埋在一个湖边松树林里，除了那是个可怕的房子不谈之外。但那坐落在松树林里的景色却是美的。虽然它没得到很多的太阳光，可是你永远可以透过松树看到太阳的存在（阶期2）。"

（3）"我知道那里有个我做过的小房子。嗯，这就是我所做过的房子纲要。也在康涅狄格州。那个房子大概会看起来比这个房子好些。那也是非常的开放……确实是你所谈的（开放的内部空间）。不久前我才替那盖了15年的房子做了一个增建案（阶期8）。"

第二个例子在决模型形成后，随后的设计与再利用有关。比方说，第4阶期设计是要求有天窗设计。这位建筑师，实际上在他的设计专业里，并不喜欢用天窗。他说："我纳闷他是否要天窗。我不喜欢天窗。我的意思是说天窗是个问题。它让无法控制的太阳射入，而且很难控制。即使是控制了，但天窗会漏水，热在房子上部的顶上累积起来，我只是对天窗的价值不是看得很重而已（阶期4）。"不管他对天窗有怎样先入为主的偏见，这位建筑师确实对它有回应。在阶期4发展出的天窗位于客厅边缘的上部。一个月之后，在阶期案8中，天窗的解法又被用来解决客厅的阳光要求（限制）。在阶期4及8中，天窗的造型是相同的。

第三个说明在后来设计使用先前解答的例子，是卧室中有走廊环绕的衣橱设计。这个解法是在阶期案1中做出的。口语数据如此说："很明显地，在这（卧）房中最好的事是有张床（6英尺6英寸，近2米）在这里，可能这（空间）是足够大到……可能它是大到可以放些衣橱在这后面。嗯，对，我想到了，那不是个坏主意，那里有道墙在那儿。很好，一个低单元隔间墙在这儿，一个床头板，并且有……这里是衣橱，是衣帽间。这是一个可以环绕着走的衣帽间，你可从两边走过，没有门，便宜，而且衣橱尺寸不用高到天花板上，但这也可能……因为这可能把天窗（老虎窗设计）放在上面，更可以将这里照亮……很好，这解决了那问题……（阶期1）。"相同的，在床后面由走道环绕的衣帽间设计，也在阶期4和8中出现，并且在阶期2的草图中用到，但在最后结案中被修改成相似的形态（图6-4，图6-5，图6-7，图6-8）。

在几个设计中重复使用的先决模型，不论其模式是由记忆中回记的先前解答，还是由不久前刚产生的新解答（例如天窗和环绕的衣橱）得出，都确实证明知识学习的现象。简而言之，设计师会应用他们已学到的知识，解答设计问题，或产生新知识并逐渐修改其知识结构解决新问题。使用重复的先决模型会在最后的设计成品中产生相似的配置和造型，因此使用过去解答作为先决模式来解后期设计，可以提供确实的证据，说明先决模型是会生成可认得出的特征，而宣示一风格的。

6.5.5 重复用在设计中心智影像的观察

一般人类对空间的认知能力，涉及下列三个认知技巧：①辨识可视世界的技巧；②理解并能说明第一个辨识到的视觉经验；③在内心重新创出视觉经验中的空间特质。这种能力，在设计中是重要的，而且也因有此能力才能发展出一些物体的心智影像以便掌握物体在空间里转动方位的踪迹（Shepard & Metzler, 1971），这些能力也被描述成是一个智慧的来源（Gardner, 1983）。因此，设计师必须有强的空间能力、好的视觉感知以及高深的影像记忆力。

特别是有经验的设计师，应该比初学设计者有更多的心智影像存记于记忆中（Chan, 1997）。记忆里所存的影像包括往昔的设计解答，基本形体以及一些适合某些功能的造型等。在另一方面，设计师可能会在某段时期的设计里，偏好某些形体和基本造型，而用作其设计的视觉语言词汇，但在后续的时期又做些修改或变动。例如迈克尔·格雷夫斯在1970年的几个设计案中就用厚重柱子和楔形体块在柱子上方，或颠倒这些结构（图6-12）。由于在这种组合中的特征非常简单并且极易被认出，因此可称得上是1970年迈克尔·格雷夫斯强有力的签名式风格。

同样地，在这个实验中的建筑师也从他自己的设计经验中用了一些影像当作模拟（类似）方式，做出概念草图和某些细部以便解决设计问题。例如在决定一个八人圆桌的尺寸时，建筑师回忆他拥有的桌子，应用他家用桌子的尺寸决定所要设计的桌子大小。之后，这些尺寸再度提供信息决定餐厅大小。口语数据如下："我想，餐厅有个圆桌会更好。嗯……如果，他（甲方）要的话……噢，最好是能坐八个人，八个人在一圆桌上……那么，让我们看看，我自己家里的桌子是方形，尺寸是四英尺六英寸，化成圆会是五（英尺直径的圆），（思考加长）六（英寸），也应有四英尺作边上走道（空间），所以应是五英尺六英寸的桌子和（两边）四尺过道，那就应该会是（大约）14英尺的（餐）房，14英尺乘14英尺（估计房间大小）是……那是什么？16，50，4，196（纸上作乘法）……那总共是200平方英尺，可就多过（早先定在尺寸清单的180平方英尺）。噢，不行，（但）也不坏，那么，就让我们试试这个，我们永远可以修正这尺寸，那么，现在让我们就做个（最后的）13英尺方块的餐厅吧（阶期1）。"[①]

另外一个将平常经历中的视觉影像置入设计的例子，是在解决餐厅和厨房空间关系中找到的。建筑师指出："事实上，厨房、餐厅间的关系可能可以像是我自家的。在那儿厨房是在后面，那里有厨房柜台可看到餐厅，你可和朋友对话，也有地方可以看到我家花园里所有的植物。那大概可行（阶期1）。"由口语数据中找出，餐厅永远是位于厨房的北边。这种空间关系确实发生在阶期案1及8最后的设计方案中，并且也发生在阶期2的两个选择方案里，就如下

---

①这段口语与原来口语小有出入。为提高口语内容的了解程度，原来口语中无意义的喃喃信息已被删除。请参考比较英文版中的口语原文数据。

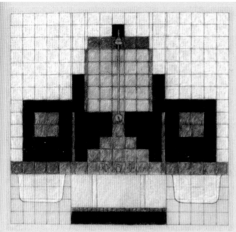

Warehouse Conversion, Guest bedroom, 1977.

Schulman House, Fireplace sketch, 1976.

The primitive features.

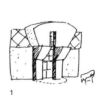

Abrahams Dance Studio, preliminary studies, 1977.

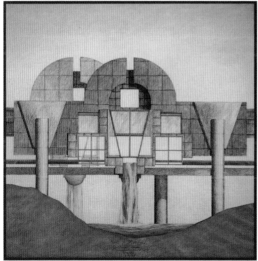

Fargo–Moorhead Cultural Center, 1977—1978.

Crooks House, Fireplace detail, 1975.

图6-12　迈克尔·格雷夫斯在1970年用的基本造型（数据来源：取自 D. Dunster (1979) Michael Graves, Architectural Monographs 5. New York: Rizzoli, Architectural Monographs and Academy Editions）

列口语数据所示。

（1）"真的，这厨房设计是比上个（阶期1）还要专注在花园里。上个设计是，上个设计视线透过这餐厅，但同样的事情也可以发生在这设计里。这儿可以有个（视觉）路线经过这（餐厅）。看出去看到河边，那会很棒（阶期2）。"

（2）"如果这是客厅，那我们就可以做和上次（阶期1）设计相似的东西，我们会有餐厅在这，从这（门）走到厨房，同时我们有这个小东西（厨房柜台）在这，这是楼梯。哦，那会比较有（视觉连贯的）道理（阶期2）。"

（3）"同时，那厨房可以这般安排……你可看出去看到那边（外面）。你可透过餐厅房间看到外面（阶期2）。"

心智影像也有可能是来自先前设计过的设计解答[①]。如果在做设计时，心中得出的影像不明晰，则解答可能用不出来或行不通。例如在阶期1做屋顶设计时，建筑师用了一个由过去经历中推出的模糊影像，但无法解那个问题。他指出："这可能看起来像这样，但在屋顶部分有点儿滑稽，发生像那（角落部分）一样古怪的情况。嗯……这是一片屋顶。我不知道要怎样做那块屋顶，那是一块很滑稽古怪的屋顶。我想我以前曾经看过那种屋顶。但是我不太了解那里的几何形状。但，我想适当地做会做得出的（阶期1）。"

在口语数据中也显示出，由过去设计生成的视觉影像，曾被用成是立即的解答，并加以一些有限的修改。在阶期1中内庭大门的影像以及在阶期2中一楼梯的影像是两个例子。建筑师如是说。

（1）"如果你由这个门进入内庭会比较好。这提醒我以前在纽约长岛做的房子里的一道小墙。在那儿你由停车场进来，并走过一个，可能那不是一个入口，但是一个有开口的门，但它创出了（门）……同时那另一边没什么东西（存在），只是横穿庭院的踏脚石，那也就是这个小庭院所用的铺地材料了（阶期1）。"

（2）"我必得考虑一下如何做那位置点，同时上到这楼梯走到坡低到一小片悬突挑出在这……悬挑出在河边。嗯，这提醒我一道以前做过的楼梯。它的梯间转回像这样（的造型），有点奇异。我最近还去过那里看过那楼梯呢（阶期2）。"

[①]建筑师口语描述他早期设计案所生影像的时间、地点和造型。在有些例子中，他无法清晰说明其造型，但也以草图直接绘出这些影像。

除了用记忆中心智影像来解决空间和建筑单元间机能关系之外，建筑师在这几个设计实验的平面图上，也重复使用在中心有变化的U字形，如图6-13所示。总体而言，所有在平面及立面图所找出的重复特征以及形成这些造型的原因素总列于表6-6。这些特征造型以及基本的几何体，是极易于在最后设计成果中被辨认出的，也对最后的建筑外貌有直接影响。因此，这些个人所喜爱的基本造型可以说是设计师的签名式标志，标示出建筑师个人的风格，也因此是产生风格的直接因素。

6.6　讨论

本章力图经由研究建筑设计设立风格的执行概念，并测定这个执行概念的可行性。整个观念强调：①重复的造型可用来辨识一种风格；②在过程中运用重复的因素而创出重复的造型是生成风格的驱动力。这些触动力因素，假设是设计师有特色的专业知识，配上用在每个设计时间中的设计约束、设计里固定的目标程序、先决模型以及设计师所偏好喜爱的造型等。

由分析四个设计阶期案所得结果显示出：①在平面及立面图中有重复的型存在；②一些过程很明显的是恒常持续的；③这些型和过程之间存在着一些关系。有趣的是，一些过程和造型间的关系是可以由口语数据支持并清楚地追溯出原因的，但有些却追查不出（表6-7）。对这些重复的型但没能找到证据解释其生成的过程里，数据显示建筑师只是把型给画出，但没有口语说明原因。这是因为这些影像是建筑师由记忆中回记，并且直接用在设计中。

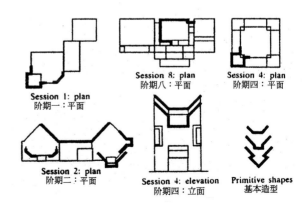

图6-13　基本造型（数据源：Copyright Pion Limited, London授权重印. 图8, 408页. Chan CS (1993) How an individual style is generated. Environment & Planning B, Planning & Design, 20(4): 391–423, Websites: www.pion.co.uk, www.envplan.com ）

表6-6　重复的造型及形成因素

特征	阶期1	阶期2	阶期4	阶期8	推动力
立面					
水平板外墙	+	+	+	+	约束
格式状全高开窗	+	+	+	−	先决模型
两分坡斜屋顶	+	+	−	−	先决模型
外露柱式	+	+	−	−	心智影像
砖造烟囱	+	+	−	−	心智影像
圆形金属烟囱	+	−	+	+	心智影像
转角角块	−	−	+	+	心智影像
平面					
床后有走道环绕衣帽间	+	+	+	+	先决模型
厨房洗菜台面对窗	+	+	+	+	先决模型
角窗	+	+	+	−	先决模型
环绕客厅的楼梯	+	−	+	+	心智影像
入口在厨房旁边	+	+	−	+	约束
角落壁炉	+	+	+	−	心智影像
封闭内庭	+	−	−	+	约束
厨房在餐厅之前以视线贯穿	+	−	−	+	约束
天窗	−	+	+	+	先决模型
对称	−	+	+	+	

表6-7　本实验设计师风格的总论

不变的特征	产生特征的因素
在平面	
1.走道环绕的衣橱	规则及先决模型
2.中心化的厨房洗菜台、窗户及墙	规则及先决模型
3.楼梯绕着客厅	
4.入口在厨房旁边	视线约束
5.角窗	规则及先决模型
6.对称形安排	
在立面	
1.水平板外墙	材料（局部约束）
2.全高格工窗	先决模型
在设计过程中	
1.不变的设计方法	不变的目标程序
2.光线及太阳照射区	总体约束
3.周边脉络关系	总体约束
4.为视线而作的封闭内院	总体约束
5.分离的空间安排	先决模型
6.基本造型	先决模型

（数据来源：Copyright Pion Limited, London授权重印. 表4, 422页. Chan CS (1993) How an individual style is generated. Environment & Planning B, Planning & Design, 20(4): 391-423, Websites: www.pion.co.uk, www.envplan.com）

　　由研究结果中也得到不少例子，说明先决模型、基本造型以及约束对结果造型有直接的影响。因此，这些变量被认为是表达风格的直接因素，同时也有一些例子表现出有些重复是为达到相同设计目标的过程，但这些持续不变的过程并没对最后的造型产生任何直接的影响。但是，有些限制是恒定地附属于某些目标。比如这位建筑师主要使用预算限制来达到决定建筑物大小的目标以及应用周遭环境脉络、光、视线以及预算达成发展基地计划的目标。因为变动设计目标的程序，会改变应用设计限制的次序，最后也就会改变设计的方法及结果造型。因此，设计目标程序被认为是形成个人风格的一个间接因素。

　　表6-8列出了测定十个假设之后的结果。这些实验是系统化地被设定，主旨在测验这些假说，并且是在实验室中执行。因此，几个阶期被直接设置而成，例如阶期5的业主改成爱音乐的退休主管，极有可能这个改变的选择有些笼统，而打消了建筑师寻找独特解答的念头。如果这种情况的改变更为精巧，例如变成一个演奏特别乐器的职业音乐师，需要特别地点练习，则可能会迫使建筑师寻找另一个新设计，并且由改变阶期6的设计情况将其演变成设计的优先次序考虑，并不意味这个设计程序肯定会被强制执行。因此，这也可能是为什么这位建筑师并不对这种改变做认真考虑。

　　关于受测建筑师在实验中所展示的设计行为会对风格生成有影响，读者可能会质询说大部分的现代建筑师都会用周遭环境脉络、光线／阳光、视线以及预算约束来做设计，那么除了设计师所受的学校教育、训练以及平常的执业经验之外，到何种程度，我们才能说设计师的行为真会反映他的个人风格呢？而

表6-8　测定十个假设后的结果

假设	结果
假设1：个人对造型及材料的偏好	真（直接因素）
假设2：目标程序的先后次序	真（间接因素）
假设3：总体约束的选择	不适用
假设4：总体约束的优先次序	假
假设5：总体约束及局部约束的共同组集	真（直接因素）
假设6：目标及约束限制程序的相互影响	目标次序左右了约束的次序（间接因素）
假设7：约束基模中的规则	真（直接因素，局部>总体）
假设8：搜寻产序	真（间接因素）
假设9：先决模型	真（直接因素）
假设10：心智影像	真（直接因素）

且有可能来自同一地区的一群建筑师，因为受到相同的训练，教育以及执业方式，更能分享相似的设计限制。如果这个论述是真的，那么相同的限制会创出相似的型，并也可能随之定义出地区风格或群体风格。但仍然有可能在运用相似限制时会有个人差异存在而生异类。这些差异可能存在于：①潜在于限制中的设计知识（所用的设计规则）；②实践这些限制的手法等。所以，不同的设计行为影响风格的差异。

另一个有趣的观点存在于是否有设计特征出现于多个设计而反映出个人风格，是不同于跟随时尚流行或执行标准的例行公事的风格性呢？当然有些特征会是标准的商业产品用在实际设计案里，例如在实验中外墙的水平板就是。由口语数据观察，那是因为建筑师选择使用商业产品作为他所要的最后产品（立面中的水平线）。所以这种现象显示，选择用木板外墙展现了他的风格，下列口语数据也解释了这个选择的情况。

（1）"噢，他（甲方）大概付不起除了上色的铝金板或硬木板外墙之外的材料。我想我们不能用灰泥吧（阶期1）。"

（2）"噢，不，这将是外墙板。我想那会是一些水平外墙板，自然材料，可能是西洋杉木，不是粗糙的木料，但……（阶期2）。"

（3）"墙板，水平墙板，可能是斜面的墙板吧……更像是新英格兰地区的材料。但是它有某些砖似的尺寸。这些邻居房子也可能是砖造房子。同时也看我们怎么漆它，将它变成另外的东西（阶期4）。"

另外一个问题，可能是考验图6-11中这位建筑师的一般设计程序步骤会如何与别的建筑师不同。答案可由另外一个研究解决设计问题的原案口语资料解释不同的可能之处（Chan，1990a）。那位建筑师在第二个实验研究案中所用的一般程序是首先了解设计课题，做基地组织，发展设计原案，解决一些影像单元，开始做空间安排，决定房间大小，生成空间组织，然后加强平面和立面。所不同之处在于：①前一研究案中的建筑师控制总体约束是在了解设计课题时发生；②他并没用任何计算法则决定建筑物的大小。再举赖特的例子，赖特在草原住宅风格期的设计程序又是另外一例。赖特会由发展设计纲要开始，架构一个单位系统满足材料、尺寸以及结构限制之后，再发展外部体块造型满足所有机能，最后再做剖面和立面（参考第5章5.7节）。因此，根据这些不同的研究（Chan, 1990a，1992），很清楚地，不同的建筑师确实有不同的设计手法，但最明显的不同是在发展平面图之前的观念发展期中发生的。

比较这位受测建筑师执业设计的成品，他在研究案中生成的风格可看成是弱风格（Chan, 1995）。换言之，如果有许多强而显著的特征出现在产品中，对数量少而不显著的特征风格而言，则这种风格应该称为强风格。在这系列设计实验中，平均每个设计花费建筑师4～5小时完成。所有这些设计结果都是非常概要性的，并且甚少特征加到成品中，因此在短时期内完成的风格效果就会是弱风格。当然弱风格在此指的是风格的量而非质。

最后，有品味知识（Seasoned Knowledge）是决定个人风格形态特别有影响力的因素。这是设计师从教育及执业中获得的一种特别专业知识。例如如果设计师对能源有关的因素感兴趣，他或她就会运用更多与能源相关的知识做设计决定的取向。设计的造型也会因此显示出更多与光线能源相关的特征。例如另外一位有经验的建筑师参与另一个设计过程的研究结果就显示出了这个趋向。这位建筑师有25年执业经验，在大学里教节约能源相关的专业课及绿色建筑设计课。

用在本章中测定品位知识的概念是一个厨房设计课题。就像前面报道的研究系列一样，建筑师也被要求在整个设计过程中放声思考。所给予的设计题目是为一个有4个卧室、2个车库的新房子设计厨房，房子位于爱荷华州的艾姆市，成本预算是225000美元。以下几个设计约束是被要求的：①业主要求视线；②设计应该有最少一个入口及窗户；③尽量减少街上的噪声干扰；④整个厨房的总面积在200～350平方英尺（1英尺=0.3048米）；⑤整个业主家庭都喜欢彩色外观以及好的厨房设备材料。当然，整个设计过程也是被录像的。

如图6-14，这位建筑师花了90分钟完成这个厨房设计。因为他是与能源问题相关的专家，他的设计在决定方位（见图6-14中的草图）以及立面材料（见图6-14中的透视图）上就反映了如此特色。由他的口语数据中所得的信息，显露了他的品位知识。

（1）"如果这是我整个厨房的泡泡（图）……如果我把这（厨房）方位

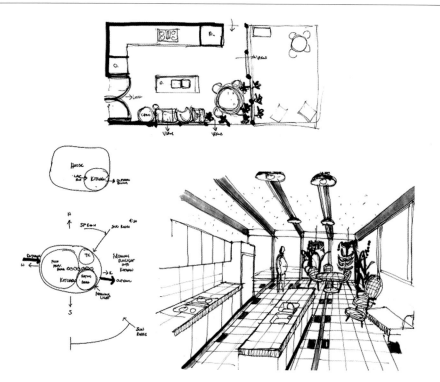

图6-14 一厨房设计的草图、平面及透视图（数据来源: 取自Design Studies, 22(4), Chan CS, An examination of the forces that generate a style. 图10, 343页, Copyright (2001), Elsevier 授权重印）

定在房子的东南角，这会是北、东、西及南；如果我把这定位在整个房子的大区域里，同时将厨房放在这里（东南）（0:05:41）[1]……那么在冬天当太阳升起在东南方天际，大约是53°东南方向，我是个被动式太阳能建筑师，所以我才知道这些规格特点……（0:06:06）。"

（2）"我永远会让太阳进入这厨房。现在我要说一件事，那就是旧的爱荷华州农民和比较现代的居民之间的差异，农民会在天刚放亮时就起床到农地做他的农事。没别人会做那样的活。所以如果你在早上就来厨房，如果那里有点光进来的话，会让这房子里的情况变得更愉悦些（0:06:43）。"

（3）"现在，在夏天时，太阳大约在早上四点半升起于53°东北方向。这意思是说厨房会位于东南角落，那我都会有早上的阳光……进到这厨房里（0:07:13）。"

（4）"而且在夏天傍晚黄昏时刻，当天气很热时，太阳热会冲击房子，

[1]括号里的数字代表实验进行时，口语发生的时、分和秒的精准时间记录。

让太阳热冲击到厨房里大概不会是个好主意。所以东南角是个完美的方位。我将把厨房定位在房子的东南角，而且这里我要做些推测，在房子东边能走到户外吃饭的地方会多好呢，而且可能那是个到厨房的入口。主要进房子的大门入口可能会在西方端点。现在，如果这是个方案当然我喜欢这概念……（0:08:24）。"

如果一位建筑师是对结构有兴趣，并且精通于桁架构造，那么他或她的设计就会有更多的桁架结构出现。品味知识是长期经由兴趣和专长累积而成的长期因素。这个现象对长期投身于特别领域中有专业经验的设计师而言，他们的作品就比学生在设计课中做出的设计有更明显的专业成熟度。至于在设计课中呈现的学生个人风格，则较倾向于表达工具和方法的表现风格上。

本章中所发展出的观念，制定了个人风格的理论。这个理论可被用来区分好风格和坏风格。一个好风格可由特征间拓扑关系生成有特色的脉络形态作判断。理论上，一个贫乏的拓扑关系是由下列因素决定的：①特征和特征间的比例失调（见图6-15中右上方例子，左上方图形是赖特于1903年设计的利投住宅的原有客厅立面）；②贫乏的美学表达（如图6-15中左下角图）；③违反机能要求或发生机能冲突（见图6-15中右下角图）。这些例子可能是因为在设计知识、影像、方法及设计目标上有贫弱的质和量的结果。一个蹩脚的拓扑关系将会产生差的脉络特色，而被看成是差的风格。

图6-15　差或贫乏的风格例子（数据来源: 取自Design Studies, 22(4), Chan CS, An examination of the forces that generate a style. 图11, 345页, Copyright (2001), Elsevier 授权重印）

6.7　结论

本章所描述的个人风格理论提供了一个了解风格的概念，并可用来作为设计课教学的理论基础。例如这个理论可帮助教师及学生辨识学生在设计过程中所反映出的设计倾向，提供修改的根据，增强学生的设计技巧。比方说，如对设计限制有足够的了解将会增加设计知识，如有更多的设计经验会累积更多的可用的先决模型，如调研不同现存或以往的几何造型会增加创造新型的能力和机会，探讨算法解决设计问题也会改进达到设计目标的能力等。对执业者而言，设计师如对生成风格的过程有一个透彻的了解，则将会增加他们改变个人风格但保留某些特色的机会，并扩大其设计能力。在另一方面，如果设计课教师重复相似的评论，或重复集中于某些设计方向，则这组学生会领悟同样的设计信息，并重复应用在这一组设计中。如果有这种重复所学知识并重复出现使用于设计中的现象，则设计约束、目标、方法及所偏爱的影像就会重复出现。最后结果是一些个人（学生）风格就会在团队（设计室）风格中生成。

本章的研究，确实是第一个试图建立起一个系统化的程序。为证明有此程序权充研究工具，则生成风格的因素就可被探讨出，研究中收集到的发现也确实支持了这个论点。换言之，这个研究是先假设一些设计行为会决定一位建筑师的风格，经过实验观察，确实肯定了这个建筑师展示了如此的行为。然而，这个方向有时会很难说明这些行为造成的产品确实是决定他风格的元素，或者这位建筑师的风格是确实可辨认得出的（特别是弱风格）。如果有好几个风格专家，一起验证建筑师的工作，并一起设定能正确辨认建筑师风格的元素，那么这个研究的可信度和正确性就更高。总而言之，风格是由执行固定的设计目标（设计方法），应用固定的设计约束（设计知识）于每个目标时期，而且也力行偏好的先决模型及基本造型（影像）等因素而生成的。基于由本研究中所作观察，个人风格的研究确实是应该从共同特征组和设计过程两个角度切入探讨。

第 3 篇
创造力

第7章　创造力的研究发展史

　　如本书前言所提，在中文里，说明人类对事情的看法、领会及做法是否推陈出新，会用"创意（Creative）"这个词形容。创意在百度百科中的个别单词解释，说明"创"是创新，"意"是指意识、观念、智慧和思维。结合"创意"两个字就说明了"创造意识"指的是"对现实存在事物的理解以及认知，所衍生出的一种新的抽象思维和行为潜能"。创意这个词在英文中是形容创造的品质或能力。创造力（Creativity）则是指有创造能力的状态（the State of being Creative）。但百度百科网页在目前还没有对"创造力"这词句的解释。本书对"创造力"一词下的定义是驱动创意生成的背后"认知力量"。它是从认知角度说明设计中产生创意的背后创新力量和潜能，也是一个"创造力"的认知理论。

　　广义而言，创造力是能创出有意义的新观念、新造型、新音乐、新方法、新行动表现和新解读的能力。这意味着创造者的心理有不顺从传统的自由心智。它同样也是一种现象，表示有些人能比其他人做出更美丽、更有用和更有效的新物品和不凡的新观念。这种现象可以从发明（Invention）和创新（Innovation）两方面作细致解释。这两者都已在工程界广为讨论。"发明"是创出一个产品或一个新程序，产品和程序是第一次被创出或介绍出，并且在以前没做过。这种产品或过程，是崭新的、新异的，而且没有已经做出的先例存在。例如，最早由托马斯·爱迪生（Thomas Edison）在1877年创出的锡箔留声机就是从没见过的最大发明（图7-1）[1]。

---

[1]爱迪生的筒状留声机和其筒状及碟形的记录装置发展历史可在网络上读到，网址 http://memory.loc.gov/ammem/edhtml/edcyldr.html 及 http://www.edisonphonology.com/cylinder.htm。 这些装置的细节描述和图解也可由大英百科全书儿童页查到，网址 http://kids.britannica.com/elementary/art-90615。

"创新"则是体现一件新事项。它发生于当一个人改进现有已存的产品、过程或服务，或者对其做出一个显著贡献的现象。它也是将新的创新品或服务变成市场销售产品的实际应用。于是，创新就是漫长而且冒险的发明过程中的第一步。事实上，大多数的创新是将现有物品或事物做改进的创造。例如iPod手提携带音乐装备是个"创新"的例子，因为它是将索尼（SONY）的随身听（Walkman）改进的结果。在市场上，很少有全新的"发明"，因为新奇性（Novelty）是一件"发明"的基本要求，但不是"创新"的要求。1886年，爱迪生发展出的家用留声机是件"创新"例子，因为他将1877年"发明"的锡箔留声机（图7-1）改进到了蜡筒性声音输入（图7-2）。1892年爱米尔·贝利纳（Emile Berliner）将筒状留声机变成五英寸碟式留声机唱片装置改变（图7-3），是另一个"创新"例子。当然，顺着这个留声机的趋势，出现了更多的光盘和数字录音装置等其他更多的"创新"品。所以人类社会进化过程里的"创新"物要比"发明"物多。

在专利法中，发明被解读并认定主要是一种心智活动。一个发明家是"孕育出概念"得到专利发明物品的人。孕

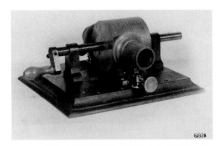

图7-1 爱迪生锡箔留声机（1877年）（数据来源：图片来自http://memory.loc.gov/ammem/edhtml/edcyldr.html。登录日期2016-5-19）

图7-2 1899年爱迪生的家用留声机（数据来源：图片来自Norman Bruderhofer/维基公共领域，http://commons.wikimedia.org/wiki/File:EdisonPhonograph.jpg。登录日期2016-5-19）

图7-3 1907年贝利纳的碟状留声机（数据来源：图片来自维基公共领域，http://commons.wikimedia.org/wiki/File:VictorVPhonograph.jpg。登录日期2016-5-19）

育概念（Conception）被定义成是一个在发明人的脑中孕育而成，能执行的发明概念，这个概念就是要实际实行的最后创作概念。当发明人想好他们的发明后，他们可用别人的服务、想法，或别人的帮助去将他们的发明理念变得更完美，而不会丧失他们的专利权[①]。然而，当人们谈到"本领"或"做出一些独特、奇异和原创性物品"的能力时，不管是"发明"还是"创新"，都与创造力有关。这是脑中能认得出一个新形的能力，或能创出一个新想法为创出新产品作为起点的能力。所以创造力是运作认知因素思考，而产生"发明"与"创新"的行动。这种认知操作被设计专业学者和艺术创作家探讨过。同样，创造力方面的探索，也在不同领域中从不同角度和不同关注点研究过，包括商业（Amabile, 1999）、音乐、戏剧、艺术、设计（Dorst & Cross, 2001）、英语（Olson, 1984）、工程技术（Rubinstein, 1975）、数学（Schoenfeld & Herrmann, 1982）、物理（Larkin, 1980）、哲学（Hausman, 1984）、信息和交流技术、科学发掘（Kaplan & Simon, 1990）、天才学童（Gardner, 1983）、心理学（Sternberg, 2010, 2012）以及教育（Isaksen, 1988）等，不胜枚举。因为创造力对个人和社会全体都有益处，所以许多研究都专注在个性和创意以及为增强人类创意而作的创意评估等方面。

大多数对创造力研究的出版都专注于研究与各自领域有关的创意特性。但本书却通过不同的透视角度讨论创造力。第一，在本章，对创造力这个观念的历史性发展，相关研究参考文献以及不同领域中研究创造力的方法，都做了广泛的回顾。对所有相关的发现也做了总结，提供与创造力相关认知本质的一个自然全貌。第二，在随后两章里，主宰创造力的认知情况、设计中触动创造力的相关认知机制以及设计过程中创造力和风格之间的认知关联都经由一些案例分析进行解读。就像学者所公认的，创造力是解决问题过程中一个最根本的部分（Wallas, 1926; Torrance, 1971; Mumford, et al, 1991; Runco, 1994），而且创造性思维能力让思考者更富弹性也更能创新（Flach, 1990; Runco, 1986）。本书

[①]亨利·苏（Henry Su）写的《发明不是创新而且知识产权不只是像任何其他种权利：竞赛主题：美国联邦贸易委员会 2011 年 3 月专利报告》可联机在网络上读到，网址 http://www.americanbar. org/content/dam/aba/publishing/antitrust_source/aug11_su_7_26f.authcheckdam.pdf.

的理论就是围绕这两点为中心展开的。

7.1　历史概述

不像风格的观念，创造力在古代西方没有被认定是人类的能力。但学者报导能发展出原创产品和新想法的情况是人类的一个特色（Ryhammer & Brolin, 1999），而且新的想法肯定是来自某处。但在古希腊时代，灵感（Inspiration）这个词却被用来解释念头的来源所在。几乎经过几个世纪，西方人始终相信有一个最高的权力做出所有的新念头。在希腊神话中，缪斯（Muse）女神们就是科学、文学和艺术中灵感的最高掌权者，提供知识的源泉（图7-4）。缪斯们被看成是斡旋来自神的灵感的中介（Dacey, 1999），灵感也经由缪斯传达到世上。有创意的作品，也只有在诗篇里以及诗人的世界中被承认。对艺术，如柏拉图所说，是摹仿自然。但自然是完美的，也是遵守纪律和规则的。所以，艺术师必须发现规律，依规律做艺术品。于是，在艺术里，古希腊就没有行动自由。创造力不被人提及讨论，也不被希腊人牵连到艺术里。艺术家是一个规律发现者，而不是一个艺术创造者。

在公元前146年罗马征服希腊之后，希腊的艺术和雕刻对罗马艺术产生了巨大影响。罗马时期（公元前27—476年）艺术作品被承认是相似于诗篇类，被认为是具有想象力和灵感特色的。"创作"和"创作者"两个词用来形容艺

图7-4　九个缪斯女神的石刻像（数据来源：图来自Jastrow /维基公共领域，https://commons.wikimedia.org/wiki/File:Muses_sarcophagus_Louvre_MR880.jpg。登录日期2016-5-19）

术的制成。可是罗马人不像希腊人，希腊人了解美的质量，也写了广泛的艺术理论，但罗马时代没有艺术大师留存的创作记载，也没有发现签了名的作品存在。罗马艺术却更是装饰性的，用以表达财富和地位，所以艺术不是罗马学者或哲学家的研究题材。不过在雕刻方面，罗马头像石刻的脸部表情比希腊时期的石雕更具有真实情感也更精确（图7-5）。而且罗马的雕刻文化有其主要内容，例如政治及军事人物以及万神殿的神像雕刻等主题。至于建筑，罗马人则设定了自己的建筑美术表现。由于混凝土、圆拱、拱顶以及圆屋顶的发明，罗马人能建造大尺度的斗兽场、体育馆、万神殿以及高架水渠渡槽桥（图7-6）等。到了罗马帝国晚期的基督教时代，则开始流行墙画及锦砖天花，但因宗教原因，全尺度雕刻及版画开始逐渐凋零衰落。

在中古世纪（大约是6至16世纪间），西方艺术传承了罗马帝国的艺术遗产及早期基督教堂的肖像画传统。经历了一千多年，中世纪艺术涵盖了欧洲、中东以及北非地区的艺术发展。这段时期里，古代的"艺术不是创造力范围"的观点还是被坚持着。因此，特别的个人天分和不凡能力被看成是一个执行外来精神的表现（Albert & Runco, 1999），一般的创作观念被认为是调用一个连到神圣或神灵的外在"创造天才"（Dacey, 1999），而这个"天才"是与"保

图7-5 罗马皇帝克劳迪亚斯的半身像（数据来源：图来自Jastrow／维基公共领域，http://commons.wikimedia.org/wiki/File:Claudius_Pio-Clementino_Inv243.jpg。登录日期2016-5-19）

图7-6 西班牙塞哥维亚的高架渡槽桥（数据来源：图来自Bernard Gagnon／维基公共领域，http://commons.wikimedia.org/wiki/File:Aqueduct_of_Segovia_08.jpg。登录日期2016-5-19）

护"和"好运"的神秘力量相关联的。艺术的创意是这个天才神灵交给艺术师在地球做神所做的事情（Boorstin, 1992; Albert & Runco, 1999）。因此，创造力是件神启示的事，创意的概念孕育（Conception）也是宗教性的，由《创世纪》一书而来。在犹太基督教传统中，创造力只应用到宗教，人类不被认为有能力创出新事物，或是创作的起源，直到文艺复兴才改变。有趣的是，在中古世纪，创造力这个词与现代用法不同。所以，由这种宗教的表达解读，艺术是一门手工艺，它是在做出而不是创出物体。中古世纪里最有名的画家是乔托·迪·邦多纳。图7-7是他最能代表中世纪（或早期文艺复兴）绘画艺术的作品。

在文艺复兴时代（14至16世纪），创造力的观念开始发生变化，由艺术是摹仿自然及艺术是为神灵而做的观念转到个人表达上。灵感的来源以及艺术性的表现被认为是由人类创出的。人脑也普偏被认为能独立运作自然规律以及能够达到任何的成就，如果人脑被意志强迫发挥，它是有力量开启原创的。这时，原创、洞察眼光、创造、天才以及画中所描述的个人情感和感觉就在文艺复兴期被肯定了。创造力也就显现在由大师的"能力"所造成的作品中了。

在启蒙时期（大约是17至18世纪），哲学家迈向关注想象力、个人自由和人类事物的社会权力事宜。启蒙时期受17世纪哲学家如笛卡儿、洛克的强烈影响，强调理性和个人主义。启蒙运动也推出了对科学的兴趣，促进对宗教的宽容以及建立免于专制政府的愿望。每个人都有他们自己的权利去发掘自己的世界，免去神的指引或干预。于是，研究的观念兴起。这时，在科学里就开始采取一些形式作为卓越的发现工具，在科学性思考方面也发展出一些模式去思考物理世界（Albert & Runco, 1999）。这就

图7-7　乔托·迪邦多1305年在斯克罗维尼礼拜堂（Scrovegni Chapel）中的"犹大之吻"画作（数据来源：图来自维基公共领域，http://commons.wikimedia.org/wiki/File:Giotto_-_Scrovegni_-_-31-_-_Kiss_of_Judas.jpg。登录日期2016-5-19）

导致了对创造力开启科学化的研究。

19世纪末期起，学者开始调查培养创造力的因素以及会影响创意的可能上下脉络。第一个科学化的研究是在1869年弗朗西斯·高尔顿（Francis Galton）所做的特殊人才或天才研究（Galton, 1869）。他定义"天才的人"是一个被赋予了特殊才能并且在广泛公共领域里的成就被肯定的人。他选择300户家属将近1000位杰出人才并分析其中415人，调查他们的天才是否承袭自传承的自然能力。他假设自然能力是生物遗传的。天才的人，只要他们是在社会尺度中的顶端者，就会成为他们那一代的领导人和杰出的成就者。如有天才能力的水平更是会直接达到更高水平的杰出程度和更超越的自然能力。高尔顿调查了法官、政客、指挥官、作家、科学家、诗人、音乐家、画家及牧师等各种行业的成就，并且收集数据企图证明天才是集中在"值得注意的家系"里的。例如，他选择了42个1370—1707年间的画家，起自扬·凡·艾克（Jan van Eyck, 1370—1441，见图7-8）到威廉·凡·德·维尔德（William van der Velde, 1633—1707，图7-9）。在他们之间，数据中有一半人口是有直接关联的，有些甚至是直系亲属。他的研究包括：评估卓越人才之间有直接血亲关联的机会，考虑生物（血亲）关系的接近度以及父母是卓越者的人能达到卓越成就的成分程度。研究的结果显示：父母愈是有名或血亲关系愈近，则更有机会和可能性会达到卓越的水平（Simonton, 1994）。他的结论中有两个有趣的重点：①不具有非常高能力的人无法达到非常高的声誉；②有些有很高能力的人还是未能实现卓越的境界（Galton, 1869: 43）。所以，"自然的天才能力"是与生俱来的，但是要达到卓越的程度则是会受到别的因素影响。

图7-8 《在他书房的圣人杰罗姆》扬·凡·艾克画于1442（数据来源：图来自维基公共领域，http://commons.wikimedia.org/wiki/File:Jan_van_Eyck_-_St_Jerome_-_WGA07621.jpg。登录日期2016-5-19）

在20世纪初期，研究天才的同样方法也被用来探讨伟大人物的智慧。凯瑟琳·考克

图7-9 《平静中的荷兰军舰和其他船只》威廉·凡·德·维尔德画于1665（数据来源：图来自维基公共领域，http://commons.wikimedia.org/wiki/File:Willem_van_de_Velde_II_-_Dutch_men-o%27-war_and_other_shipping_in_a_calm.jpg。登录日期2016-5-19）

斯（Catharine Cox）记录了1450—1850年间301位有名男士及女士的儿童期和成年期的成就，包括作家、音乐家、画家、哲学家、科学家、政治家以及宗教领袖等。研究的目的是将一组年轻天才依某种心智特点和他们在达到某个成就时测定那时的智商来探讨智慧。例如，迈克尔·法拉第（Michael Faraday, 1791—1867，一位英国化学家及物理学家）的智商在17岁时是105，可是在他年纪到26岁时是150。考克斯所用的方法是经过详尽分析，收集几组"卓越"和"平均人士"的个人心理表现的成就数据，再根据这些数据以统计方法研究这两组的一些心理现象，最后比较原始数据和统计数据再总结智能和智商的关联。考克斯发现，这些过去有高智商的伟大人物都比智商低些的人达到了更高的卓越程度（Cox, 1926）。有两个主要的因素在使人成为卓越的人：出生时所赋予的质量本质以及他所处的环境。换言之，自然的能力不只是生而赋予的，也是培育出的。

在心理学方面，20世纪早期研究从比较"天才"的重点逐渐转移到调查智慧的创意，特别是在1950年后（Guilford, 1950; Isaksen, 1988）。1950年是个分水岭，该年美国心理学协会的年会里乔伊·保罗·吉尔福特（Joy Paul Guilford）在他的主席致词中提示，当时的创造力研究是一个当"替角式"的研究，但却应该是根本的领域，所以更应该鼓励这方面的研究。他解释智商测验不能拿来作为排名表示一些人或一组人比其他人更优越。例如最有创意的人可能有比较低的标准智商测验分数，因为他们解问题的方法有异，会产生更多的解法，而有些解法会是原创的。于是，创造力的研究就开始往前发展，取得了许多科学发现。不少手册也被出版，包括一个着重个体差异手册（Glover, Ronning & Reynolds, 1989），一个提供全面回顾手册（Sternberg, 1999），一个有数卷涵盖创造力在不同领域中的历史、理论以及功能介绍手册（Sternberg & Kaufman, 2010）。同时，一个互联网的创造力研究（数字）季刊[1]也于1988年创出。所以，许多学者承认1950年确实是创造力研究的转折点。即使20世纪初期的研究专注在学习创造过程（Wallas, 1926; Rossman, 1931; Spearman, 1931; Patrick, 1937），1950年后的广泛研究却是专注在由科学方法探索形成创造性思维的心理过程以及促进创意制作的因素。

在研究有了进展之后，学者开始认清人类创造力的重要性和意义。有人认为创造力是一种习惯、一种生活方式，经常使用，但很难意识到是在用它（Sternberg, 2012）。这样的习惯是指一种已经获得的行为模式，也是人类应用认知活动的一部分。因为创造力是被大家执行的认知操作现象，不同的人进行的各种创意现象也开始进一步被分为四个层次（Kaufman & Beghetto, 2009）。这四个创造力层次类别是：①毕加索、贝多芬、达尔文以及其他同一层次的杰出的创意（称为大﹣C，Big-C）；②几乎所有人每天的创造力（称为小﹣c，Little-c）；③存在于学习过程中的创造力（称为迷你﹣c，Mini-c）；④超越小﹣c，在创作领域代表专业级里发展专业进程的创造力（称为专业﹣c，Pro-c）。简言之，大﹣C的创造力是有名的大师级的；小﹣c是用来解决日常生活问题的生活创意；迷你﹣c是学习过程中新发现的创意诠释；专业﹣c是专业人士走向大师级别但还没被公众认识的创造力级别。至于本章所谈设计创造力

---

[1]这类互联网开放式的季刊也称为"数字"季刊，与传统的纸印季刊不同。专门提供互联网的阅读机会。

的重心，是在探讨可达到专业以及专业水平以上的认知实现。

7.2　近期理论的发展

罗斯·穆尼（Ross Mooney）于1963年提出了四个探讨创造力的显著不同的方向，包括特别的创作环境面，以产品来看创造力的结果、创造性过程以及研究作创造的人（Mooney, 1963）。这些方向被学者研究过，也产生了不少发现。但如果我们把这四种方向放到一个公式里，则创作过程和创作作品是评定创作力的标准，创作者是公式里根本的发生者或预测器，环境是修改创造力以及刺激激活内在创作过程的机遇（Taylor, 1988）。除了由这四种方向定义创造力外，度量创造力的方法也在最近被探讨过。但随着这些组合的方程式发展，所有在个人心理学、社会心理学、认知心理学、教育和工程等领域中的研究大约可以分成下列几种：研究让人有创意的品行特征（特性），促进创造力的环境条件（创意刺激），创意过程（认知）以及研究评估创造力的测度（测量）等。这些研究分别在下文作回顾。

7.2.1　什么特性让创意人有创意

大多数研究认同"个人性格（个性）是创造力的功能性原因"这个观点的重要性（Barron, 1969: 1988; Feist, 2010）。在这些研究中，有的专注探讨著名创作人的性情与创意相关的正面或负面倾向。正面的性格倾向包括：强大的动机，恒心，求知欲，坚定承诺，独立的思想和行动，强烈自我实现的意图，强烈的自我意识，高度自信心，开放心胸接受内在或外在印象，能被复杂和模糊性吸引，高度灵敏，而且以情感参与调查的高能力等（Brolin, 1992）。负面的性格倾向包括：教条主义，因循守旧，自我陶醉，挫折，应变能力差，洋洋得意，轻躁，影响宽容[①]（Affect Tolerance）能力等（Shaw & Runco, 1994; Eisenman, 1997）。另外，也有研究将终身高水平并且有创意成就的人确认为具有自我控制、持续的努力、决心和毅力等特殊性格态度的结果（Dacey &

[①]影响宽容的定义是一个人应对一个刺激，通常是由唤起主观体验到的感受做对应的能力，而不是非反应性如冲动行为 \ 躯体障碍，或人格解体等的对应 (Sashin, 1985)。

Lennoin, 2000）。即使这些专注于性格的研究被批评是只狭窄地钻研卓越和非常有产量的个人或群众，而无法代表大众的创造力，可是也有学者说明这些多年来对个人性格的研究确实是产生了值得同意的结果（Eysenck, 1997）。无可厚非的结论是说，正面的性格是成为一个有创造力的天才的中心重点（Eysenck, 1995）。

在所有被讨论过的特色中，许多著作另外强调动机是创造力的关键变量（Amabile, 1997; Sternberg, 2012; Sternberg & Kaufman, 2010）。两种动机值得注意：外在及内在动机。如果动机是来自外部，例如由环境提供的奖励制度就是外在动机。外在动机能带领短期创作。当这种奖励制度从环境中消失，则动机减弱，人们不再觉得他们的工作有趣。如果动机是来自激情和兴趣，则是内在动机唤起内部欲望创造事物。所以，内部动机是最关键的创造力变量。当创造者主要是被兴趣和激情而非被外在压力所鼓励时，他们会特别有创造力。尤其是当被内在激情鼓舞后，人们会为作品或问题的答案的挑战性、满意度和创新水平极力投入（Amabile, 1999）。大多数例子中，内在而且依课题专注的动机是创造力的驱动力，恒定的激励创作者将自己奉献于解决问题或艺术创作中。

著名画家文森特·威廉·梵高是个好例子。他在小时候就开始绘图，并且持续绘图导致他决定要成为一个艺术家。他开始正式画画是在二十多岁，并且在生命最后两年内完成了许多好的作品。1880年他进入了皇家艺术学院，学习解剖学、透视法原理以及画模的规则。学校的训练给他提供了一些画画知识，如他在一封信里的解释："你必须学到至少能够（达到）画最少的东西（Tralbaut, 1969）。"1882年暑期，他开始画油画。1886年特别加入费曼·科尔蒙（Ferman Cormon）画室学画，科尔蒙是当时领先的现代法国历史画家。根据这些信息资料，我们可以说长于30年历史的画画练习，由专科学院中学习基本的画功以及和专家一起工作的经验，让他累积了非常好的绘画专长。再经过富有想象力的思维，使他在画作中展现出特殊的绘画技巧。例如他曾经写道："我应该画肖像画，画出的肖像在一个世纪以后会是那时（未来）人看的幻影。我的意思是我不设法由相片的传神达到这个目的，而是由我们激昂的情怀……用我们的色彩知识和现代口味为手段，达到表达以及激化角色的境界。"然而，如果没有内在动机让他30多年持续画田园景色、肖像、自画像、麦田或向日葵，他是无法达到创作力的卓越程度的。他的内在动机之一可以由他描写他的肖像画的写作作解释，"那是在绘画中最让我兴奋到灵魂深处，并让我感到比其他什么都要达到无限境界的东西。"①

7.2.2　社会里的什么条件会影响创意和创作环境

环境是一个脉络，提供奖励以促进并保持创造力。创造力不仅只是单一的个人产品，也是社会制度对有关个人创造产品的判断。尽管创造力被研究过并被认为是一个心智过程，它也应该被视为一个环境文化的认可以及社会的判决。判决依赖社会判决者过去的经验、培训、文化偏见、目前趋势、个人价值和对特质的偏好做出（Csikszentmihalyi, 1999）。就因如此，创作者身处的环境就有许多因素影响创造力。一个富有创造力的环境，应该一直鼓励创作过程，并持续到结束为止。有学者说明在一些实例中，一个特定领域的社会或文化现实决定了发展创造力的可能性或缺可能性（Feldman, 1999）。在一些环境里，一些有创意的人也会被看成有神经病。

环境同时也是一个影响创造力的因素。以时装设计为例，时装设计是个弱构问题类，大设计公司处理设计和个别执业设计师的方法不同。大设计公司与零售商及生产线有关联，他们有许多不同层次的考虑和设计约束必须关注。大公司必须收集、分析目前的颜色、布料、造型以及当前季节的市场销售情况，并预测未来走向（Sinha, 2002）。这些大公司的设计师不仅要整合设计功能到相关的业务流程，也得整合设计方法及决策，纳入公司的设计眼光，并配合公司使命和策略（Cooper & Press, 1995）。所以，大时装设计公司的思维，比自由执业设计师或其他设计行业有更多的设计约束和限制，也更敏感地联系到环境里。结果可能是环境会操纵设计思维，也或者会是设计师能有创意地制造气氛来影响环境。

7.2.3　什么认知过程涉及创意的生成

创造力的生成可以解释成是"单一"思维段落属于解决问题的认知部分，或"一系列"思维段落有意识地进行，以建立一个可辨认的新颖产品。由"一

①这些语录来自维基百科，网址 http://en.wikipedia.org/wiki/Vincent_van_Gogh。

系列"思维段落的观点来解释，它是执行认知阶段一段时间后想出了一个令人惊讶的解决方案。从"单一"思维段落的角度解释，它是在过程中运作一般普通的认知机制，也因为是在适当时间和适当问题范围内利用到这些机制，所以产生了一个创意产品。所有这些谈到的认知操作是认知过程发生创造力的主因，如果看"过程"是一个方程式的运作，那么这些认知机制是方程式的参数，每个段落是参数的运作，有其参数值结果（或称属性），整个属性的结合也就是运作后的创意产品结果。

创意思考被格雷厄姆·沃拉斯（Graham Wallas）由"系列阶段性的思考"的观念形容过。根据他的著名的创造力过程模型，在生成一个创意念头或一个科学发现时涉及准备期（Preparation Stage）、孵化期（Incubation Stage）、暗示期（Intimation Stage）、灵光一闪期（Illumination Stage）和验证期（Verification Stage）五个参与阶段（Wallas, 1926）。准备期是全方位调查问题；孵化期是不自觉地思考问题；灵光一闪期是快乐的念头出现时；验证期是核查这个想法并简化到确切的表达形式；至于暗示期，依照沃拉斯的解释，他发现用"暗示"这个词比较方便解释在灵光一闪的刹那，当我们作系列联想时的边缘化意识（Fringe Consciousness）正崛起到全意识状况，显示成功的一闪灵感就要出现的情况。在这五个阶段中，暗示期被一些学者认为是一个子阶段，因为没有太多证据证明它是实际存在的（Hayes, 1981），但大多数学者都相信，创意是来自于对一个特殊问题的课题做长时间准备，并且恒定地在这个问题上做出许多新尝试、新接触，直到一个独特的解决方案完成并被确认是独创为止。这个进行式模型提供了一个非常普遍的解释，说明在主要的问题解决过程、新科学发现甚至在日常问题的解决中，创造力发生的过程。

在利用认知机制产生创意产品的案例下，相关的认知过程和功能已在第2章讨论过，但导致有创意解决日常生活及设计问题的认知过程，就在本章将学者研究出的相关发现做个介绍。例如，探讨一般性创意解决日常问题的思维包括：创造力被认为是一种解决问题的能力过程（Wallas, 1926），创造力是一种联想过程（Spearman, 1931），创造力是以相似模拟和隐喻思维的过程（Lakoff,

1993），创造力是建构心智表征的过程（Carrolln, et aln, 1980; Eastman, 2001），创造力是寻找及解决问题的活动（Ryhammer & Brolin, 1999）等主要牵涉创作力的认知过程却可分成下列几类。

1. 知识累积的过程

就如一些研究所承认的，要达到有创造力的大师级，专业知识是不可少的。这就需要一段时间充分发展熟练的行事招式才能达到大师级别。在西洋棋、艺术、运动和科学这些方面，十年时间的密切准备才能变成大师级表演（Hayes, 1981）。也有报告说明，十年时间的努力应该是积极地作尝试和探索，而不是简单地从标准教科书中学习（Gardner, 1993）。在写作方面，有研究发现十年是当代小说家首次出版和他们顶尖出版的间隔时间（Kaufman & Kaufman, 2007）。在古典作曲方面，也有研究说明需要十年时间学习基本功（Simonton, 2000），但要更多时间实现该领域的卓越水平，特别是在需要一些美术性表达和艺术考虑的领域里（Martindale, 1990）。

2. 联想和重组的认知程序

创造力的源泉来自于我们怎样独特地应用知识解决问题。根据研究，有效率的问题解决者会用各种启发法（Heuristics）搜索经验法则（Rule of Thumb）并运用这些法则（Newell & Simon, 1972; Hayes, 1981）。当更多的经验法则从经验中建立起来之后，解题者就会更有解题效率。因此，认为解题是产生创造力主要核心的学者，会鼓励人们用经验法则的技巧有效运用可用的专业知识处理问题，启发创造力（Mumford, Baughman & Sager, 2003）。在另一方面，知识是由联想建立构成的，联想心理学（Associationism）相信进行更多的联想会增强创造力，而创意也是逐步增加而产生的（Thorndike, 1911）。尤有甚者，认为联想机制是重要创造力因素的学者，更倾向于应用心智影像技术作为训练方法（Gur & Reyher, 1976），因为心智影像提供另一种知识表征的格式，对储存在记忆中的信息有更强烈的连接。最后，心理属性，如不平凡的联想建构，或追求非传统或做冒险事项的强烈动机等特色，都和创造力的现象有关（Barron & Harrington, 1981）。

关于在解决问题时重新组织知识的特别程序，完形心理学（见第2章，设计研究的发展历程中完形心理学附注）也提出了一些概念（Duncker, 1945; Wertheimer, 1959）。完形心理学的理论暗示、创造性思维或洞察力在创造性的发现发生时，涉及知识的累积或快速将思想重组的结果。思想重组关系到对问题情境的重新组织或重新定义。如果设计师能做出新的奇异联想，并突破传统创造新的问题结构，做出新颖和有用的造型，则创造力就出现了。有些情况下，问题的结构会经过一系列的修正和改进，以完成一个满意的解决方案。

3. 学习过程

创造力也发生在学习过程中。当我们学习一个新观念或做一个新模拟或新隐喻时，一个创意的洞察就可能开始经历，新的个人知识也就开展了。这个现象相似于日常生活中学习过程的迷你－c创造力（Mini-c Creativity），被定义为个人对经验、行动及事件有意义的新颖解读（Beghetto & Kaufman, 2007），它是这种现象也是一种用记忆中已存知识团块去建构个人知识和了解，并应对解题者当时面对的社会文化境界的认知过程（Moran & John-Steiver, 2003）。这也说明了"知识同化"（Knowledge Assimilation）的现象（Piaget, 1967），其实它不只是建成一个新知识，并且是有创意地建成。在设计中，这可以是由解读别人已有的设计产品或特征，去构成一个新设计观念的学习过程。当然，这也说明在概念设计时间，创新是如何产生的。如果学到的知识被用在新设计案中，可能会生成或发明出一个创意的设计成果，那么创造力也就出现了。

4. 搜索过程

智慧，基本上是要发现新生解法，并带出记忆中不同念头为问题做出新解答的搜索过程（Eysenck, 1993）。这种搜索过程是由"实用关联"（Relevance）的相关显性或隐性思想作引导的。关于"实用关联"的定义，有些个人差异。有些人的思想能极度包容，存有相当广的实用关联概念；有些人则有较狭窄或更传统的观念。如果一个人的思维过程极度宽阔包容提供搜索过程许多灵活想法，那么他或她有可能会做出不寻常的、新颖的、创意的想法。这种思维方式是创新的基础（Eysenck, 1993），在这个概念中，"实用关联"是相关信息连到手边问题的接近度。如果我们承认知识储存在记忆中是依联想（Association）相接，那么"实用关联"的观念在某种程度上就等于联想。创作者必须建立联想，或者多样化思考，以便得到需要的信息，特别是心理的参数属性，如比他人更能接近不凡的高度联想（经过搜索），或增强追求非传统事件或冒险事件（个性）的动机都和创造力有关（Barron & Harrington, 1981）。因此，搜索和个人动机这两种认知是创造力多面性本质的一部分。在设计里，物体的功能需求是解决设计问题最重要的考虑。如果设计师能搜索到崭新及独特的造型满足最多的功能要求，则创造力会经由搜索效果宣示出。

5. 推论

解决问题是一个复杂的认知功能。有时候决定是由演绎推理做出的，有时是由归纳推理。其他时间又需要根据给予的数据得出结论。当解题者在为演绎或归纳作假设找出问题的情况时，他们在分析问题的情景时，"分析性思维"（Analytical Thinking）正在进行。当必须要应用判断时，解题者也必须结合证据和假设导出结论，这是"综合性思维"（Aynthetic Thinking）。这些分析性和综合性"思考"相似于分析性和综合性的"技巧"，也是智慧技巧的一部分（Sternburg, 1988）。

然而，这样的智慧技能，因为是用来引导认知进度产生解答的，它们也应该被归类于逻辑思考部分。在这些逻辑思考里，另外有一个设证推理（Abductive Reasoning, Peirce, 1997），它是从观察某些事件推演而形成假设，寻找新的数据参考，挑战公认的解释，推断可能的新型和新功能以及考虑后果等现象。设证推理在解决日常生活问题中扮演着一个非常重要的角色，同时也是创造力的核心。它也是在关注一组似乎毫不相关单元的概念。设证推理通常开始于一套不完整的观察，发展出一个对这套观察最可能也最合理的解释（Peirce, 1998），并创建一种依手边有限数据做出最好的日常决策。大部分时间，数据是不完整的。这种现象也发生在做设计时。有时候不相关的部分单元可能会做出不同而且非传统的连接而产生非传统的设计结果。这种做出非相关联想或连接的方法是所谓的发散性思维（Divergent Thinking）风格（Guilford, 1950: 1967; Torrance, 1962: 1966; Runco, 1991），但解题者在建立联系之后，必须要做适当的判断和解读联结动作的后果。

6. 心智表征

心智表征在解决特点领域问题上的研究要比解决日常生活问题多，例如在艺术（Gombrich, 1960），建筑设计（Eastman, 2001; Goldschmidt & Porter, 2004; Visser, 2006; Chan, 1997, 2011），计算机工程（Korf, 1980），心理学（Shepard, 1974; Kosslyn, 1975; Greco, 1995），科学发现（Kaplan & Simon, 1990）以及写作（Thevenot & Oakhill, 2006）等方面已有不少出版物。这是因为日常生活问题（或者同样问题重复出现几次）应该能从经验中学到经验法则，或由回记过往已经创出的解答，再经过修改以适合解决手边问题，并且大多数的日常问题有可能是常规问题，其解答可能都已经变成标准化而且是自动化的。所以，心智表征在这类问题上不是那么至关重要。

然而，在解专业特殊问题或任何新而且陌生的问题时，适当的问题表征是必需的。没有正确的表征，一个问题是无法解决的。在第2章解释的被肢解棋盘问题是个古典例子，充分解释了这个概念。在设计中，非常重要的是使用正确的内部表征形式匹配外在表现形式。如果一个独特的心智影像被发现，并将之用作设计的表征，则其设计产品的结果将会是独特和有创意的。

7.2.4 创造力是如何评估的

创造力是多面性的，涉及的许多变数也相互有关联。这个方程式中单元的互动以及为了有创意表现所需的环境更复杂多变。任一变量的改变都会同时影响其他变量。由于创作者间的个体不同，很难辨别主宰创造力的至要变量因素。但所有的变量在大小和评估量表上的顺序，应该是平等的。于是，为了捕捉复杂本质的细微之处和不同创作者之间的个别差异，曾被发展并并用过不同标准多重测试的应用评估方法。

例如发散思维测试法包括流畅性（Fluency）、灵活性（Flexibility）、原创性（Originality）以及精巧性（Elaboration）四个度量标准已经被用来测量创造力。流畅性是更能产生多创意数量的能力，灵活性涉及产生多类想法的能力，精巧性是发展并装饰美化一个念头的能力，原创性是能做出奇特的、不陈腐平凡或平淡无奇念头的能力（Guilford, 1950, 1967; Torrance, 1962, 1966; Runco, 1991）。这种多重衡量的方法被称为心理测验法（Psychometrics），也被进一步地发展成托兰斯测试创意思维法（Torrance Tests of Creative Thinking, Torrance, 1974）。追随吉尔福特的扩散性思维模式，托兰斯测试在考核中测量所产生的回应数目（流畅性），对应时有可能替换多少类别变化（灵活性），对应的独特性（原创性）以及对应的细致性（精巧性）来衡量学生在学习中创造性思考的扩散思维程度。到目前为止，埃利斯·保罗·托兰斯（Ellis Paul Torrance）所发展出的托兰斯测试还是应用最广的测量创作天分的评估方法（Sternberg, 2006）。

这些创造力的测试法被批评是测量与智力有关的因素而非创造力，而且受测者很容易被外在环境影响。学者也同意吉尔福特和托兰斯测试两种考核法，都是专注以扩散思考为创造力基础发展出的方法，也是针对扩散思考而做的强调。因此，两种方法被挑战，因为它们的程序只衡量学习中的创造力，而非日常生活的创造力。但也有研究证明这些测试法有潜力，能测量创造思维（Bachelor & Michael, 1997）。随着这些理论的发展，提出了一个"聪明、智能及创造力综合系统"的一般理论作为考虑创造力的方法（Sternberg, 2006）。这个理论主张"创意人"都愿意追求未知或不被关注但有成长潜力的念头。这些人会公开追求他们的创作，并公布他们的创作之后移到下一个新的或不受欢迎的念头。

7.2.5　如何培训创造力

有研究承认，如果在课堂上培养学生的创造力，则学生不但会增进他们的专业技巧，还能够识别并且建立起自己未来的生活框架（Annarella, 1999）。于是，创造力的训练已经陆续从1973年起为幼儿园（Meador, 1994）、小学（Castillo, 1998）、高中（Fritz, 1993）、学院（Daniels, Heath & Enns, 1985）或在教育管理领域（Burstiner, 1973）、市场销售（Richards & Freedman, 1979）及工程界（Basadur, Graen & Scandura, 1986; Clapham & Schuster, 1992）等不同级别的学生设置出来。

一个有趣的例子描述了训练创造力的情况（Baer, 1996）。该研究以训练作诗的思考为实验课题，有两组学生参与。控制组的学生是用标准的语言艺术法训练思考，实验组则训练用影像建构诗。影像组学生被要求依图片对某一事件自己发明一些"字"或"描述",用来建议其他事件。这是扩散思考的方式。研究结果发现这种以专业为主的训练方式,影像组学生比控制组学生产生更有创意的诗品,但没有做出那么多背后的故事描述。所以,训练学生用扩散性思考确实会增进学生在影像建构上的创造力。

扩散思维不是唯一的创意思考方式。其他的模型也曾被提议做成训练模式,提供一个对思考过程较为完整的说明。也有学者确定八项核心处理操作,包括问题建构或发现问题、收集信息、搜索概念及选择、结合概念、生成构想、评估构想、实施计划以及监控行动等(Mumford, Peterson & Childs, 1999)。这个模型对创意性思维解决弱构问题提供了一个相当一致的描述,同时也显示了经由组织关系、结合观念后,肯定会达到一个解答的阶段。与此提出的模型相似的其他实验,也证明在过程中训练寻找问题(Getzels & Csikszentmihalyi, 1976; Rostan, 1994),训练结合观念(Mumford & Gustafson, 1988; Baughman & Mumford, 1995),训练概念评估(Basadur, Runco & Vega, 2000)等不同练习确实与创意解题和创意施行有密切的关联。其他研究更建议用"清单"和"列表技巧"训练去改进有创意的解题能力(McCormack, 1974; Clapham, 1997; Scott. Leritz & Mumford, 2004)。

7.3 设计创造力的操作定义

在1930—1960年,可在心理学文献中找到多于60种创造力的定义,当然到目前为止或未来,这个数目还会更多。如依可寻已有记录(Taylor, 1988),能收集到的定义可依研究的方法和方向作分类,一并列于下面作参考,但所列定义的类别是以现代熟知的术语解释的,并且扩展到将1980—1996年的重要定义类别一并简单列入作基本了解。所以,涵盖的类别是60多年间(1930—1996年)在创造力定义上的重要学术研究。

(1)与创造性视觉领悟有关的定义:在完形心理学(见第2章附注)中重新组织或重新构筑视觉信息的意义。在这类研究中,最有代表性的定义是破坏一个完形以达到一个更好完形的过程(Wertheimer, 1959)。

（2）与创造性过程相关的定义：专注于产生创新产品的过程。一个典型的定义是在某个时间里做出一个崭新作品的过程，此作品是可靠、有用的，并且能满足一群人（Stein，1953）。托兰斯定义创造力思维是一种能够感应到困难，问题中的问题，信息中的漏洞，缺失的元素，歪曲的发生，作猜测和对缺陷作假设，评价并测试这些猜测和假设，作可能的修改和重新测试，最后沟通结果的过程（Torrance，1988）。

（3）与创造性表达相关的定义：专注于美学或表达的考虑，特别是个人的表现。任何自我表现都被看成是创造性的。例如在生活组织里主观生活的改变过程，发展过程及演进变化过程等都是创造性过程（Ghiselin，1955）。

（4）与个人性格相关的创造力定义：关注心理分析及创造力的活跃度。由创造个体与个体间对身份地位、自我意识和超我意识的互动性强度而定义是否有创造力（Kubie，1958）。此定义与西格蒙德·弗罗伊德（Sigmund Freud）的本我、自我和超我人格理论相关。

（5）与创造力智慧技能相关的定义：专注于思考解决方案的能力。例如吉尔福特就定义解题创造力是能够吸取由问题本身释放的信息，并进一步发展所需信息的能力（Guilford，1959）。

（6）与创意知识相关的定义：专注于认知的运作。例如创造力是定义为现在人类已经存有知识的附加物（Rand，1952）。

（7）在日常生活里与课题应对的创造性定义：代表性的定义是说，一个"应对"在某种程度上将被判断成是有创意的，如果它对手边课题做出的应对是新奇、适当、有用、正确或有价值的，并且这个课题的应对处理方式是启发式而非规则演算式（Amabile，1983a）。

（8）创造性在社会及文化方面的定义：定义创造力是一个行动、一个念头或一个产品能改变现在的专业，或会将一个专业领域转变成另一个专业新领域（Csikszentmihaly，1996）。

这些不同定义类别代表不同领域学者在1950—1960年（Taylor，1988）及之后的研究成果。在1969年，托兰斯由解决问题的角度定义创作力是感受一个问题，寻找可能的解法，做出假设，测试并评估，然后将结果与他人沟通。这个进行式模型定义几乎涵盖了设计产品的整个创造过程。此外，这个模型也讨论在"概念构思阶段"中的认知活动，包括原创概念的生成，发展不同的解案观点，打破原有框架，重新组合概念，或查寻概念间的新关系等（Torrance，1969）。1980年后，研究学者形成一个共识，即"个人创造力应该包括认知能力、个性特征、思考风格、动机、知识以及研究环境等多重单元"（Amabile，1983b; Woodman & Schoenfeldt, 1989; Eysenck, 1993）。随着这个趋势，学者开始了解创造力的复杂性以及多面性的特色。研究也就走向努力探索卓越天才创造力和日常生活创造力之间的差别，并且个别定义。

在卓越天才这方面，定义的研究重点专注于创意天才的创造性实现，亦即大－C级创造力。大－C级创造力是"体现卓越而且是新东西的成就，并以显著的方式改变一个领域……一种人做了会改变世界的事情（Feldman，Czikszentmihalyi & Gardner, 1994）"。另一个用来解释高水平成就的定义是"经由个人做出新或原创概念，洞察性，重组成新发明或艺术品的能力（Vernon, 1989）"。这些定义适合于被高度认同而且特别有天分和特殊成就的天才大师。

在另一方面，一般老百姓也有解决日常生活问题的创意能力，这就是小－c创造力。小－c创造力可以由下面两个例子解释。第一例（Craft, 2000）是一种在日常生活中能指导选择和寻找途径的创造力。小－c创造力不一定非要由产品成果的角度来评判它的创造性，因它也涉及有想象力，超越明显（obvious）的水平，有不墨守成规的意识，做事也得有原创性。另一个在教育界给的定义是知识和技巧的新运用以达到一个有价值的目标。要达到这个阶段，学习者必得有四个主要特质：①辨识新问题的能力，而且能独立设定问题；②能将一个领域中学到的知识转移到其他领域解题的能力；③有对学习累积程序的信念，而且重复尝试会最终带到成功的境界；④有专注于追求完成一个目标或一套目标的坚持能力（Seltzer & Bentley, 1999）。这个定义从解决问题的角度解释了小－c创造力。

不管是卓越创造力还是日常生活创造力，只要创造者（或解题者）做出的结果是新颖、崭新的，而且有功能可用，那么创造力就存在了。这个定义也可看成是所有普通创造力的根本定义，适用于各个层面。所以，一般公认的核心创造力特点就是一个念头、概念或产品，它必得是新颖、独特的，而且有用的（Barron, 1955; Mumford, 2003）。这个新颖、独特和有功能的认知活动下的产品观念也适用于解释设计创造力的根本特质。

　　然而，如果从人类认知角度看设计创造力，则设计涉及在创意过程中运用不同的推理、知识和（最重要的）美学价值。所以，要探讨设计创造力的驱动因素，就更要涵盖认知因素。所以，创造力的操作定义应是："一些有意识性经过推理运作知识，产生一个设计概念的特殊行动；生成的成品有某些功能、美感和市场价值，而且结果是新颖、独特、美丽并且被公众接受的产品。"这种创造的行动也应被用来当作判断一个人解题技巧和创新能力的指标。根据此定义，设计创造力可由产品方面（识别创造力），并由相关的认知特点去探讨生成这些产品的行动（鉴定创造力）。

　　有学者认为，一个人是否有创意可通过观察他或她的行为，或发现他或她的产品做决定（Taylor, 1964）。同样地，设计创造力应该由设计产品和设计过程来辨识。产品是实质的物理产品，过程是不可见的连续思考动作。设计过程中不可见的连续思考行动，借助可见的媒体重构，可将之外显透见。因此，由产品方面的角度来说，一个设计师作品中的创造力可通过比较它和其他相似产品，判断这个产品是否独特、崭新、有功能、适当，而且有价值。以赖特的大草原住宅为例，水平而挑出甚深的斜屋顶新造型，不只是优雅地保持了水平性所代表的草原大自然，也在功能上挡雨。同样地，安藤忠雄狭窄的水平墙面切割，让阳光及光线射入室内，或让一片墙穿过另一片墙的作品（见第8章），在功能及美学上都是新而且有创意的。因此，这些创出的特征，因为它没有被别的设计师创出，所以确实代表设计师的个人创造力特色。

　　由过程的角度来说，当新而且有创意的特征被认定之后，一个设计师的创造力应该由创出这些特征的方法，或创出这些特征所用的认知程序是否新而且独特来判断决定。如果产品特征是由一个创新有价值的过程产生，这位设计师肯定是有创造力的。此法可以分析研究设计大师的设计案为例（见第8章），以便对创造力得到深入的了解。

7.4　收集创造力数据的方法

如第2章所解释的，有四种方法可以研究设计思维：访谈、案例分析、问卷调查以及原案口语分析。任何一种数据收集法的基本考虑是所用的方法须得有效，而且能科学化地证明任何研究思考所提的假说。学者用的研究创造力方法，因为涵盖的方向和重点不同，所以程序有异，但也可总结为下面几类。这些总结的类别，应该足够提供一个通盘概述，以对学者用于评估不同层次的创造力，研究不同领域中创造的认知过程，探讨不同领域中生成创造力的思考过程以及寻找评估创造力的方法等的数据分析法作一个全面的了解。

1. 研究天才的资料收集法

早期研究创造力是研究创造力的自然本质，专注于研讨天才的自然能力（Galton, 1869）以及伟大人物的智能（Cox, 1926）。这两个研究都是收集来自不同领域、不同时间阶段，大量知名创造者的数据，再依分组经过统计分析比较各组的异同性。例如弗朗西斯·高尔顿选择天才名单的方法是靠历史学家及他人的判断，数据是由传记辞典中得到的。

这种从研究天才创作者去了解智能的趋势风行于20世纪。相似方法也被用来研究有创意的卓越天才，以便定义在广泛公众领域中被认可的成就程度（Simonton, 1994, 2004）。其方式是由现代标准挑选有创意的天才，包括作品持续几个世纪的卓越的古典和歌剧的作曲家（Simonton, 1977，1998），得过普利策奖（Pulitzer Prize）的小说写作家，或被挑选入大英百科全书中登录记载多于100行描述句子的名人等（Kaufman & Beghetto, 2009）。

另外的例子是社会心理实验研究（Csikszentmihalyi, 1996）。该研究的目的是要发现表现出不凡思维，以不同方式经历世界，而且在某些重要方面改变了文化的人的思维。1990—1995年，这个研究联络了275位人士作访谈，以录像访谈了91位超过60岁并且在文化上有影响的人士。在这些访谈者中，14人得过诺贝尔奖。研究产生了许多发现和结论，并且明确定出了人才和天才的分别（Csikszentmihalyi, 1996）。

2. 研究创造过程（访谈、原案口语以及实验室文献）

创造过程是一系列解决一个问题或者创作一个物体的思考程序。用来研究过程的数据应该是连续的思考活动。在心理学里，收集研究思考的数据可经由访谈以及问解题者（或设计者）一些以前解过题目的相关问题。解题者（或设计者）会回记过去在解题时曾经做了什么。以内省回顾方式，设计师能报告一些他们推测或者解读生成的数据。这些数据可以用录音机录下。这就是内省式口语报告法（Introspective Verbalization），数据也可能是事后的反思（Ericsson & Simon, 1980; Chan, 2008）。

另外一个方法是要求解题者（或设计者）在刚刚做完一件事后，报告所做的并且录音记录口语数据。这种"追忆口语报告法"（Retrospective Verbalization）是要解题者回记刚完成的方法历程（Ericsson & Simon, 1980）。因为事件才做完，心智的数据还不会完全被忘记并且是可回收的。因此，这种方法比内省式口头报告法更可靠。

然而，回记事实并不可能会百分之百正确，于是就发展出同步式口语报告，或称并发式口语法（Concurrent Verbalization）。这是在解题者正在进行解题时的心智数据收集法。有研究证明，同步式的报告会显出解题者当时正在做事的程序数据，不会因为他们在作报告而改变认知程序（Ericsson & Simon, 1980, 1996）。这种方法收集到的数据更可靠，更能用来构筑一个解题的真实模型，探讨创作因果关系，或研究创造时的创作性心智程序。适当的收集同步式口语资料的方法是由录像收集口语数据，此法的细节可由数篇报道中得知（Ericsson & Simon, 1980, 1996; Chan, 1990）。同样地，此法也曾用来研究建筑设计中的个人风格（见第4章及第6章）。

在研究"科学发现"或"特殊伟大技术发明"的创造过程中，收集口语数据是比较困难的。因为创作事件可能发生在过去，数据可能已丢失，或者可能要花很长时间为长时间解题作口语录像，功效上是相当耗时、耗力的。不过，其他"收集实验室文献"作为参考的方法也被用来研究科学发现。实验室文献是实验室活动的记载。在19世纪晚期及20世纪早期，爱迪生就保留了非常详细的记录他在实验室里的实验活动的记事本。这种记录实验室活动的方法也被许多国家实验室采用。此法提供了一个非常特别的机会和窗口，让学者查看新产品是如何由发展出草图到体现成果的阶段的。例如爱迪生发明留声机，可由1877年11月发展出的所画谈话机的第一张图，追溯到1877年12月6日公开宣布完成第一个留声机的过程。尤其是几年后，更先进的留声机发展过程也可以被追逐以了解相似产品线的连续性思考及产品发展。

3. 构建思考过程的模型（调查、访谈、电算及口语分析）

在研究思维方面，由调查、访谈和口语分析法收集到的数据能被混合做出描述性模型，再经图表科学化地分析创造力的形态。例如电算模型也是采用一种方法模拟出与创造者相似的创意念头。这个技巧是20世纪80年代后最有影响力的方法。其运用的方法是用电算及组合的原案程序，将艺术师的创作程序重现，而不用解释这些原案与什么认知程序有关（Gardner，1982）。

在经营管理科学里，也探讨过有创意的商业管理过程，以确定能改进有创意的管理因素（Simon，1985）。在人工智能学科中，研究"科学发现"的创造过程，也经由运作计算机程序配上科学家的实验室数据，结合两者仿真科学家的科学发现过程（Bradshaw, Langley & Simon, 1983; Kulkarni & Simon, 1988）。例如BACON系统项目，成功地应用一系列的运作规律和启发式规则仿真探讨约翰内斯·开普勒（Johannes Kepler）的行星运动第三定律的发现（Langley, Simon, Bradshaw & Zytkow, 1987）。

其他在人脑科学（Martindale, 1995）、认知科学（Finke, Ward & Smith, 1992）、社会心理学（Amabile, 1983b）以及社会 - 文化研究（Sternberg, 1988; Health, 1993; Gardner, 1993a）等领域中的研究，也证明创造力是一系列心智过程，可产生独特念头，带出独特解案，或者做出发现，改进人类知识。特别是一些实验方法和口语分析法也被特别密切地运用，以研究创造性的认知（Finke, Ward & Smith, 1992）和达到深入洞察境界的过程（Kaplan & Simon, 1990）。

4. 评估创意（实验）

创造力可以经由心理实验去测验，了解并发展出特别的理论。例如有学者假设，能应对相对独特的能力是人类智慧的一部分（Sternberg & Gastel，

1989）。在一个实验里，给了50个人一个"给句子 - 做核实"的课题。受测者被要求验证一套连续性的句子表述，表述里有预设事实性的前提，或者是非事实性虚构的前提。目的是要探讨在何种情况下，人类的创造力会被触发。经过数据分析和研究发现，当人们要求把非独特虚构（Non-novel）的命题从独特（novel）事实性的命题中抽离时，他们的反应（或进行）时间很显著地要比把非独特虚构从非独特虚构中抽离长。其他用收集实验数据的方法去了解设计创造力的过程也被用来研究设计的表征（Carroll, Thomas & Malhotra, 1980）。

7.5　结论

从回顾这些大-C，小-c及日常生活的创造力，我们可以得到一个全面性的描述，亦即创造力是有"个体中"（Within-individual）和"个体间"（Between-individual）的不同层次的。

在"个体中"的创造力，一个有创意的概念可在思考中由复制概念生成，创意也可以由大规模的重组概念产生，更或许是经过重新更换概念达到令人兴奋程度的创意，这些都能定义一些不同层次类别的创造力程度（Sternberg, 2006）。

至于"个体间"的创造力，则取决于环境的支持度，个别知识和智能的差异性以及创造出产品的时间表等，也能产生不同程度的创造力。然而，如果两个相似的发明（或创新）是由不同个体在同一时间做出，这可能会有版权的争论需要澄清。但如果一个设计师非常了解问题，做好思考，有足够专业知识和认知技巧，也有恒心做出一个独特崭新的创作，那么经过环境的支持，他或她会达到一个非常高程度（天才或卓越）的创造力水平。

结合第2章对不同认知的详述以及本章所谈日常生活的创造力，三个重要的创造力特色浮现出来，这些特色由认知角度解读，也是研究设计创造力的主要概念框架：①创造力出现于许多高层次心智运作的互动中，包括视觉、记忆回记、推理、动机等，其中的互动包括特殊组合以及其他运用与做非创造力事情相同的认知形态；②不同领域专业有其独特的认知形态；③每个专业有其解题表征，用来思考特别的解答，尤其心智表征是创造力的一个关键元素。

例如解物理问题用的表征就和解会计问题不同，因为会计问题是以数字为主，而物理问题是以方程式为主（Larkin, McDermott, Simon & Simon, 1980）。不用说，建筑问题是图案主导（Akin & Lin, 1995）。所以特别知识在每个领域中是必需的要求，也得最少十年时间的持续训练和练习，才能达到专家或大师层次（Hayes, 1981）。虽然基本的认知程序在不同领域中，解决问题时的程序在某种程序上是相同的（Simon, 1985），但设计中的创造力，如第2章所强调的，有它自己的特色。

下一章开始专注于介绍造成创意思考的认知因素和结构，同时也解释设计师个人风格和创造力的特色以及它们之间的相互关系。使用的研究方法是收集四位建筑设计大师的相关设计资料和图形数据做案例分析，从案例中找寻并辨识每位设计师的风格特征及创造力特征，同时搜集设计师的写作出版记录，分析带动设计创造力的主要因素。至于造成设计创造力因素的详细确实信息，可在未来通过认知心理实验研究设计师的实际操作，设定课题，再配合同步口语收集数据做进一步的实例验证。

第 4 篇
风格与创造力的关联

第8章 创造力过程与风格

如本书第2章所介绍的认知,是一种人类智能,能组织个人信息,完成一些与人类意识察觉、视觉认识、推理以及判断相关的日常课题。在设计领域中,设计师也应用设计认知能力,整理设计情报,创出物体。所谓设计认知,是一些与认知本能相关的心理能力,这个能力是要有足够才华能在脑中运作心智影像,使用逻辑推理,以双手生成三维空间造型,创出一件能满足一些机能产品的能力。这些能力,通常发生在设计过程中,被看成是形成某些做事的现象和造成某种做事形态的主要原因。例如第6章所示,设计师会有意识地在设计中应用一些不变的知识内容、不变的规律、不变的心智影像以及一些固定的程序。也因此,一些恒定的特征会被创出,并会被认出是一个风格的表征。因此,这些在设计过程中应用智能的形态方式,就被描述成是一种现象,代表风格,生成于认知的运作中,并且在设计中所运用的认知机制就是生成一种风格的诱导力。相似地,创造力是另一认知运作的现象和结果,并且生成创造力的认知因素与生成风格的主导因素相似。本章将从认知的角度解释风格与创造力两个现象之间的关联和关系。

8.1 风格程度与创造力

在设计界,一些设计师在作品中缺乏强有力的风格表现,但有些设计师却有。同样地,一些设计者比其他设计师更富有创造力。如此,一些有趣的问题就产生了——为什么不同的设计者间会有不同的风格表达度?不同的设计师会有不同的创造能力?风格和创造力之间会有些什么样的关联?要回答这些问题,就有必要在探讨创造力的本质之前,先研究造成设计师风格程度的原因。

三个理由可充分解释形成设计师间不同风格程度的原因：一是个人的设计手法（或称文法）和规则；二是案件的地理脉络和建筑类型；三是每个设计中个人设计的意图。这些原因可妥当地解释形成不同设计师风格程度变化的现象。这些理论也和设计创造力的程度有些类似及关联。下列数节依序列出四位建筑大师的设计作品，用来解释不同风格程度的现象。

8.2　案例分析

8.2.1　个人的设计文法和规则——赖特

第一个关于为什么一些设计师的风格会比他人更强的原因，可由其使用特别的设计文法（手法）、设计规则、设计约束以及个人偏好某些造型等因素来解释。个人偏好的造型，如直接用在设计中，则有其直接的外显表达效果，并可立即被看成是该设计师的签名代表。至于所使用的设计文法、规则和约束则各有其明确的步骤和程序被意识操作，导致产品中相似特征的生成。如果这些步骤和程序是由同一设计师重复用在许多设计案中，则设计结果也就毫无疑问地将产生许多类似的特征，此时一个强有力的个人风格就产生了。例如，赖特的草原风格就比迈耶的纽约五人组现代建筑风格或穆尔的本土风格更为强烈，那是因为赖特有许多设计规则、设计文法和特征用在许多案件中（参见本书第5章）。

8.2.2　设计案件的地理脉络和建筑形态——奥托·瓦格纳

第二个关于一个设计者会产生一个较强风格的理由，是所经手设计的所有案件可能都位于相同的地理位置以及都享有同种的建筑类型。如果设计案是位于相似的地理环境，那么在设计基地时会有相似的思考因素。如果设计案都有同种的建筑类型，则会有相似的机能考虑，因为使用种类和使用方式都会大致相似。因此，同种类型位于相似地理区的设计，就会比相异建筑类型位于不同地理区要更相似，并更能宣示类似风格的存在。比如赖特1901—1910年的设计案大都是住宅类，并位于美国中西部。因此，相同的住宅类型和相似的乡村风景就更能让设计者创出相似的形态，并能在相同的设计类型中，强有力地保持相同的草原风格。

奥托·瓦格纳的设计是另一个更能妥善证明并解释这个现象的建筑例子。瓦格纳被学者认定是20世纪初现代建筑运动的先驱。他经手的设计，涵盖了连栋住宅、公寓、商业大楼，以及地铁车站等（不同的建筑类型），但大都位于维也纳市内（相同的地理位置）。地理位置和建筑类型对瓦格纳风格形成的影响，可由图8-1中（a），（b）及（c）三张他所设计的三个混合使用的商业住宅图片得知。这三个建筑所分享的相同特征包括：①屋顶上挑出的连续屋檐；②相似比例的垂直狭长开窗；③划定二楼的连续条带；④连续的二楼体块等。图8-1中（d）是另一个位于维也纳市内的单栋住宅，也同样分享了相似的挑出屋檐、狭长直条窗户模式以及坚实的底座等特征。然而，当建筑类型变成地铁车站时，特征却大异其趣（图8-1（e））。

8.2.3 每个设计的设计意图——奥托·瓦格纳

瓦格纳地铁车站设计造型的大转变，与另一个认知因素，所谓的设计意图用

（a）地垫10楼，1895　　　　　（b）维也纳左线38连栋公寓，1898　　　　　（c）Neustiftgasse公寓，1912

（d）威特别墅，1913　　　　　　　（e）卡尔地铁车站，1898

图8-1 五个奥托·瓦格纳的设计案图片(图片来源：(a) 著者自摄；(b) Gryffindor / 维基公共领域，http://commons.wikimedia.org/wiki/File:Otto_Wagner_Vienna_June_2006_020.jpg；(c) Heardjoin / 维基公共领域，http://commons.wikimedia.org/wiki/File:Otto_Wagner,_1909–1912,_A1070_Wien,_Neustiftgasse_40,_p1.jpg; (d) Welleschik / 维基公共领域，http://commons.wikimedia.org/wiki/File:Otto_Wagner_zweite_Villa2.JPG；(e)著者自摄)

在不同的设计案有关。设计意图可解释成是设计者有某些设计目标要完成。从历史的轴在线看，瓦格纳在他的建筑生涯中创造了一项风格（Geretsegger & Peintner, 1979: 31），这个风格不只是呈现出他胸怀传统的敏锐，并且也明晰地宣示出一个明确的历史性改变，几乎全面推翻了18世纪后期和19世纪初期的浪漫主义，显示出所有建筑的结构物都是有目的、有意图的建造。在他的设计生涯里，他发展出建筑进化论，说明结构应该扮演建筑造型的"创始单元"的角色。瓦格纳指出："每个建筑都应该由结构造型中生出浮现，然后再经过连续的发展步骤，最后达到一个美术的造型。"（Geretsegger & Peintner, 1979: 28）于是，建筑物提供的机能服务以及建筑师的设计意图两个因素就主宰了建筑造型的生成因素，并影响了特征的出现。这是瓦格纳的设计过程中有意图的创造意念。

就如建筑史家所解释，瓦格纳所用的特殊设计方法是首先致力于发展出基本的结构组件，并逐渐添加一些细部，让造型美化。这种方法是受"新艺术运动"[①]的影响，并且也是建筑设计史上发生在现代建筑启蒙时期的新设计方法。当然，这些方法确实重复出现在他大部分的设计中。图8-2也解释了瓦格纳在设计Am Steinhof教堂案中如何由结构元素中做出建筑造型并且配上美术装饰的表达。这个设计也是为瓦格纳赢得国际名誉的作品之一（Geretsegger & Peintner, 1979: 206）。同样的努力，曾经重复在其他的设计案中，被考虑成他的部分设计原则，也

图8-2 维也纳Am Steinhof 教堂, 1902(图片来源: 左及中图片采自 Geretsegger & Peintner (1979), Otto Wagner, 1841—1918, the Expanding City, the Beginning of Modern Architecture. New York: Rizzoli, pp. 214 & 218;右图采自Welleschik / 维基公共领域, http://it.wikipedia.org/wiki/Chiesa_di_San_Leopoldo_(Steinhof)。登录日期 2016-5-19)

①新艺术运动（Art Nouveau Movement）是建筑发展历史中位于"新古典主义"和"现代主义"中间的一道重要环节。

是他做创造时所用的一般创作手法。然而这些特别专注或利用专门知识达到最后设计方案的努力，也会因案而异，并且也不尽然能被外观者充分体会、观察到，或在成品中被识别出。所以，这些设计原则的因素是推动设计过程的一种不可见的力量。例如，瓦格纳的风格也可说是他企图介入使用新材料和新造型以反映社会本身是在变化的概念。事实上，维也纳市区连栋公寓（Neustiftgasse apartment）大楼中的二楼体块造型设计（图8-1最右图），就是那个时期现代公寓大楼设计的一项新变化。

8.2.4　其他的设计例子——伦佐·皮亚诺和安藤忠雄

关于地理位置、建筑类型和设计意图对风格的形成以及对风格程度的影响，伦佐·皮亚诺又是另一个好例子。皮亚诺曾获得美国建筑师协会2008年度金质奖章，做过的设计案涉及不同的建筑类型，横跨不同的地理位置以及考虑许多不同的持续性问题解答及材料使用（Piano, 1998: 58-59）。在建筑类型上，他设计过会议展览中心（Pompidou Centre, 巴黎蓬皮杜中心, 1971）、机场大楼（Kansai Airport, 大阪的关西国际机场, 1994）、艺术博物馆（High Museum Expansion, 亚特兰大高等博物馆, 2005）、办公大楼（New York Times, 纽约时代大楼, 2007）、科学博物馆（旧金山加州科学博物馆, 2008）以及纪念博物馆（瑞士伯尔尼的保罗·克利中心, 2005）等。图8-3是这些建筑的外形图片。由图可见，运用在这些设计案的设计方案造型各不相同，并且每个解答都显示出了他在某些细部上的专心考虑。于是每个设计案由于不同的地理位置和不同的类型就会产生不同的设计手法，并因此改变产品的特性。所以，型就不同，并且也没有相似的特征会在案件间重复出现。

对设计意图的认知因素作进一步解释，皮亚诺会为了要了解他自己计划运用的建构材料，而对该材料特性作系统性的深入研究，而且将建材用到最好的情况。他控制技术，将选择到的材料应用到技术上的极限，但也会在创造力和科学间取得平衡。换言之，他会研究创造物体的技术方法，而非研究每个设计中建筑物的特别造型。所以他在每个设计初期会发展出一个特殊的大纲概念，然后为此大纲努力达到一个特别答案。也因为每个设计案的设计要求内容各异，因此在皮亚诺的设计案中并没有特定的艺术表达或表现发生。另外，还有两个因素影响皮亚诺设计造型的相异性。

第一个因素从1971年开始，三个不同时期中他做过的成名设计案，都是和三个不同建筑师一起合作的结果（Piano, 1989: 9）。他的设计决定过程，也因此渗入不少别人思考的因素和影响。以1989年为例，他的事务所分散于意大利热那亚、法国巴黎和美国休斯敦这三个城市，同时进行许多设计，员工共50

（a）巴黎蓬皮杜中心,1971年

（b）大阪关西国际机场,1994年

（c）亚特兰大高等博物馆,2005年

（d）旧金山加州科学博物馆,2008年

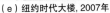

（e）纽约时代大楼,2007年　　（f）瑞士伯尔尼的保罗·克利中心,2005年

图8-3　伦佐·皮亚诺的六个设计案图片(图片来源：（a）photoeverywhere.co.uk / 创造性公共领域, http:// photoeverywhere.co.uk/west/paris/slides/pompidou_centre2964.htm;（b）Hide-sp / 维基公共领域, http:// commons.wikimedia.org/wiki/File:Kansai_International_Airport_02.JPG;（c）著者自摄；（d）著者自摄；（e）Eden, Janine & Jim /维基公共领域, http://commons.wikimedia.org/wiki/File:New_York_Times_Building.jpg;（f）Florian.Arnd /维基公共领域, http://commons.wikimedia.org/wiki/File:Paul-klee-zentrum-ansicht-zoom.jpg。以上图片登录日期2016-5-19)

人，说四种语言。在这个时期里，几件设计案是正处于早期的设计时间，在这个设计时间里，根据皮亚诺的说法，有下列特点："两件或三件案子目前还在神密（灵感）创造的阶段，而且设计概念还没生成，但会逐渐成形。这个时期里，沉默——将个人投入于吸收和理解的阶段——是最重要的。在这个阶段中，只有一个考虑整体粗枝大叶的建筑师，动脑而不动手，有把握、有信心地开始做设计。你得等，把手绑在背后，而且耐心地等到新冒险的整个大纲已经成形为止。"（Piano, 1989: 22）在大纲就绪之后，随后的观念设计期和设计发展期就有许多团队尝试许多实验、测试材料及建构技术。这个例子显示了团队风格和团队创造力的现象，并在本章后部加以解释。

第二个因素是他的设计也都考虑新科技方法的运用（Piano, 1989: 18）。由于科技是快速的演进，技巧日新月异，所以造型也就跟着新技巧的运用而发生变化。但是出现在他的设计中的共同特色，如图8-3中几个设计案所示，在外形中总有一些由某种标准建筑组件为基础而设计出的基本几何形结构体（或特征），会在整个建筑总体中经过重复手法而明晰地外显。

最后一个例子是安藤忠雄（Tadao Ando）的设计。安藤忠雄曾经在德国、西班牙、意大利、法国和日本设计过博物馆、宗教建筑、住宅和商业建筑等。1969年在大阪设立建筑事务所后，他自己专门负责主要的设计案，并于1995年得到普利兹克建筑奖，这是建筑界最崇高的奖章，并且也获得了2002年美国建筑师金质奖。他的设计案大多位于日本，有一些十分杰出的设计形态出现，这些形态也妥切地解释了哪些认知因素会产生风格的现象。由其设计案作分析，他的设计认知大致可分成四个主要因素：①有固定偏好的几何要件和组合几何所用的特别设计方法；②采用固定的建筑材料；③运用光线的特别设计意图；④由经验中学到的特别设计知识。安藤忠雄的设计认知可在他描述的20世纪80年代中期设计的大淀町茶室（Tea House in Oyodo）相关的著作中得到解释（Isozaki, Ando & Fujimori, 2007: 58–61）。

根据他的自述，他的设计过程有四个主要程序发生（图8-4）。第一，当他构思一座新建筑时，他先会在心中酝酿出一个草图概念。在这段心智酝酿的过程中，他会用心逐件研究该建筑所存在的环境中的地理、自然气候、历史

图8-4　安藤忠雄的设计过程图解

和社会文化背景。当这段时期结束后，他就能对空间所扮演的角色以及这个建筑的草图概念得到一个明确的影像。他说："当构思一座新建筑时，我会开始在心中绘制一个单一的草图概念。这是一种抽象的心智过程，经由将这个建构物所处的整个环境彻底地抽丝剥茧——如将地点、气候、天气、历史和文化背景等逐件抽离——我就能清楚地确定这栋建筑的空间角色将会是什么。"（Isozaki, Ando & Fujimori, 2007: 58）第二，他会使用几何形体筑构心中已生成的草图概念。经由几何形体的安排，空间秩序就在几何形中被考虑到并且体现出。他如此写道："几何是心中所用的一种工具，用来解答一些理论问题，一旦一个想法被升华确定到一个基本的几何形后，建筑师就能成功地把他的设计概念中的空间秩序表达出来。"（Isozaki, Ando & Fujimori, 2007: 58）第三，选择建筑材料，通常清水混凝土块、胶合板和帐篷帆布由于取得的便利性而成为了他偏好的建筑材料。他说："清水混凝土块、胶合板和帐篷帆布——是每天都容易得到的材料——也都被选用为建筑材料。"（Isozaki, Ando & Fujimori, 2007: 60）第四，在他的设计过程中，他也采用光创出空间特性。他说："我另一个设计方法上的考虑是对光的控制要求，因为我采用种类很少的材料，并且在光和影微小细部上的处理效果会对整个空间特性产生深奥的影响。"（Isozaki, Ando & Fujimori, 2007: 60）这些文字提供了一般性但也具代表性的数据，形容他的设计思考重点。于是，根据这些安藤忠雄所写的描述，在他的设计过程中所发生的设计认知大致可以分为下列四个主要项目。

1. 草图概念和空间秩序发展

在发展草图概念和空间秩序的期间，他一般使用从经验中或生活中学到的智慧创出他的设计概念。特别是他会思考衡量他的个人经验，再加上一些智慧想法，然后结合这些经验和想法融入设计的核心中（Furuyama, 2006: 7）。例如，在一个采访中，他指出："从15岁开始，我时常外出考察古老的郊区房子以及传统的日本建筑，是为了加深自己对传统日本空间的印象。这些得到的印象并没在造型上表达出来，但却映现在当我设计物体时的敏感性里。"（Ando, 1984: 131）在这个阶段中，他会利用他在经验中学到的，或由日常观察所体会到的智能知识，在设计空间秩序时孕育出一个设计概念。

2. 喜爱的形或基本几何构件

关于他的造型中的几何组合，他通常使用简单的几何方块或圆柱体交互错结。他说："我的建筑秩序是根据几何形创出的，这些形的基本轴线是简单的形体——由方形、长方形或圆形切割而组成。"（Ando, 1984: 139）在形里或建筑基地上，基本的封闭／开放，或虚无／实体相对的观念，也是他用来条理明晰地安排基地或空间的根本方法的特征（Ando, 1984: 15）。例如六甲山住宅一期（Rokko Housing One, 1983）和二期（Rokko Housing Two, 1993）设计案中，他喜爱的形或基本几何组件就是很好的例子，说明他使用了一系列传统建筑的语汇，即实与虚的交互影响，开放和封闭的相互选择以及光亮与黑暗的对比等。除了住宅设计是绕着露天中庭外，如住吉长屋（Sumiyoshi House, 1976）、城户琦邸（Kidosaki House, 1986）的设计，有些公共建筑设计中也会将建筑体块中心开放、透露天空，如直岛现代艺术博物馆（Naoshima Contemporary Art Museum, 1992）、木博物馆（Museum of Wood, 1994）和班尼顿交流研究中心（Benetton Communication Research Center, 2000）等。

除了几何造型之外，他同时也使用长而直的几何线条定义入口通道，因为在走过长而直的走道之后，人的视觉感会被改变，这是他的方法。这个通道观念，有可能是包围的走道空间，如六甲山教堂（Chapel of Mt. Rokko, 1986）用玻璃包覆做出的直条柱廊（见图8-5）就是一例。走到围闭的柱廊尽头，游客会被右边被光打亮的空间带领到教堂里。另外一例是开放的长条通道，如水教堂（Church on the Water, 1988）所用。在水教堂基地里，一道强而有力的独立墙设定了进入教堂的通道和步行的前进方向。

这个"通道"的观念也被用作独立廊道来连接空间。例如在大阪住吉长屋（1976）露天内庭的中心通道（几何构图）用来连接两端的卧室（图8-6），就清楚地展示了这个观念。其他展示通道的应用例子是本福寺（Water Temple, 1991），绕

过入口墙的两边狭窄的步行道（图8-7
（a）），转弯之后空间豁然开朗，再逐
渐通达进入地下的入口梯道（图8-7
（b））。他同时也用通道表达建筑物
轴线，定位建筑体块，如淡路岛梦舞台
（Awaji-Yumebutai, 2000）的设计就是
一例（图8-7（c））。对他而言，由廊道
定出的路线代表秩序。他说："我喜欢
用简单造型，并且专心注意人们每天日
常活动所创出的迷乱。楼梯和廊道会
将这些复杂的形态调整定位，因为这
些（楼梯和廊道的）所在是人不能没
规律走动的处所。"（Ando, 1984: 132）
这个通道概念就代表了建筑秩序的设
立。

图8-5　六甲山教堂的拱形长条入门步道（图片来源：
维基公共领域，http://commons.wikimedia.org/wiki/
File:Rokko_Mount_Chapel_Tadao_Ando.jpg。登录日
期2016-5-19）

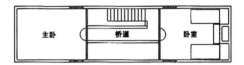

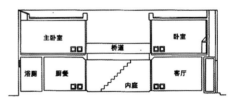

图8-6　住吉长屋平面（上左及右）及断面（下）
图片（图片来源：Mariana ／维基公共领域，http://
en.wikiarquitectura.com/index.php/File: Azuma2. jpg。
登录日期2016-5-19)

3. 偏好清水混凝土材料

在他大部分的设计案中，他选
择清水混凝土作为建筑材料。他解释："我尝试使用现代材料——清水混凝
土，特别是清水混凝土墙——做成最简单的造型以体现可能做出的空间……在
目前，对我而言，清水混凝土是一种最适合的材料，最能实现由太阳光线创出

（a）　　　　　　　　　　　　（b）　　　　　　　　　　　　（c）

图8-7　本福寺入门步道、入口通道及淡路岛威斯汀饭店轴线（图片来源：(a) Mungo Binkie /创意公共领域, http://
www.flickr.com/photos/mungobinkie/3864035067/in/set-72157622046374933；(b)Mungo Binkie / 创意公共领
域, https://www.flickr.com/photos/mungobinkie/3864823232/in/photostream；(c)Chris 73 / 维基公共领域, http://
zh.wikipedia.org/zh-tw/File:Westin_Awaji_Island_Hotel_06.jpg。以上3幅图片网址登录日期2016-5-19）

的空间。但是我所用的清水混凝土并没有坚硬的难塑性或重量。相对地，这种清水混凝土材料必得是均匀同质、轻便的，而且必得是能创得出几何面的材料。"（Ando, 1984: 142）

4. 阳光的元素

阳光是安藤忠雄所用的一个很基本也很重要的设计因素。这个因素被他进一步发展出一个整体的专业知识，用作设计限制，也配合墙的运用变成他的设计语言的一部分。对他而言，仅仅依靠控制光在室内的亮度就可改变空间的意义。他解释："在板书（番书）住宅（Bansho House, 1976）里，光只从一边墙的最上方投入室内。在早上，光照亮了餐厅的桌子，反射到客厅以及二楼的卧室；然后它逐渐地扩散，而且当它移动时，整个房间的特性也跟着改变。设计者能根据光是直射或反射，或者光是否来自一个方向而创作出完全不同特质的空间。当光来自一个方向，我会根据光是如何被接收的来试着创出不同的空间特性。这个方法是在传统的日本建筑，比方说茶室，或者一些设计成茶室风格的房子中找到的。"（Ando, 1984: 132）

他也指出："在小筱邸住宅（Koshino House, 1981）中，当阳光从西边直接射入到屋里时，光线就像雕刻一般活跃20~30分钟。所以，阳光可以被当作是物体一般看待。但是日常生活里还是要配上柔软的光线才行。"用雕塑潜在的设计规则运作，也是他的设计手法（文法）的一部分。对他而言，空间的意义是能通过简单地控制阳光的亮度而改变的。他解释道："在板书住宅（Bansho house, 1976）中，光只来自一边墙的上方。在上午，阳光的方法采光有些艺术性的问题，同样地，以温和的方法取光以便利日常活动，或让居住环境更舒服，或提供一个更愉悦的气氛，也都有些问题。例如光从低窗进入会是非常柔和的，但是因为它是扩散的漫光，所以无法做出好的摄影。但是如果光由上方进来，则会非常美丽。仅利用这些不同的安排光线的方法，空间会变得更为富丽。这个方法没有被现代建筑师使用，是因为他们更专注于经济问题，而且现代的建筑建造的数量变大，施工期也被要求缩短（而被忽略）。"（Ando, 1984: 132）

5. 以墙配合体现几何和阳光的特殊方法

安藤忠雄的建筑是一种墙的建筑，墙也在组合上扮演一个极其重要的角色。

对他而言，墙是最基本的建筑元素。安藤忠雄掌握墙的方式可归类成三种。

　　第一种方法是使用一个独立墙来定义室外空间。例如L形独立墙就被用来封闭部分墙外的室外景观，如1986年设计的六甲山教堂所示（Chapel on Mt. Rokko，图8-8（a））。同样方法也用在1988年设计的水教堂中，其L形独立墙框定了访客走近教堂时所能看到的自然环境，靠湖侧一边景观是开放的，绕到南面，这面墙同时包住了教堂的后（西）部（图8-8（b））。第三个用L形独立墙的例子是在1992年设计的墓森林博物馆（Forest of Tombs Museum，见图8-8（c）下方L形墙）。在这个博物馆设计中，一道L形墙同时框出南面和西面的户外景观。

　　第二种用墙法是用独立墙穿透一体块或穿过另一道墙，这可在墓森林博物馆（Forest of Tombs Museum）中看到。在这个博物馆里，一道L形墙穿越中间的圆形内庭。在这个圆形内庭中，一斜坡道顺着墙，带着游客，环绕观看内部展览的人造物品（见图8-8（c）中的L形墙）。第二个例子是大阪的光教堂（Church of the Light，1989），这个教堂有一道独立墙15°斜穿透清水混凝土的3∶1比例的立方建筑体块，将空间划分出三角形入口和教堂内部（图8-9（a））。第三个例子是石丘艺术中

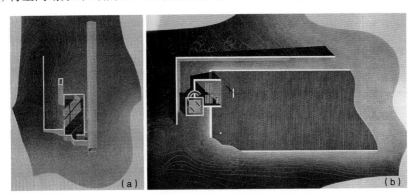

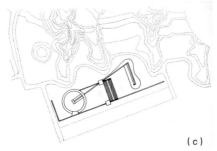

图8-8　六甲山教堂、水教堂及墓森林博物馆中的L形独立墙平面图(图片来源:M. Furuyama. Tadao Ando, Zurich: Artemis Verlags-AG, 1993: 135, 137, 168. 安藤忠雄建筑师事务所授权使用)

心（Stone Hill Center），这个艺术中心位于美国马萨诸塞州石丘市，是2008年设计的艺廊和艺术保存实验室的综合体。建筑物的北方，一道独立墙象征性地以斜角度穿越主要的实验工作空间体块（图8-9（b）），而且连续地延伸到建筑东边底端（见图8-9（c））。这道斜角度独立墙在中间被巧妙地打开变成了一个户外景观框架（图8-9（d））。相似地，将一道独立墙穿透另一道独立墙，交互穿接的手法也可在日本兵库县的儿童博物馆（Children's Museum, 1989）入口步道上看出。交互连接的两道墙，定义了入口步道方向的转移。

安藤忠雄使用的第三种用墙法是在墙上做窄而细长的切口，让一道光线直接射入空间里，赋予该空间一种特性，就像光教堂墙上20厘米宽的十字架（图8-10（a）），或者切开这个教堂独立墙和天花的细缝以及切开背面墙面让左侧边墙穿透（图8-10（b）），或者切开直岛地下美术馆（Chichu Art Museum, 2004）的墙面让视线连接内部和外部空间（图8-10（c），（d））等。其他例子如在巴黎市联合国教育科学及文化组织总部（UNESCO, 1995）的沉思厅和密苏里州圣路易市普利策文艺基金会的设计案（Pulitzer Foundation for the Arts, 2001）中也都重复出现过。

在研究过赖特、瓦格纳、皮亚诺和安藤忠雄四位大师的作品之后，四位大师的风格，可由风格的程度这一概念作一简单的总结。赖特有凝聚性极强的草原住宅风格出现在大部分作品中，因为他一直坚持使用相同的立面文法以及恒定的特征于许多设计中。安藤忠雄的设计也有一个强风格，由于他：①使用同样单纯并简洁的几何设计原则；②考虑相同的阳光（有时会是水①）及自然的设计限制；③在处理墙面时，会用相似的设计文法；④强烈地使用清水混凝土的个人偏好；⑤特殊的设计知识。虽然他的作品里并没有许多重复出现的特征强而有力地显示设计强风格形态存在，但是所用的相似方法和思考过程重复出现在许多案件中，刻画出相似做事风格的痕迹和类似的设计含义存在。第三位大师瓦格纳的设计则是弱风格，因为他的设计企图是专注在结构组件上的考虑，并且在作品中用了很松散的设计原则，所以没有集中而强有力的设计形态出现。至于皮亚诺，

---

① 有些设计是涉及水的存在。特别是1991年完成水庙设计后的几件作品，都几乎是被水环绕或视觉上坐在水上。如1998年日本北海道的水教堂，2000年日本爱媛县的光明寺（Komyo Ji Temple），2000年美国得克萨斯州的现代艺术博物馆（Modern Art Museum）和2004年德国纽斯市的朗根基金会美术馆（Langen Foundation）等。

(a)　　　　　　　　　　　　(b)

(c)　　　　　　　　　　(d)

图8-9　光教堂的平面图及麻省威廉斯镇石丘艺术中心北立面、东立面及北向内庭（图片来源:(a) 光教堂平面图采自M. Furuyama. Tadao Ando, Zurich: Artemis Verlags-AG,1993: 140. 安藤忠雄建筑师事物所授权使用; (b) 石丘艺术中心北立面:©美国麻省威廉斯镇、斯特林和弗朗辛·克拉克艺术中心, Richard Pare摄影; (c) 东立面: © Jeff Goldberg / Esto; (d) 北向内庭:©美国麻省威廉斯镇、斯特林和弗朗辛·克拉克艺术中心, Richard Pare摄影）

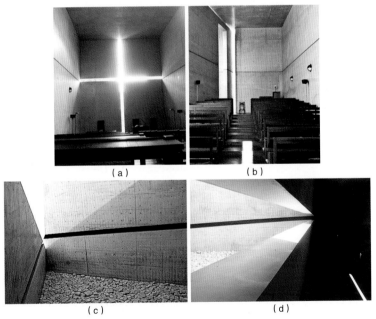

(a)　　　　　　　　　　(b)

(c)　　　　　　　　　　(d)

图8-10　光教堂和直岛地下美术馆墙面切割例子(图片来源：(a)光教堂十字切割: Attila Bujdoso / 维基公共领域, http://commons.wikimedia.org/wiki/File:Church_of_Light.JPG, 登录日期2016-5-20; (b)光教堂墙顶切割:http://www.paulamontessketchbook.com/2010/06/church-of-light-by-tadao-ando/, 登录日期2013-10-10;(c)直岛地下美术馆墙面切割: CTG/SF / 创意公共领域, https://www.flickr.com/photos/27966213@N08/3728709510/in/gallery-43355952@N08-72157622822787568/, 登录日期2016-5-20;(d)直岛地下美术馆墙面切割: Todd Lappin / 创意公共领域, https://www.flickr.com/photos/telstar/204531148/ , 登录日期2016-5-20)

因为他利用许多不同的高科技建构方法和材料，故而产生了许多不同产品结果，所以效果较弱，造成了分散而不明显的风格。并且皮亚诺的案件都有许多设计者参与，一起探讨许多不同的解决方法，企图达到一个主要的课题，因此在他的团队对数字建筑科技作了不同的探讨运用之后，最后就产生了许多不同的特色产品，因而分散了皮亚诺建筑师事务所的风格表现。

遑论这四位建筑大师的设计出现不同的强弱风格，但是他们都被看成而且被认定是有创意的设计师。那么，是什么因素决定并促成了他们的创造力？而且是什么因素让他们这么有创意？一个非常有说服力，而且能论据性证实造成创造力因素的解释法，是从设计认知的角度切入，因为设计认知是科学性探讨设计思考的学科。在下列数节，将仔细解析造成创造力的因素。

8.3　创意在设计中的生成因素

创造力是创新的能力，意味着自由行动，也是认知操作的结果。人类认知和创造力的本质都已经在第2章及第7章中详细介绍过。就像第7章所下的结论，在解决问题时，基本的人类认知过程在某种程度上都是一样的，但设计认知有它自己的特性，而且设计创造力也有一些理由说明它的独特性格。下面就是这些理由。

不像其他领域，设计是个特别的问题解决专业，致力于塑造出物体以满足某些目的，或构筑出一些结构适应一些目标，这些努力需要专业的审议美感、功能用途、社会符号象征和市场需求及供应。人为设计的根本本质是有意识地被一些意向推动，并由一系列的行动生成一个设计产品。由设计认知这个理论角度（Chan, 2001b, 2008; Cross, 2001; Eastman, 2001）切入，设计可以被科学性地有秩序地解释成是一系列的心理过程，先是认识问题的根源情境，选择设计需要考虑的议题，针对所考虑的议题设立目标或约束去应对（Chan, 1990a），寻找或设计出适当的行动方针及步骤以便落实这些目标（Chan, 1989），并评估选择适当的替代轮换行动以得到一个令人满意的解决办法（Simon, 1969）。于是，解决设计问题的过程就包括一系列在过程中作选择运作，选择一直带到最后解法的程序（或途径)上。但在这个巨大的问题空间(Problem Space)中,无数的途径都有可能带到一些解法上,究竟哪一条途径最有创意,并且会得到一个独特产品的生成呢?这个重要的问题可根据第2章结论中所提的九个认知项目,通过考虑是什么认知因素将设计者带领到会生成创意的途径上得到答案。由前面研究赖特、瓦格纳、皮亚诺和安藤忠雄四位大师的作品所得的数据发现,四个重要的认知因素可回答这个大问题,因为这四人都被视为是有创意的建筑大师。

8.3.1　问题表征

表征是种符号或知识组件,用在人类大脑内,代表大脑外在所面临的形势任务。在解决一个问题时,最重要的认知程序是要在心里建立起一个适当的"内在表征"以考虑解决手头的问题,这应在每个解题行动开始时就做出。所以,表征象征知识,也以某种形式代表所要处理的外在课题。一个好的问题表征可能导致有效而且高效率的解题,因为它提供了正确的媒介,可让解题者在心中视察可能的解法,用之作为寻找解法的工具。表征也是设计认知的一个主要因素。心中没有表征就不可能找到任何解答,遑论用的是非正确的表征。第2章介绍的"被肢解的棋盘"问题(Mutilated Checkerboard, MC)是个好例子。要成功地解决这个问题,解题者必须将内在表征由骨牌、棋格方块数和其几何安排的内在表征切换成方块的平衡数目表征,即黑色和白色的不平衡数目。如果不改变内在的骨牌表征去解决棋盘的"外在表征",解题者肯定解不了这个题目(Newell, 1965; Wickelgren, 1974; Anderson, 1980; Korf, 1980)。然而,在这个良构问题的MC问题中,其"棋盘"的外在表征是一个已经给予的实在物体。

至于弱构问题,因为没有已经定好的外在表征存在,或预期的设计结果在设计开始时还不明确,设计者必须同时建构出外在和内在的表征以便进行设计。例如如果设计师被要求做一民居住宅的正立面,则他在进行设计时,必得先做出一个心智影像的内在表征和一个借由绘图,或实体模型,甚或数位电子模做出的外在表征存在,以便展示其脑中的设计。由于内在表征和外在表征都是由设计者自己发展出的,而且有许多无穷尽的表征类别可供选取采用,因此弱构问题提供给设计者很多创意思考的机会。

应用不同表征能得出许多不同的解决方法这个概念,可用下面的良构问题解释。这个简单的良构问题是如何把十个硬币放在五个直排里，每排有四个硬币。事实上，不可能得把四个硬币放在五个直排里而生成十个硬币的结果。我们可以用五根棍子（棒子或筷子）和十个真正的硬币证明这个结果。我们也可以用五条线和十个小圆圈画图，当作不同表征，在纸上迅速地解这个问题。同样的问题于2012年秋季交给天津大学修"设计思考与认知"课的24位研究生作为作业练习，结果大多数学生都能提出2~3个解法，其中有一位学生画出了6个解法（图8-11），所以这位学生被认为是当时最能创新的思考者。

在建筑设计里，表征可由设计方法论的角度解释成是在设计初期做出"设计草案"的技巧。在一份研究解决设计问题的实验中（Chan, 1990a）证实在设计最早的阶段里，设计者会先专注于了解设计问题、案例和要求。这发生在起始的"课题了解期"。之后，设计师用草图研究建筑基地的特性和对建筑的影响，这是第二步的"基地组织期"。随后，设计师开始用心智影像、图表、草图以及一些对社会文化、审美、结构和持续力的考虑议题，发展出一份设计草案。这份草案也会是最后产品的整体图形轮廓。设计草案也可看成是高层面的设计表征，被赖特（Wright, 1928; Scully, 1960）及皮亚诺称为"设计摘要"（Design Abstract）。

但是，一个内在表征是如何在心中被建构出的呢？通常，经验启发诱导法（Heuristics）是被用来发展内在表征的。这也与经验法或经验规则（Rule-of-Thumb）有关。经验规则是一些特别的经验法则，来自于经验，或来自于经验或公约习俗的论证。经验启发诱导法，代表以经验为主的技巧，让解题者在作决定时能简化课题或简化问题，使其更容易被处理。在人类学习的过程里，经验启发诱导法涉及知识的来源是由有根据的猜测结果（Educated Guess）或测误法（Trial-and-Error）的过程而得，并非依循一些已定的程序学到。事实上，这也是设证推理（Abductive Reasoning）的思考方式，亦即基于有限信息和非相关单元在设计中做

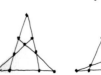

图 8-11　十个硬币和五根棍子的谜题

出关联的现象。除了经验诱导法之外，内在表征的建立也可在记忆中寻找以前曾经用过的表征，或者依循问题中给予的指示迅速地发展出一个表征作为应用。实验室的其他实验结果证明，当受测者接到问题时，他们不会先在可能的问题表征中进行有条理的选择，反而采用题目叙述中所建议或暗示的线索做出表征(Hayes & Simon, 1974; Simon & Hayes, 1976)。

　　就可用的表征数量而言，良构问题中可用的表征类别或形态比较有限，不如弱构问题那么丰富。在比较相同问题的不同表征研究中发现，当分别独立作业时，极少有两人会以同样的方式定义同一弱构问题（Kotovsky, Hayes & Simon, 1985）。因此，弱构问题必有不同的表征可用，而且有创意的解题者必定选到最好的解题表征，所以能解他人所不能解或解不出的问题。也有研究发现，即使在良构问题中，一个恰当的表征会迅速地解出问题，但有时解题者也必得改变内在表征，以便成功解题（Kaplan & Simon, 1990）。被肢解的棋盘问题（MC）就是很好的说明。为了成功地解决这个问题，解题者必须从骨牌、方块数和几何形的内在表征切换成不平衡数目（Parity）的表征。同一项研究的结果证明解良构问题时的灵光一闪，是在有策略地改变问题表征后才会发生的。该研究也同时发现当解题者已有信心用到可能解题目的特别表征时，他们会坚持在相同的问题空间中寻找解答，除非他们发觉到迫切的情况需要才会作改变，以改变问题空间或表征。这表明灵活和有变化的过程才能创造新答案，或者创出新表征去解决老问题（Kaplan & Simon, 1990）。

　　相似的改变问题表征以便有创意地解决良构问题的现象，也在解决弱构问题中发生，并在工业设计的原案口语分析研究项目里被报道过。该研究发现当设计者改变表征或问题结构时，一个新而且惊人的解决办法会立即被创造出。该研究收集的口语数据显示，参与实验的设计师也报告发现当问题的结构可以被其他表征改变、修改或调整时，则有机会能创造出新的解决方案（Cross, 2001）。在日常生活的解题思考里，也同时发现转换或者重新架构问题表征会对及时顿悟发挥重要的作用，解决的答案也会在同一时间里发生（Dunker, 1945: 29）。这种在设计思维中改变表征以便有创意地解题现象，也和"发散思维"或扩散思维（Divergent Thinking）的概念相似。发散思维是进行多方位思考，根据知识和经验以既有信息生产大量多样化的信息。扩散思考的做法会生成许多不同的有创意的解答,同时也是一项测定创造力的指标(Guilford, 1950, 1988)。但这个扩散思考概念并不是本章讨论的重点,因为在此情况下促生创意的认知理由并没在此概念中被解释到。然而,发生创意的认知理由却可由问题空间中发生的认知行为和运用到的表征作为解释。一个简单的设计问题将在下面提出并加以说明。这个设计问题是一个民居的正立面设计。

如果设计问题的案例是一个位于北美洲住宅的南向立面设计,那么设计师设计过程中的设计认知,可由理论假设,经过建构它的问题空间元素分辨出(表8-1)。这个问题空间代表解这个问题的整个心路历程,问题空间里的元素是解这个问题过程中所有触发的认知机制,可由思维过程里所有发生的活动辨识出。比如说在设计开始时,设计师会了解他的设计问题、目前的立场和设计单元状况,拟定设计约束(包括议题),产生一个概要的影像或图表作为表征,然后使用一些已知的设计规则作为运作方式,创出设计解答。于是所有涉及的单元就可以被系统化地列出。表8-1是一个大略的正立面设计时的问题空间例子。任何在问题空间中变化的发生,都会改变问题结构。然而,内在或外在表征的变化却会显著地改变心智影像或心智图表以及附带的运作程序,最后导致不同结果的产生,或意外地解决了问题。这也说明了触发一个创造性过程的情况。在大部分例子中,设计师会具备足够的处理建筑元素的专业知识,知道如何设计墙、门、窗等基本建筑单元以及这些单元之间的建筑关系,熟悉如何体现所要拟定的设计约束(及议

表8-1　一个可能的南向立面设计的问题空间例子

问题:	设计一单户住宅正立面
设计单元:	立面外墙,配上入口大门及窗
设计意图:	一些设计约束及相关的设计议题
内在表征:	一些大略的立面心智影像或图表
操作单元:	引用几何组合原则,将入口大门和窗设置于适当地点配合结构配置,并满足所设定的设计约束以及所考虑的设计议题
初期知识:	了解住宅基地的地理位置、墙面面对的方位、门窗规格及所用的建筑材料
可用知识:	木构造建构信息 使用材料特性的信息 设计约束及所考虑议题的相信息 立面设计的原则

题），并且也清楚与设计约束相关的经验法则及方式，综合使用这些约束、法则和知识创出一件可接受的设计成品。

然而，内在表征或外在表征被改变之后所产生的结果，又如何能被判定是有创意的行为结果呢？这可由在转换表征时是否作了有创意选择而定。例如在前面一个立面设计问题中，设计者可在木造墙表征或其他同构、相似形状的实体混凝土、透明帷幕墙或石墙（CMU）等许多不同表征中作选择，更不用说可由以前任何的设计案中抽取其一作为手边设计的表征。即使是在木造墙表征中，设计师也可由经验法则选出不同细部类别，组合外墙面材料、绝缘、木撑柱架、挡湿气薄膜以及内部墙面材料等。甚或加入不同的设计约束考虑，产生更特别的能源节约、绿色建筑、室内温度控制设计或结合不同材料作特别纹理处理等。如果有任何特殊的设计意图和独特的设计约束组成特异的表征，那么设计结果也必定是有创意的。安藤忠雄在住吉长屋中的墙设计就是一个很好的例子。

依照安藤忠雄所述，住吉长屋是他设计工作的起点(Ando, 1987)。在这个设计中，入口正立面是独立元素，有一入门开口，但没有门板，沿正中轴线对称地安排在墙面正中间（图8–12）。这个设计简单利落的手法，让这个立面产生了一个非常特别的影像，并且没被其他设计师做出过。这说明了做成的独特心智影像的架构，即第2章中所提到的DC2因素，促成了创造力的概念。他的设计问题空间中的认知要素以及设计此立面时所用的表征可以基于他的著作文字数据（Ando, 1984）理论性地组合于表8–2。

例如他解释他做这个设计的意图是：“插入一个混凝土盒子，而且创出一个内部微观小世界。一个简单但有许多空间，封闭但由光给戏剧化了的组合——这就是我试着要发展出的影像。”（Ando, 1984: 42）在这个例子中，

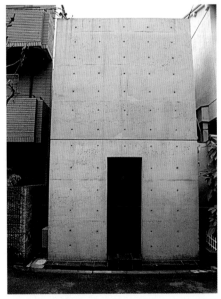

图8–12 安藤忠雄设计的住吉长屋正门立面（图片来源：维基公共领域，http://en.wikipedia.org/wiki/File:Azuma_house.JPG。登录日期2016–5–20）

表8-2　推测的安藤忠雄正门立面设计的问题空间

问题：	设计位于大阪一单户住宅的正立面
设计单元：	正立面外墙及正门入口
设计意图：	在木造连栋排列住宅的基地上，嵌入一混凝土盒子，在盒子内部创出小天地（总体意图） 使用对称，简洁化及封闭的设计约束（总体考虑） 正墙只要门，这门是内在生命的暗示（局部意图） 建筑材料必是清水混凝土结构
内在表征：	简单的清水混凝土封闭盒子附阳光光线，墙是独立单元
操作单元：	放单一入口于混凝土墙的正中，以满足简洁化及对称约束
初期知识：	了解大阪的地理位置特性，墙的方位以及门开口的尺寸规格
可用知识：	建筑清水混凝土结构的信息 简洁化原则的经验规则信息 对称原则的经验规则信息

他发展出了一个设计意图，此意图也演变为整个设计过程的总体内部表征。当他在做正面外墙设计时，他说："这个房子在街上完全封闭自己。内部的生活是完全不可能由街外感觉到的。外墙陷入部分，用作入口，是唯一暗示内有生命的部分。"（Ando, 1984: 42）他引用简化、对称和封闭作为局部（也是总体）约束，创出了这个立面。因此，整个独特的问题空间和来自独特设计意图所组成的内部表征，创出了一个独特崭新的设计，同时也验证了第2章所提专业知识（DC1）、问题结构（DC6）和内外表征（DC7）能造成设计创造力的概念。

8.3.2　专家知识以及独特的知识组合

如前所述，要使有创意的人撷取专业知识和技术达到有创意的行动得花些时日。根据研究，西洋棋棋士起码要有10年预备功夫才能达到大师级的层次（Simon & Chase, 1973）。这10年预备时间让专业人士开始做出成名作品的事实，也存在于许多不同的领域里，如音乐作曲和绘画艺术等（Hayes, 1989）。然而，使用现存知识做出有创意的思考也是令人争议的论点。有学者主张应该利用解题者已具备的专家知识解题，避免无谓的重复"创新"。特别是解题者如已经具备专家知识，应当知道如何和何时使用已知的知识有效地解出问题，这是优点。但也有学者辩论，是否有些时候也该把一些专门知识搁置一边，以便有机会发现真正奇特的想法和深入的洞察。但在设计中，已被训练过的设计知识确实是需要的，如此设计者才会知道在信息搜索时得寻找哪些适当的信息，也更能知道应当如何适当地应用。

例如，伦佐·皮亚诺的设计工作就应用了不少新科技和新技能。他的设计团队也做了许多研究工作探索适当的技能以完成设计。因此，在他的例子里有必要为完成高层次的工作充分准备一些专家知识，特别是如果这个设计是设计者没做过的新课题，或这个设计是设计者所不熟悉的新设计。安藤忠雄是另一个极端。他从没上过大学，也没在任何建筑公司当过学徒。作为一名建筑师，他几乎自学了一切。他具有渊博的知识，但知识主要来自他的直接经验。在1976年安藤忠雄设计板书住宅的墙面时，设法借助光定义内部空间特色是一个早期发展出的特别专业知识。大约10年后，他对光和混凝土所凝聚的特别组合知识让他设计出了著名的光教堂，该建筑完成于 1989年（图 8-10（a））。这也说明了第2章所提的DC1概念，即专家知识的发展造成创造力。

除了发展专家知识之外，能将知识组合成别人没做过的独特造型，也是一个主要的创造力。赖特能将他对水平性和大自然的知识结合做出草原风格，这种风格在20世纪初期是原创，不只印证了他的设计天才，并且也证明了第2章所提的DC3因素，即在多样化的知识中进行联想的能力是造成创造力的因素。

8.3.3　设计约束的独特应用

设计约束可看成是做设计时的某些限制条件，或某些必须满足实现的设计要求。如果设计约束是特别组合一些理论或假设，并实施于设计中，那么体现这些限制之后的结果会是新颖而特别的。取安藤忠雄的设计作为例子，他把两个主要设计约束加上一些思考想法用在几个有创意的设计中，可用来解释这个创造力的生成现象。

1. 简洁化的造型

简洁是一个特别的约束。他如此说道："通过消除所有建筑外表的装饰以达到简洁的效果，使用极简配上对称组合以及应用有限的材料运用，就构成了当代建筑的挑战。"（Ando，1984）因此，他所用的简单几何体加上使用唯一的清水混凝土墙作为主要的建筑材料这两个约束，就产生了一些令人惊讶的设计。

2. 与自然的互动

住吉长屋是安藤忠雄最早的作品，在该作品中，一些特殊设计考虑及概括性安排是他的原创成果。例如内庭，用来直接带入自然，但隔离了客厅和餐厅，就是一个特殊的安排，也归因于他以自然为设计约束之故。他如此写道："自从1976年设计住吉长屋之后，将自然引进建筑物就是我作品的重要题材之一。"（Ando, 1984: 25）大自然，对安藤忠雄而言，是能与任何个人对抗的真正自然，而非人工手造或家居式的自然，而且必须是圈围在建物里让居者在生活中亲身体验到的自然（Ando, 1987）。这个对自然与众不同的独特看法，是他设计意图的一部分，也变成了他的设计约束之一。他指出："当然，将自然带到住屋里是会让生活变得更严峻……但正是这个方法才能将传统的日本连栋房屋民居，从实质上被局束的造型和贫困的空间中，变得更富裕……一栋能有自然在内的住宅能更适合人类居住，也更能显出房子的基本特性。内部中庭是屋内重要的地点，在庭里可以直接地经由感觉真正领会到季节的转换。"（Ando, 1984: 25）于是，在建筑几何中的内庭设计成为一体性完全开放的结果（图8-6），这就是一个特别而且新颖的设计。

这两个设计约束例子的内涵种类是控制整个设计造型的主要束缚，称为总体约束类（或全局约束类）。这种使用总体约束形成特别设计结果的例子和特色，也说明了第2章中所提的创造力因素DC4，即独特的运用内在及外在约束会造成创造力的生成。

8.3.4 应用的独特设计方法或文法

赖特设计他的大草原住宅时，有他的立面文法。安藤忠雄同样也有他自己的设计规则和方法，这些规则和方法可以看成是他的设计语法的一部分。墙壁的设计就是一个例子，他如此写道："将墙以一定数量，依某些特定的间距定位，我便创出了一些开口，墙壁也就摆脱了用之来封闭空间的唯一功用，并被赋予一个新的目标……内部和外部的关系是基于由墙壁切出开口的切割法而定。"（Ando, 1984: 24）由他所写的著作和写他的著作，加上一些重复出现在几个完成的设计案中使用的方法，他设计墙壁的语法可做下列总结。这些方法是特殊的、有创意的，因为在他之前没被他人做出过。

（1）如果两个墙壁是独立单元，则将甲墙垂直切开让乙墙壁穿过，但不封闭这个开口，以便定义各自的身份。

（2）如果一墙壁是外墙，有需要给其内部空间一些特性，那么水平切开这个墙的天花部分，直接让阳光／光线进入内部。

（3）如果一墙壁是外墙，需要将内部和外部空间以视线连接，则在地面上部三英尺（合0.91米）处水平切开此墙，让外界景观透入，也让内景透出。

（4）如果墙壁是用来定义路径步道，那么使用L形墙作90°转向来界定步道的路径和转折，生成视觉转换。

这些设计方法或文法本身是特殊以及有创意的，因为它们没被别人用过而且用法特别。也因此证明了第2章中所提的创造力因素DC8，即独特的设计策略运用在设计中会造成创造力的生成。

综合四个案例分析所收集到的信息，数据很明确地显示，能够组合一个独特心智影像的能力是能创出特别造型的关键因素。因此，心智影像能力代号DC2就特别列入第2章的八个创造力因素提案中并更新于表8-3。这九个促成创造力的认知因素，大部分都被案例分析所解释。但其中三个（见表8-3中的DC5，DC6和DC9）部分，需要进一步说明。第一个是DC5——从外在环境素质能培养创造力的因素考虑——说明环境中较少的外在约束会增进创造力。例如博物馆设计形态，因为它比商业建筑形态有较少被甲方要求的强制约束，其设计作品会有更强的创造力效果出现，而且造型更绚丽。安藤忠雄的住吉长屋（图8-6），开发露天的中庭，以无盖陆桥连接两端卧室，在露天内庭里接受冬天寒冷及雨天潮湿的感受，却也是个极端例子。但该设计也被甲方接受而建成。DC6是独特的问题架构项目的澄清，通常问题架构在设计开始时就开始建构了，这时可粗略判断问题的特点是否有价值，而且结果可根据建筑计划和建构文献判断架构是否独特。至于在设计过程中重组问题结构会提供创造力的机会，则可由出版的季刊论文中得知这个因素的存在

表8-3　有效的生成创造力及风格的认知因素

代号：	形成创造力（DC）和个人风格（IS）的认知因素
DC1：	知识中的行事目录
DC2：	心智影像的构造
DC3：	联想和多样化的知识信息
DC4：	内、外在约束的独特运用
DC5：	环境约束的素质
DC6：	问题结构及重组问题结构
DC7：	内、外在表征
DC8：	设计中使用的设计策略
DC9：	有策略激活设计策略的推理逻辑
IS1：	重复性定义风格

（Cross, 2011）。至于DC9, 应用策略性推论逻辑去激活设计策略能生成创造力的假设，确实要由口语分析法作进一步的证明。

8.4　大集体创造力及小集体风格

当建筑工程及科学技术日益进步，知识的专业性也在设计过程中随着技术进步而被迫切需要，特别是处理复杂设计时更是需要。因此，大型设计公司会深深依赖具有不同技术和知识的团队，掌握特殊建筑设计中所需精致复杂的信息处理工作，如摩天大楼高层建筑的升降机垂直动线，医院中所需医疗设施或机场设计中复杂交叉的飞机、行李、后勤及乘客动线分析等。在商业全球化和数字媒体化的时代，由如此复杂的工作效果产生的集体做事风格和团队创造力的研究，是另一个重要的新的研究方向，以便改进大公司有创意的生产效应。下面将讨论集体创造力和风格。

如果一种风格是由一组个别创造者创出相似作品，并互享有相似风格的大组合，那么这种风格应该被称为是"大–G"的集体风格，例如草原住宅的集体风格。至于另外一种由团队设计案生成的风格，代表一个团队的工作式样，则被称为小–g集体风格（Little-g Group Style），例如伦佐·皮亚诺的集体风格。小集体风格源于一个集体做事的方式以及这个团队工作结果所能展示出的表达性。相似地，在研究创造力时，一些科学家会发展出对社会有深入影响的新科技或知识，也有些建筑师会做出一些影响整个设计界的新设计。这种有重大影响的创造力应该称为"大–C"创造力，与解决日常家庭生活问题的"小–c"创造力有别（Gardner, 1993b）。本章中专注的是集体的"大–C"创造力，重点集中于当团队做相同案例时，影响团队思考效果产生崭新创意的因素。这些集体创造力也由产品的判断角度被定义为："团队努力创造出的产品被认为是有趣的、新颖的，并有社会价值的。"

设计过程中的集团努力，可被看成是一组团队中团队个人认知的集体互动。"大–C"的个人创造力涉及一单独设计者如何以认知有创意的处理设计信息，产生有创意的产品，至于集体大创作的创造力则涉及团队间如何有效地分享、运用、决定并共同评估信息，生成一个新颖且在社会上有价值的最后产品。所以，被团队应用的情报就必得公开分享，并在队友间自由流传，以便完成创意行动。其中，队友间"共有的信仰"和"相同的偏好"这两个因素会影响集体信息使用的比例程度，也曾经被讨论过（Nemeth & Nemeth-Brown, 2003）。至于集体的决策制订过程，也有研究建议发展出一些集体规范，比如强调高标准、开放透明式的交换意见以及注意尊重相反意见观念等，以便让集体努力更为成功（Stasser & Birchmeier, 2003）。

其他会促进作团体设计案时的创意以及崭新成果的因素包括多样性（Austin，1997）和专业知识。在集体思考里，特别是当团体成员来自同一领域或共享相同专业背景时，则有可能很难发展出其他新想法，特别是当一团员已表达出的意见非常突出，随后他人的想法就很难推翻已提的突出意见。因此，小组成员的多样性是必要的，而且小组成员间专业知识的相异分歧也会对创意过程有利。虽然有人认为成员间一个或多个不同的特性会遇到更高程度的冲突（Jehn, Chedwick & Thatcher, 1997），但是一个被有效经营的集体行动过程，会消除或将负面影响减少到某些可接受的程度。以伦佐·皮亚诺的设计作为例子，大部分成名的设计案都是团队工作，而且他会策略性地让一个主要建筑师先发展出最主要的设计草案，然后由各具不同特别知识的团队做出各个细部工作（Piano, 1989）。这种由上往下的专权主导方式，可说明皮亚诺的设计团队成功的集体认知方式。当然，如果未来能探讨小组和小组间的互动协调，分析集团创造力由下往上的认知信息传递，则将是一个重要的研究方向。

8.5　创造力与风格

在本章研究中，创造力和风格两者被看成是两个可读的实体，宏观上由设计认知方向上做了探讨。所用研究方法是先辨认出在产品中存在这两个实体，然后分析驱动风格和创造力浮现的潜在认知因素。综合前面数章所发展出的总体研究做仔细分析之后，就能完整地将创造力和风格间的关系做出总结。简单地描述，创造力是由设计师最先创出的签名式特征来划定，而且这个特征必须是崭新的，并有显著的价值存在。如果有一些如此原创的特征出现在不少的设计中，那么这个重复出现的现象可用来凸显一种风格的出现。更多这种原创的特征被相同的设计师创出，则显出这个设计者更富有创造力。相同地，更多如此的特征被同一设计师重复地应用在许多设计中，则这个设计师的风格程度就更明显、更持久，也更强烈。但这种重复使用已有特征的设计行为，就延滞了创造性创作的机会，因为有创造力的设计师的特性是要不断推陈出新。赖特、瓦格纳、皮亚诺和安藤忠雄四位大师的作品表现可解释这种创造现象。

赖特的草原住宅风格被辨认出有10～11个代表性的特征出现在他1901—1910年的设计作品里。大部分的特征都是赖特自己创出并组合成的，数量多的特征可说明他在这段时期中富有的创造力和强风格。安藤忠雄的设计也用了一些相似的设计原则在几何组合上以及相似的处理墙面切割和入口步径的方式，加上重复使用自然光线定义空间，他的设计成品应该解释为有一些恒定的设计原则配上不同设计约束执行之后的结果，但没有完全相同的特征被重复应用。也因此，生成的设计结果是被相似的原则驱动之后造成型上某种程度的相似性，所以安藤忠雄是很有创造力的，也有些风格存在。皮亚诺被归类于小-g的集团风格和团队创造力。瓦格纳的设计间则显出十分不同的设计方法，以建筑结构为主要设计原动力，产生见不到或者说是间接性风格，但他的设计在他的时代还是十分前卫、有创意的。

最后由认知过程的角度探讨创出签名式（创造力）特征的因素以及形成特征重复出现的（风格）原因，并结合所有设计过程中所运用、发展或酝酿出的认知元素，包括设计约束、心智影像、设计语法和表征等，可将创造力和风格的特色归纳为下列三个主要结论。

（1）设计意图、约束限制或者设计方法：如果设计师运用相同设计意图完成所企图要达到的目标，或以相似的经验规则体现相同的设计约束，或使用相同的方法在数个设计里时，则设计结果会生成相似的特征宣示一个风格的成立。如果这些意图、约束或方法在最初第一个设计过程中发展出并做出一些新奇特征，那么创造力就涌现在这些特征的首次创成中。

（2）图像或者设计语法：如果设计师使用相同心智影像和设计语法，则生成结果可能"直接地"反映出同样特征的出现。如果心智影像被用到产品里，其已有的图像形态极易由视觉辨认出。至于设计语法，语法内涵的规则是因为有逻辑存在，所以能更精准地生成相同或相似的造型，也更能有效地维持相同的风格。然而，创造力是在有新变化的情况下发生的。因此，为了生成有创意的行动，同一个风格不能维持太久，新的心智影像和新的语法就必定要重新发明，做出新的成品。

（3）设计表征：理论上而言，重复地应用表征会产生一相同风格。但还没有证据发现并证明设计表征对个人风格有任何影响，因为表征对风格的形成是间接因素。但表征对创造力却有明显影响。例如如果一师设计在过程中发展出一新颖的表征，导致创造出一个新的设计结果，这就是创造力活动产生的机会。

8.6　结论

风格和创造力在本质上享有一些相似性和相异性。在文学、美术及表演艺术领域，任何创作美术物体或表演艺术的创造过程都会追寻某些独特的创造方式或特别的生成方法产生创作。如果这些方式及方法是导致做出奇特产品的奇特方法，则这些方法可被视为是有创造性的行动。如果这些方法随着时间的推移被重复再生产相似的形或相似的行动，则有特色的形态就会相继产生，并且一个风格会随之形成。因此，风格可用来作为象征符号或标志辨认一个人、一组人、一个时期或一个文化，或用来识别不同的个人作品、群体作品、时期作品或时尚文化间的差异。同样地，创造力也可用来作为测量工具，识别一个人的创造表现和能力。这从人类思考的角度解释了研究风格和创造力相似的认知生成现象以及两者间的相互关系。

但如果风格样式被看成是一种与艺术品质量有关的表达，则它应涉及这种表达会如何影响观众以及观众会如何体会这个艺术品。换句话说，这可解释成艺术品能如何刺激观众的欣赏力，并涉及观众能对作品所作的自我诠释和了解作品意义时的大量感官体会和领悟（Munro, 1967: 49）。例如14世纪的西方艺术，新的基督和圣玛丽亚生活的肖像画法被创造出，目的在于表现受难的神态，随之新的线条和颜色表达样式——比其他样式更具有表现抒情和凄惨的手法——也因此浮现。观众也开始共同接受这种新的表达方式。在现代艺术里的造型式样，对应了工业社会中正面建设及理性的口味，也因为应用机械造型而创造出另一种具有正确性、冷酷性和强有力的表现。设计者也开始朝这个方向设计。所以，这些形和文化的变化的产生，定义了创造性的演变，并且创造性演变的发生也促成社会文化的改变转而教育人群。

总之，一种风格，正如本书所解释的，是某种做事的方式或某些表演艺术的式样，有目的地做出了"选择"，满足经由一系列心智搜寻所定出的一些约束并履行一些设计意图。影响设计"选择"的决定因素有多种向量，其中可能的决定因素包括个人知识、心智影像、掌握项目课题的规则和程序以及个人偏好等。个人偏好，从社会科学的角度分析，可能会被社会中的文化潮流力量左右。比如文化中的时尚、价值观、风俗和象征习俗都会影响到艺术造型的特性，并且艺术家为了设计，会在习俗中做出选择，取其所需满足所欲。因此，在选择之中所做的设计决定就确定了风格的生成，而且所做选择之间的前后关联也能显示出风格的历史、演进和变动。在另一方面，为选择的发生而做出的可选案例，是由设计师个人做出，以完成一个有创意的作品，或由一个集体做出实现集体的创造力。在做出选择期间，由个人或由集体在不同资源中搜寻到更富有变化的可选例，会毫无疑问地提高创造性的机会。但这个多元化的效果会增加创造力，减低风格度，因为多样性会增加更多机会让变动发生，并减少维持相同特征重复出现在不同设计中的机会。

总而言之，有些认知因素和有创意的意图会在创新者实现创造的过程中逐次体现。创新者也是会非常努力工作，非常灵活，总是寻找独创性的人。从认知这一角度看，这个创新者会设定目标作长期准备。另外，从解决问题的角度看，有创意者在解题时会选择好的问题表征，应用好的限制约束，有效率地评估结果，并且采取行动修订缺点。如此的个性、特性和认知因素也是一个有创意者的部分属性。只要相同的做事方法重复出现，风格就从可见的结果中自动地被宣示体现。

第9章　风格与创造力的认知学说

如生命及美是人类生活里的最基本角色。好的设计是具有所有——美、愉悦、艺术和创造力——同时也可用、好用，而且用得高兴的成果。做设计时，没有必要为达到产品的最大价值而牺牲预算经费、部分功能、制造方式或销售市场。但是有技术的工匠也会因为他们的热诚、动机和本领而做出有创造力的好作品，操作舒适、视觉美观，而且节省能源，达到最好的机能运作。这就是为什么所有作品的风格美和产品创意对设计、生产、时尚和日常生活是那么有影响力，而且是应该具备的素质。

在不同领域中，已经有不少研究探讨过风格的意义和种类，但这些研究主要是解读风格表达的诠释，而非风格的本质。另一方面，在创新、创造力上的研究，学者也曾集中在探索天才智慧的能力和表现，如何教导学生作扩散性思维，评测创造力的方法和方式，解题中开启创造能力的环境和探讨影响创造力的个性原因等，而尚未深入研究影响创造力的认知因素。事实上，产品的风格美和产品的创造力在心理学上是有关联的，但到目前为止，两者还没有被同时提出和一起充分讨论过。

就如一般学者都同意的，风格和创造力是由人类认知所操作的思考之后的成品。但为了得到科学性的了解，对两者的研究就必须由认知学科的观点进行。同样地，两者之间的认知关联也得由认知的角度作解释。本章将有顺序地将设计中生成风格和创造力的认知操作，两者间的认知关系，所提风格及创作力理论的有效性，强化风格及创作力的可能性以及在这个领域的未来研究等作有层次的总结。

9.1　认知及思考

人类认知，是为了完成某些事情而由外在获取信息，并内在地利用信息的系列心理活动。一般的信息数据是从视觉、听觉、嗅觉、味觉和触觉处得到，通过感觉收录器（Sensory Register）输入人脑（Atkinson & Shiffrin, 1971），经过注意力选择后，感官将这些输入的信息传送到"短程记忆"中作处理，消化或解读这些信息后，所得的语义结果就被选择性地转换成知识块，并永久地将这些知识块存于"长程记忆"中。相关的将语言文字、声音、视觉信号编码及译码的现象，是发生在不同领域里的人类思考的共通基本认知情况。认知科学家也曾经说明，所有的记忆在有意识以前，是没有意识的，也只有1%的信息数据在心中会被有意识地察觉唤醒。所以，无意识的心比有意识的心，在智力上更丰富，也有更多的数据可抽取（Goleman, Kaufman & Ray, 1992）。但是，也只是有意识的部分在解问题时依理性操作过程处理信息。

当思考涉及推理进行判断决定时，认知的程度更是复杂，也可由阅读中的知识进展加以说明。例如字是影像，阅读开始于看字的影像，看了字之后，人眼即将看到的"影像"经由瞳孔晶体及角膜（Cornea）传入眼睛，并在视网膜（Retina）上映创出影像，并立刻触动视觉神经，唤起脉动刺激。这些脉动会逐次被组合成形体依序送到脑中。在字被学到之后，一些"神经形式"的字样模式，即"辨认的形态"会立即在人脑中被发展出，供瞬间识别并供未来阅读时辨认。通常，当字的影像由视网膜传送到"脑视觉皮层"（Visual Cortex）后，部分视觉数据即会同时传送到其他脑部位作数据处理。有研究发现被认知的影像会被转化成相对应的声音信号，经分析、阐明，自动加强含意的清晰度，并领悟其含义（Shaywitz, 2003）。对有经验的读者而言，字会以符号形式储存，并且其拼音和意义即会瞬时地或自动地因形态配对吻合而立刻被回记。这些脑活动即是基本的认知功能。然而，为了合并一群字的意义，字群要作进一步的组合，以便了解整个大含义，以备下判断，决定取舍，则心和脑必须协力配合以便完成这些高层次的认知课题和"阅读认知"（Reading

Cognition）。这就涉及阅读中处理影像信息的认读和解读现象。

在艺术中，绘图的技巧与写作相似，是画家进行视觉传达的主要绘画语言。经过练习和实际操作之后，画家使用画笔或毛笔画图的行动即会变成自动化技巧，这些技巧也是根本的认知活动，与将使用的画笔、画纸当作表征工具的思考行动相关。有经验的画家会非常容易地将心中想到的心智影像绘出或速写出一幅画，仿造其想到的影像。然而，使用笔触完成表征涉及下列数项活动：①将想象到的影像进行解析，并将其抽象化作为画意；②决定笔触的力道大小，以便表达在画布上所要显现出的形态体魄；③考虑在图中形态的组合及比例以表达美；④使用色彩纹路以表达抽象或真实。这些活动是尝试合并美的知识和画的手法，以便体现心中的内在表征的认知过程。解释得更广一些，有经验的画师在画画时会考虑一些规则和形态。他们的绘画程序同时也包括视觉语言（一套人为符号和标志用来表现情感及思路）以及一些文法（一套原则和规则用来作视觉传导）。所有这些思考的认知运作，形成一个高层次的"绘画认知"（Drawing Cognition）现象。相似地，在设计思考中，当基本的认知已经被充分应用并驾轻就熟之后，高档次的设计语言和个人文法也会更进一步地被发展出，以达到专业化的设计水平。这种认知活动行为是设计思考中的"设计认知"（Design Cognition）。

9.2　设计思考及过程

设计思考，这个词一般是描述有意识地考虑一个设计或企图做出一个设计产品的心智活动。在建筑设计中，设计思考涉及建筑师如何在心智里盖一栋能让人居住并且美观的建筑所需的信息。在图案设计中，它涉及图案设计师如何应用信息去构筑一个能表达一些视觉信号的图案。在时装设计中，它涉及时装设计师如何应用信息为客户设计服装及配件，提供舒适、表征、美观和时尚。不管不同设计行业中的本质和产品有多么不同，在设计过程中，主要的思考行动机制还是设计认知，而且运用在跨领域里都是非常相似的。

设计认知，这词用来描述发生在设计思考时的心智活动。它特别解释了一些心智设施是如何被用来进行思考的。例如设计师如何累积知识，营运（包括收集、分析、积集和回记）信息，利用推理以及运用策略去解设计（弱构）问题。然而，在解设计问题时，最困难的部分是解题的起步期。这个时期要求许多分析、综合、判断和决定的程序。首先是设计所需，决定需求后，开始构筑问题，发展一些目标，找出一些表征，然后组织一些步骤去实现这些目标。也只有当问题已经架构完备，目标和所需的次目标已经清楚，设计过程才开始经由归纳、演绎和设证①的推理运作往前移。经过这些推理，一些策略或方法也会在过程中逐次被发展出，以配合过程找出解答。有时"空间推理"（Spatial Reasoning）的方法也被用在日常生活的设计课题中。空间推理是一种经由一些空间组合，应用视觉码，产生一个作品的运作方式。

然而，在复杂的设计问题里，高层次的设计认知，例如一些设计策略和方法，有助于管理巨量的设计信息。一些操作方法，有时也可用来过滤一些无助或无关的信息，解决与功能相关的问题。也有时，应用某些特别策略生成特别造型也是一种方法，例如第2章所说的象征隐喻、模拟、变形或往案范例等。更有时，经过一段时间的努力，个人的方法及策略已经被设计师发展成形。这些发展出的方法和策略，也有可能会被重复用在设计中，这种重复的认知现象就定义了设计师的个人"认知风格"（Cognitive Style），这又和第4、5、6章中解释的"个人设计风格"（Design Style）不同。认知风格是在处理信息时，每个人应用某些特别认知机制的方式。

在一些例子中，设计师会做出"什么……如果"的推测为设计设下理由。这种"什么……如果"的过程是由归纳或演绎推论驱动，或有时要靠设证来作推理②，这说明第一种认知风格的可能。"什么……如果"的过程有可能会创出新问题，设计师也必须作假设去考虑解决新问题。这是认知风格中的第二种可能。第三种可

①有学者主张创造过程的逻辑（Logic of Creative Processes）是不存在的。所以任何理性的发现式模型（Rational Model of Discovering）是不可能有的。但最近的研究却显示，还是有可能存在经由电算模型证明，体现创造推理以及科学性发现的理性模型。在这种理论框架里，设证推理思考可用来统一几种不同的人类推测学说理论（Magnani，2009：60）。设证推论的电算模型细节，可在本书中第2章及第3章中读到。

②这一点可以由运作方式的角度解释，在设计过程中，推理的方式是可以由一些一般的数据找出特别的事实（演绎推理），或者从一套数据做出通论（归纳推理），也或者一直作到非得依赖由做出假设来推断因果的阶段（设证推理）。

能的认知风格是扩散性思考（Divergent Thinking），对给予的问题生成多样化的响应，而非集中性（Convergent Thinking, 或称内敛）思考。扩散性思考的方式是在知识里作许多联想，或将问题的不同面作联结，以创出更多的可选择的解决方案。在这时，设计师也得在方案中作决定选取最后的结案。当然，为了深入地集中思考一个方向，找出更多的结果，集中性思考也是重要的方式。但这也只是在问题的概念框架期里作了扩散思考，敲定框架之后，才会更深入地集中思考细部层次。

　　另一个有关设计过程的特点，抽象而言，是问题的脉络。一个问题的框架必须要被建构出，而且问题框架的情况必须有意识地在过程中随时检查，有时为了解决冲突或避免冲突的发生，还得重新架构问题框架。在找解答方案时，对有十年工作经验的设计师而言，一些次要问题可能不费吹灰之力就可达成。在有些例子里，一些累积多年的工作经验变成了一些自动化的设计技巧，在新设计中随时待命。但在大多数的例子里，所有生成的次解案在解出时就要立刻评估以确保其可行性。在所有次要问题被逐步解决生成满意的次解答后，一个最后的总结产品就会达成。如果它满足所有的设计约束，有市场价值，设计过程就会结束。上述所说的情况，是对设计过程中一些可能发生的设计认知作了结论。但就像第2章所解释的，认知是机制，是用来解决问题的某种机制。但是哪些机制是一般被应用到的，在不同领域中有哪些特别不同的机制又会被用到，这就需要更多的研究。

9.3　设计认知、风格与创造力

　　基本的认知机制是注意力、辨认、知识块、感知、联想、表征、重复、寻找目标、问题架构和推论。更上层级的认知技巧则是将基本机制在多个方面作多重的组合利用。在一个设计中，运用更多层次的认知机制，亦即用推理选择联想做出表征，会生成一个更有风格或创意的设计结果。当然，机制组合的运作素质比运作数量还要重要。在学术界，有一种流行的想法，即基本的智慧是创造力要创出独特念头的必须条件（Sternberg, 1997）。因此，基本的专业知识和有智能的技巧是设计行业中创出创意产品的先决条件。

　　风格曾被定义为在不同解决方案中作选择的行为（Gombrich, 1960）。作选择的行为也就是作决定的行为。例如当一些解决方案在过程中做出后，设计师必须要作选择，由方案中选最终案作为结案。于是，风格在作决定时生成。这个风格定义的概念，是从口味和时尚历史的角度来看。然而，由设计认知的角度来看风格，它必须由设计产品中出现的共同特征组以及它们所宣示的设计师做设计的方法方式而定义。由案例分析赖特和安藤忠雄（第5章及第8章）以及12个心理实验的口语资料（第4章及第6章）所得的研究数据，风格的本质可以总结为下列几项。

　　（1）重复性：重复的本质是一个认知机制，也是生成一个设计风格或认知风格的主要因素。对认知风格的现象而言，它显示解题者会重复应用同样的思考形态和认知机制解决许多问题。对设计风格而言，它表示会重复应用相同的喜爱特征或先决模型案例，或在许多设计案中重复同样的设计过程，创出相似的设计产品。这些重复出现的特征，组成一个共同特征组来决定一个个人风格。重复的结果会同时产生韵律的外表现象，这是另一种风格式的创造（第2、4及5章）。

　　（2）产品间的风格：如果在同一设计师最少三个的设计产品中有最少四个共同特征出现，则一个个人风格会被宣告，并且可以被认定为这位设计师的个人风格（第4章）。公司的标志特征则又不同，因为标志在法律上的版权代表该公司。

　　（3）产品内的风格：如果在一个产品中有来自共同特征组的多于三个特征数出现，则该产品是此设计师的风格作品，或说该风格存在于此产品中。如果该组风格性特征出现在产品里的数目少于3个，则该产品的风格是无法被认出的，或它是个弱风格（第4及6章）。

　　（4）风格特征能被修改的门槛：每个特征都有它自己的组合特性，任何拓扑性的改变会比其几何性的改变，更影响到该风格的可辨认程度。几何改变的限额是40%，如果在任一方位的几何变形多于40%，则它无法被认出是同一种风格的特征（第4章）。

　　（5）设计约束及方法：连续运用同样的内在约束以及设计师自己发展出的设计运算法会生成相似的特征，宣示设计师的个人风格。例如建筑师会根据他自己由经验中发展出的数学方法决定设计单元大小（第6章），而且在概念设计时期，运用哲学知识决定设计草案（或设计脚本，第8章）。

创造力也是由产品中出现的新颖特征决定的，这些独特的特征应该是可见也可辨认的。确定触动生成这些有创意特征的过程之后，生成创造力的认知因素就可由过程中的发展资料查出作解释。以第5章及第8章中案例分析所收集的数据为准，产生创造力的认知机制，如第2章中表2-4的DCx代号所示，就依序列于下，总结设计创造本质。每个项目的参数名称及代号也列于项目之前作为参考[①]。

（1）DC2，多样化知识信息的联想：创造力在设计师根据不同的知识团块做出新颖的联想以及用不同的知识解决现有的设计问题时发生。例如赖特本着外推窗尺度，结合网络系统和单位模式的应用做平面图设计，由福禄贝尔系统的几何团块量体做出硬式外形，依立面文法做正面设计以及结合水平性和大自然的知识，创出大草原住宅设计（第5章）。

（2）DC5，行动反思促成的问题组构及重组：创造力可在开始解题时由创出的脚本、草案、抽象概念或设计大纲的阶段发生。例如安藤忠雄在设计之初应用一些哲学思维作草案，并且体现这些抽象思维于实体造型中（第8章）。另一个例子是圣地亚哥·卡拉特拉瓦，他擅长在设计初期大量使用手绘草图发展模拟造型，并且用分析方法创造出整个概念大纲。因为设计问题的定义在很早的阶段就开始考虑，所以独特的思考方式将问题框架独特地定出，因此能引导设计的结果，找到一个独特而且有创意的最终造型。创造力也会发生在当设计师问自己一个很好的问题，并因而改变了问题结构（重组问题结构），而得到一个有创意的解答时（Cross, 2011）。

（3）DC6，内在及外在表征：创造力会在设计师改变了设计表征或者运用一个特别不同的表征生成设计解答时发生。例如安藤忠雄用了一个方块和一个空的开口代表住吉长屋的进门（第8章），结果就很独特。

（4）DC6，心智影像的架构（内在表征）：创造力会在为一个次要问题（或子问题）的次要解答（或子解答）发展一个视觉影像的时候发生。例如一个特别的特征会在设计过程中以一个新的影像发展出，而且设计师也会将新特

[①]第8章表8.3中，参数DC2被加到表中去凸显心智影像对创造力的重要性。能够建立起一个新颖而独特心智影像的能力是创造力一个关键因素。其他的参数及秩序在两表中相同。

征融合到整个设计框架脉络里创出一个新颖造型（Chan, 1990）。

（5）DC7, 设计中的设计策略：创造力会发生在设计师应用特别的方法解问题时，例如有别于隐喻，模拟或变形的其他方法。安藤忠雄在墙上作切割，让阳光透入室内设定室内空间特色的策略方法是最好的例子（第8章）。

9.4　风格与创造力的认知理论

回顾上节对风格和创造力所做的两个结论的细节，很明确地，创造力会随时在整个设计过程中发生，并由结果中任何新颖且独特的造型决定。结合两个概念，则风格和创造力的认知理论就在此生成。这个理论能解释特征是如何被用来定义风格和创造力的。但两种特征间的差别在于风格中的特征必须是重复的，而创造力中的特征则要新颖而且独特。在多于3个新特征是"创造出"而且被认定是独特的造型，并且重复多于3次时，"风格"就产生了。

关于创意的产品，基本的设计知识是必要的条件，之后运作相同的认知机制（或设计者相同的智能），则会生成创造力和风格。但知识的素质（DC1）会是决定风格和创造力程度的一项因素。也有可能是在某一个刹那，特殊地运用（或改进）某一个认知机制，创造力会出现。但不同机制对风格和创造力却有不同的影响。例如重复（IS1）及表征（DC6）是直接影响风格最重要的因素。在学习过程中，如果没有复诵（Rehearsal）的认知行动，则程序性的知识是无法成立的。在设计过程中，没有重复的行动使用同样的程序去创出相同的特征，一个风格也是无法被认出的。没有相同的表征使用，则创出的特征就不会相似，风格也会被改变。没有好的表征，特征可能不会被有风格似地在过程中被创出，设计师在产品中的美术表现可能不会那么有创意。其他的联想（DC2）、问题结构和重组（DC5）、目标次序和限制（DC3）等机制都是影响创造力的间接因素。但它们对创造力生成的影响比对风格生成的影响深。其他的设计创造力因素，如心智影像表征的建构（DC6）、外在限制的数量（DC4）、设计目标及限制（DC3）、设计策略（DC7）和应用的推理（DC8）作决策制定等，都是发生在设计过程中不可见的参数。因此，在这方面，更多的研究须在未来完成。

在另一方面，一个设计师在他或她的设计生涯中所创出的新颖独特的特征数目是衡量他的创造力的指标。同样地，同一个设计师在设计中创出并显示在作品里的共同特征数目，也是另一个衡量他个人风格程度的指标。然而，风格不能持续过久，或者太多次重复同套的特征。因为太多的重复，密集在短时期中看到会因视觉疲劳产生视线疲乏，而产生厌倦的效果。特别是时装设计，相似的、没有新创意的，创造力就不明显。更多的创意设计并不表示会有一强劲的风格，但有强劲的风格肯定有高度的创造力。在所作的案例分析里，赖特有他著名的早期大草原风格和后期的美国风别墅风格。在现代设计历史中，很少有建筑师能在他的设计生涯中创出两个有名的风格。但赖特达到了，而且他的两种风格的建筑物中都有甚多的共同特征数。因此，在四位被研究的建筑师中，赖特是最有创造力的。

在时装设计里，我们都承认，服装设计必须要有创造力而且要有风格，设计出的结果要为每个季节引领文化的趋向。所以，服装设计是最有挑战力的行业，因为它有快速的时尚风格和创意的变化竞争，所以时装设计是所有设计领域中最有风格也最具创造力的设计行业之一。

简而言之，创造力在创出的解案（或结果）具有下列特色的时候发生：①它改变了一般世俗的解法；②它和世俗解法不同；③它是美丽而且有功能的；④它被使用者接受。因此，创造力不只是在艺术、发明及创新中扮演一个重要的角色，它也是我们日常生活惯例中的一部分（Runco & Richards，1997）。创造力确实是有用的，而且它在我们生活中每天都用到。

9.5　风格与创造力的关联

如第8章提议及8.5节综合研究数据证实后的讨论，风格与创造力是两个不同认知现象的结果。创造力是指创出的东西是新创、独特的，并且以前没有被创出过。风格则是一些元素被第一次创出，具有一些特别的价值，并且被重复应用。在这个风格定义中的"第一次创出的有价值对象"的确也是一个创造力的行动和创意的标示。但如果这个创出元素不是由设计师创出，而是由别处复制并重复应用的，则不应被视为有创意和正统风格表现的设计。因此，有创意的设计师或个人，应该有可能和机会成为风格派，但风格派的设计师在下列任一个情况里是不会有创造力的：一是其风格并不是原创的；二是其风格持续过久，过了一段时间还没变化创新。

由另外一个角度来看风格，风格是显示在产品结果中做事的方式。由重复做事方式产生风格这一点着眼，可说是"过程风格（Process Style）"，而由重复做事方式而产生重复特征的产品中看风格的观点着眼，则是"产品风格"。产品中显示的特征可能是由设计师从喜爱的造型中挑选出的特征直接用到产品里并重复生成，这种形态与创造力无关，也仅是复制而已。但是在过程风格中，设计师可能会重复相同的过程，但经过一些认知机制的变化而生成创新的结果。因此，创造力会来自过程风格而非产品风格。但这并不意味着应该根据过程风格研究创造力的驱动力和因素。相反地，创造力本身就是一个独立变量，而风格是创造力的因变量再加上另一个"重复"的变量。以下公式可科学地定义风格和创造力的关联。

$$S(X, F) = C(X_i, F_j) + (k * R(F_j)), \quad i \geq 3, j \geq 4, k \geq 3$$

在这个概念公式里，X代表一组物体或建筑物，F是一组出现在X中所有物体里的公共特征，X_i 和 F_j 各是X和F的组成员；$S(X, F)$是所有X物体中出现的F的风格（也可方便地称为风格X），是一组 X_i 中首创而且有创意的 F_j 的总和，再加上重复 k 次 F_j 特征的结果。特征是由一系列经营处理设计信息或体现一套设计规则的认知过程而生的实体结果。根据所收集的实验数据（参见第4章），3是风格辨认的最低门槛，但它也与特征的视觉外表有关。强特征会比弱特征更易于辨认。但不管特征质量是强是弱，重复次数 k 必须是3或大于3。换言之，出现在 X_i 里面的特征，如要足够代表它的风格，则数目必得是4。如果是3或更少，则所代表的风格就无法辨认（$j \geq 4$，见4.4.2.1节）。如果有3个特征重复出现在X里3次，则由于风格X的低概率（$i \geq 3$ 及 $k \geq 3$，见4.5.1.1节），风格X只能勉强（或困难）地被认出。公式里的 $C(X_i, F_j)$ 并不用来测量创造力，而是用来表示 X_i 中 F_j 的特征必须是创意的创造力结果。

在这个概念里，"重复"的认知机制会造成设计产品间"重复"的相似特征，也如第2章所谈，会形成韵律的现象并增加产品风格的价值。适当地应用重复机制于设计过程中也会让过程更有效率，这是设计自动化的概念。也是因为过程中某些步骤已经相当熟悉，所以就可无须考虑，直接应用，提高效率。这种设计间的自动重复过程是"过程风格"的现象，如果适当应用，会在产品结果中为每个设计生成相似特征而造成特别的产品风格。

然而，不适当地应用"重复机制"会带来某些不希望的副作用。例如在设计里，有些设计师会一直重复同样的事情，无法破除某一个想法，自由发挥。这种"设计固着"[①]（或设计束缚，Design Fixation），也是重复行为的结果（Adamson, 1952），但被认为会阻止创造力，也不是一个好设计师所想要的现象。所以在设计时，设计师必须要用有变化的不同方法去满足问题的框架，做出新产品。毕竟，一旦同一风格已经存在并且被领会一段时间后，相似的设计必须更改以便提高创造。否则，执迷于同一风格会让使用者或观者产生厌烦怠倦之感，甚至阻止设计师的创造性思考。

9.6　改进认知、创造力及风格

9.6.1 认知能改进吗

有一个有趣但值得商榷的实验，是通过互联网玩计算机游戏来训练大脑，测验计算机游戏是否能帮助人们改进他们的心智能力。这个实验招募志愿者，每天练习一系列的在线课题，每天至少练习10分钟，一周3次，一共6周。这个实验一共有3组，第一组专注于一般的智力——推理、计划和解题能力；第二组训练注意力、短程记忆、视觉空间能力和数学；第三组是用互联网回答晦涩不明确的问题。结果发表在《自然》杂志上，文章指出："人在练习了一些

①在设计里，通过观察学生和执业者发现，有些设计者在开始解决问题之前，对某种特定的解决方案已先定了承诺的倾向。也有研究发现某些设计师很难从一个已经开发出的想法转移方向，或放弃已经解过的答案放开心胸迎接新的情况。这种情况称为功能固定（Functional Fixedness, Jansson & Smith, 1991）或心理学中的固定（Fixation, Chysikou & Weisberg, 2005）。功能固定是一种认知偏见，是看物体执著于它只在特定的一种功能、方法或传统使用的方式上的倾向。这会限制我们解决问题时，有创新思考解答、寻找不同方法的能力。这种固定性也被解读成是阻挡创新发生的情况。

心智课题一段时间后，例如记住一系列的序列号（这是被许多视频游戏使用的流行谜题），会很惊人地改进处理该课题的能力。但这种改善并不会帮助改进其他一般的认知功能[①]。"熟能生巧的现象，确实解释了对某一特别课题的训练会改进执行该课题的表现。但这种改善并没有转移到帮助执行其他课题的能力。在该项实验中，有11430人参加，年龄在18~60岁。但参加的人并没有机会显示他们一般的记忆、推理和学习的认知能力（Katsnelson, 2010）。目前的研究，尚不清楚究竟培训创意设计是否会有助于日常生活的创意，或者玩计算机游戏是否会提升任何特别课题以外的能力（Weinberg, 1989; Smith, McEvoy & Gevins, 1999; Green & Bavelier, 2003）。

与此相反，脑神经科学最近的新研究却证实智力不纯粹是由遗传或出生时决定的（Jaeggi, Buschkuehl, Jonides & Perrig, 2008）。研究证明，经过在工作记忆区中的适当训练，认知技巧和智力是可以得到改善的。研究中有一项训练课题，是完全与智力测验不同的项目，实验者要分散受测者在练习时的认知注意力。此外，该研究还说明智力吸收信息的程度关键取决于训练量，训练愈多，愈能改进流体智力（Fluid Intelligence）。流体智力是不靠以前学到或已有知识作推理和解决新问题的能力。同样地，更多的设计训练也会改进设计认知。但当设计者的认知能力被改进了，他们的风格及创造力也会被改进吗？

9.6.2　风格能被改进吗

风格在本书中的定义是特征的重复。任何一个特征，如要达到一个显著层次的风格，它就应该是新创的独特造型，目的是发明出一个签名式特征，代表一个新风格的创立。因此，风格可以通过在设计中发明更多新颖、愉悦、吸引视线，而且是强烈表达的特征来改进。这是第一点。另外，在产品中独特的表现方式又是另一种风格的概念。例如建筑领域中的"纽约五人组风格（New York Five Style）"就有它设定的色彩（纯白）、材料（上白漆的砖或白漆混凝土墙）以及设定的组合文法（全开窗、以廊道连接空间、半圆的楼梯平台）等。这些特征在当时是不曾见过而且极为前卫的。也因为这些特征的组合，宣

①这篇文章可在网上找到：http://www.nature.com/news/2010/100420/full/4641111a.html。登录日期2013/10/10.

示了当时另类的风格，非常著名，也变成当时建筑设计流行的时尚。所以，要改进一个人的设计风格，设计者必须寻找（或创出）独特的造型、材料、空间的组合原则以及技术去反映（或带领）文化趋向。在新特征被创出（这就是创造力）并且最少用于三个设计案后，一个新风格就显现了。所以，创造力永远是第一个出现，然后风格才跟进。

9.6.3　创造力能被改进吗

日常生活创造力（小 - c 创造力）指的是人们如何有想象力地思考，而且直观地以丰富知识解决问题。如要达到高层次的专业创造力阶段，人们必须要有强烈的内在"动机"，适当的领域"专长"以及"扩散式"思考技巧。在处理弱构的设计问题时，创造力就更应该包含同样的三个根本要素——动机、专长和扩散式思维，再加上联想、表征、设计约束、问题构架和策略五个与设计有关的额外认知要素。这八个因素是生成设计创造力的关键。其中，表征和策略也适用于风格的生成。重复的因素对生成创造力而言是非必要的，但却是风格的根本和主要的关键性因素。

前面9.3节解释了创造力生成的原因。由于这些原因，很明显地，如要增强创造力就得改进各个天赋的认知本能技巧。当然，熟能生巧，练习愈多，就愈能达到更好的创造力。但如要达到专业水平以上的创造力（专业-c或Pro-c，参见本书7.1节），在培训专业技能时就要多阅读不同领域和不同范围的文章理论，涉猎愈广愈能触类旁通，做跨领域横向连接运用，自然就会体现扩散式思考，开创出更新的"另类思考"结果。这种另类思考也被称为是一种创造力的生成因素，其实这是扩散式思考思维的形式。

最后，创造力的关键是要把打破循规蹈矩的意念放在一切之上，愈是循规蹈矩的环境，在人类活动的各方面，愈是缺少创造力，尤其是在科技发明这方面。因此，一个开放的环境，会鼓励人们积极追求创造力。因此，在设计课里，设计老师应该要有适当的开放心胸，接受学生的另类思考，摆脱传统的桎梏，让学生有自由发挥的空间，激发他们的创意。这是让学生生成并改进创造力的一个环境诱因，也是当前欧美现代设计教育的走向。所以，创造力和创意是鸡与蛋，有鸡就有蛋，有蛋也才有鸡。愈有创意就表示愈有创造力，但创造力是创发出创意的驱动力,所以创造力是能被改进的——"只要多做扩散式另类思考,多运用设计策略,自由地随时发问自己一些极端的问题,并接受问题挑战勇于改变问题的结构做出另类的设计解答方法!"在此,风格和创造力的可能改进条件和潜在因素就总结列于表9-1。

9.7 理论学说的正确性

表9-1 改进认知技巧,增强风格和创造力总结

	认知项目	风格及创造力的可能改进项目
1	专家知识	由做练习和实验增进领域知识
2	个性	坚定有恒的持续内在动机
3	联想	串联(或连接)不同领域中的不同概念
4	表征	应用新表征,或如有需要,则改变、修订或改进已用的表征
5	设计约束	应用独特及不同的约束,产生独特而不同的设计草本构图
6	问题架构	持续检查问题情况,如果需要,修改问题结构,创出新情况
7	重复	有技巧的利用重复去创出非传统的韵律和风格
8	设计策略	运用隐喻、类比、变形或其他技巧以不同表征创出新特征
9	特征创生	做出三个签名式特征,重复此三个特征于四个设计案,创出一风格,然后改变且发明新特征另创一个风格
10	环境	倡导一个令人鼓舞的环境奖励创造力
11	表达意向	做有表达性和有风味的组合及特征

我们怎么知道到目前为止本书所发展出的设计思考认知理论是否通用、有效?特别是书中对风格的一系列实验研究,不完全是在真实的实业界发生,而是在实验室里操作的。而且,实验室内的设备和实验的课题并不完全和真实设计业界做真实设计案件的情况相吻合。因此,所有书中的发现和理论,如何证明是可靠的?

在心理学方面,学者使用"生态有效度"这个观念解释可将任何研究发现的结果推广到真实世界中其他不同设置情况的推广普及度(Brewer, 2000)。生态有效度是程度,是观察事件中的行为和研究记录,是对其发生在自然环境中的真正行为的真实反映程度。它基本上是能将研究发现推广到现实世界中的推广概论(Generalization)范围度。

一项已经被社会心理学及个性心理学领域设定的看法是,如果一个实验是

真的或对生活是忠实的，则研究结果有非常高的推广概论性。如果实验设备和课题都是人工的假设，则研究成果具有较低的推广概论性（Brewer, 2000）。本书专注于研究设计思考，实验室的设计环境和设计课题都与设计公司的设计环境相似。设计工具是设计师带来实验室的自己常用的一套绘图彩笔、墨笔和尺，纸是标准的透明黄色草图纸，设计师的思考程序也与真实世界相似，同样的思考方式也会依样用于真实设计案中。所以研究结果的生态有效度高，更能推广到真正的生活环境中，普及描述全面情况。因此，书中研究发现和设定的理论肯定是有效地解释设计思考中风格和创造力的心理现象。当然，理论的有效性也应该留给读者作决定。

9.8　未来研究

人类思考会因个别差异而有许多不同的心智活动和形态发生。所用的形态和行为，也因领域和专业不同而有差别，归因于：①各领域中问题的本质和特色有异；②所用的知识、方法及策略不同；③解题的技巧和所需程序也不同。为了深入了解人类解决问题的思考方式和细节，对于更多不同行业中不同程度的表现还得作适当的研究。未来的研究方向有下列几种"可能的"建议。

在回顾自1950年到目前与设计研究相关的出版文献以及由著名学者发展出的主要理论之后，我们可以很公正地说，思维是认知活动，认知是认知机制的运作。我们也能公正地说，设计是依赖于整个问题脉络的情况，这种情况也是创出潜在设计解法的可能情况。因此，经过推理认识情况，以便策略性地决定行动，这就是设计认知的特点。

以"人脑就是计算机"这个隐喻而言（见第2章2.4.2节），硬件是人脑，软件是心中的意识，硬件是储存知识之处。软件，或者意识，会为了创造一个设计，安排策略、方法及表征，去操控外在数据和内在表征。因此，对人类硬件或脑的研究，就应该探讨：①设计知识存在何处；②知识是如何被唤起的；③在知识唤起的刹那有什么认知情况发生。设计师个人所用的一套知识主体是思维中一个关键变量，它是由设计师个人的偏好和特别心思及多年执业的经验和教育逐渐建立而成的。每个设计师都有他自己的独特思考惯例和特别的知识体系，因此设定了他们的个人设计风格（Chan, 2001）。所以，未来在硬件这方面的研究应该有助于对硬件中知识的了解。

认知神经学（Neurocognition, 或认知 - 神经科学，Cognitive Neuroscience）是一个有潜力的研究法。这个学科是神经科学和认知心理学的组合。神经学专注于分析"神经元"的构制。神经元是神经系统的基本机能单位。人脑有一千亿个神经元，每一单元都储存着信息。有研究分析人脑中进行图像处理的过程，得出了十分有趣的结果（O'Craven & Kanwisher, 2000）。该研究以"磁共振成像法"（Magnetic Resonance Imaging, MRI）将大脑以彩色电图扫描，结果显示当人在看地方或看脸孔时大脑即有不同的热点（表示血液在脑中的流动）出现。在该实验中，受测者先看一脸孔和一地方景色的影像，然后要受测者回记所看到的脸孔及地方景色。有趣的是，当人在想象相同的脸孔和景色时，脑中相同的区域会在扫描中被点亮。这表示相同的信息会在相同的脑区域中进行而且储存在相同区域里，而且不同信息会被不同区域掌握（Chan, 2008: 154–155）。然而设计思考涉及推论和操控设计信息，如果信息处理能被透明地看到，那么"心智就像是一黑箱"的象征寓意就不再正确了。经由"磁共振成像法"扫描之助，配上原案口语分析，那么设计思考的形态将能更正确地记录下来，而且数据更能加强分析人类收取、储存和回收信息的真正活动过程。由研究MRI扫描影像中显现的连续神经元的变化，知识的连续处理过程可以被辨认出，知识的本质也可被清楚地解释。

另一方面，在意识上（或软件方面），研究可经由心理实验和MRI收集口语数据和扫描影像，分析做设计决定时的推理现象以及在发展设计策略时的认知程序。这种方法应该增进对设计思考过程的了解、使用的设计推理、风格特征的形成关键以及创造力的来源等。特别是，如果能将认知神经学的MRI和认知心理学中的口语分析两法合并，发展出一个有效而且可靠的方法研究设计思考，那么用实验的实证科学方法可以在实验室进行，更深入地了解创造性解题的认知模式。事实上，口语分析可利用MRI脑部扫描影像，填补口语数据中口语漏失缺陷，扫描影像上显出的透明内在神经元处理过程也能反映出人类思考的基本驱动力。特别是结合MRI扫描和口语分析，更易于辨识用在设计中的知识种类、知识间的关系、相关的知识如何被回记并被应用到设计里，以及设计大师会如何有策略地应用个人知识在关键时刻创出一个有创造力的解答想法。当然，其揭示设计思考的细致程度的有效性尚未得到证实。

至于其他的研究方向，设计推论和认知设计技巧是未来值得考虑的两个主要研究项目。最近的推论研究是探讨它如何用在设计中，以澄清设计思考的形成。但如何把推论用在几何建模中创型，在虚拟环境中人类如何推论或推论方向又有何不同，哪一种推论用在设计中会更有可能触发创造力，以及如何得知哪一种问题情况更能增进创造力等，都需要进一步讨论。至于认知的设计技巧，由于新创科技发展出的数字设计会为思考中的表征带来新的文化冲击，在数字媒体主导的环境里，设计师必须应用与传统不同的方法处理数字信息数据。因此，当设计师进行数字设计时，哪种认知策略会被运用，是另一个值得问，也值得回答的问题。

第三个重要的研究项目是设计表征。这需要更多的研究来探讨内在表征如何建构起来，如何适当地搭配外在的表征，特别是当外在的表征是数字的媒体成品时。这可以由比较历史上已经发展出的四种不同设计模式作为解释。

（1）如果设计师用铅笔和纸张做草图设计，则设计会专注于功能多于造型思考。设计师的绘画及草图能力都是经过长期练习之后变成专业化的自动技巧的。他们会把想法念头直接放在图纸上，花更多时间专注于解决功能要求问题。

（2）如果设计师利用作实模的方法做设计，则在面对三维模型时，必须更专注于三维形态。换言之，在设计者心中，有一个三维的内在表征存在，因此思考自然是三维化的，做出的形也比用草图画出的形更丰富。但在同样的设计时间要求上，较少的时间会花在解决功能的要求上。

（3）如果设计师是用数字模型或虚拟现实模型做设计，则设计师必须要在设计之前，先发展出一些设计理由和概念，设定一些可能的三维造型。但在设计的过程中，特别是设计新手，肯定要花更长的时间研究，以确定软件指令、系统功能和适当的程序运作，体现造型结果。结果是设计思考的过程在这种方式下，随时会被中断，丧失设计的连续性。

（4）如果设计是用脚本法（Scripting），则设计师必须明确他们面对的设计问题、要用的策略和变量、要应用的运算法、计算机编码的程序和平台以及在脚本程序里要附加的系统指令。待所有这些程序知识都已充分准备，设计师就要写程序、跑程序、生造型、测造型，确定功能已经满足而且问题已解。这些写脚本生模的复杂漫长过程——通常用在参数化建模及快速原型领域——比传统的设计表征更要耗时、耗人力，也更复杂，因为设计师同时要作几何模型设计加上软件工程设计。所用的设计表征是多样性的数学方程式、计算机程序语言和心智影像等。设计师必须从中找到平衡点和控制点。

由于心中所用不同表征的不同本质，不同设计师会用不同的策略处理内在及外在表征的对话与转换。所以要找出外在数字表征的复杂多重性和多面性的本质会如何影响设计创造力？这将是一项有趣而又有意义的研究课题项目。

至于未来的风格研究，一个设计风格存在一些元素和一些做出这些元素的方式。就像哥特建筑及伊斯兰建筑中的尖拱，或罗马及拜占庭建筑的圆拱。在这种情况下，设计的风格就不只是一个物体的特征，也是物体能被明确认出的单元间的关系。所以，风格就不能只描述成是不同设计案件里互享的公共元素，也得描述这些元素是如何被有方法地安排成的。例如西班牙巴塞罗那由安东尼·高迪（Antoni Gaudi）设计的圣家族大教堂（Familia Sagrada Cathedral），在立面上用了许多有机特征，并且用特别的连续法将这些特征连在一起。这种安排，肯定有一些个人思考存在。这些思考会是设计师意图表达的表现，或是某种完形心理的考虑。所以，未来的风格研究课题可专注于：①发掘特征的拓扑脉络关系；②探讨创造某种特别的特征时是哪种知识被用来生成这些特征的。

关于未来创造力的研究，重点可在如何从认知角度度量创造力和创造力程度。一个可能的方向是比较"天才、好及一般"三组建筑师在做相同设计课题的认知程序、表现和结果。认知的表现可由数据中主要触发创造力的因素进行比较，包括问题的结构、用的表征、作决定时的推理以及知识内含程度等。同时比较成果中：①是否有原创的创意特征出现；②出现的创意特征数量；③寻求测量创意强度的指标法。这些研究可在实验室中，以录像记载或计算机仿真进行。研究的结果可以给执业建筑师提供一些线索去改进他们的创造力，也可让学生学习他们如何能达到好的设计创造力水平。

所有这些可能的未来研究方向，如本节所简单叙述，可归类成几组列于表9-2作为参考。希望整个研究计划能提供更多信息进一步说明并确证"间接的认知因素"对创造力的生成和对设计中风格表现力本质的影响。

表9-2　未来研究的类别及课题

	研究种类	研究内含
1	推理	在虚拟环境及几何建模中的推理是如何运作的？
2	数位设计认知	在传统设计认知及数位设计认知两者间人类信息处理不同之处？
3	认知技巧	哪种认知机制最剧烈地影响设计思考？
4	内在表征	设计知识里的视觉信息是如何呈现于记忆里和回记时？
5	数位表征	数位设计表征对设计思考的冲击？
6	设计策略	设计策略是如何被利用生成解案造型的？
7	风格	表达性的特征是什么，如何用来定义一风格？
8	创造力	如何度量设计创造力？
9	虚拟环境	虚拟空间、虚拟思考及隐私的定义？

参考目录

［1］陈志华. 外国建筑史（19世纪末叶以前）. 3版.北京：中国建筑工业出版社，2004.

［2］陈超萃. 设计认知——设计中的认知科学. 北京：中国建筑工业出版社，2008.

［3］ACKERMANJS. Style//ACKERMANJS, CARPENTERR. Art and archaeology. Englewood Cliffs, NJ: Prentice-Hall, 1963: 174-186.

［4］ACKERMANJS. A theory of style//BEARDSLEYMC, SCHUELLERHM. Aesthetic Inquiry: Essays on Art Criticism and the Philosophy of Art. Delmont, CA: Dickenson, 1967: 54-66.

［5］ADAMSONRE. Functional fixedness as related to problem solving: A repetition of three experiments. Journal of Experimental Psychology, 1952, 44(4):288-291.

［6］AGARWAL M, CAGANJ. A blend of different tastes: The language of coffee makers.

［7］Environment and Planning B: Planning and Design, 1998, 25(2): 205-226.

［8］AKINO. How do architects design? //LatombeJC. Artificial intelligence and pattern recognition in computer aided design. New York: North-Holland, 1978: 65-104.

［9］AKINO. An exploration of the design process. Design Methods and Theories, 1979, 13(3/4), 115-119.

［10］AKINO. Psychology of architectural design. London: Pion, 1986.

［11］AKINO. 'Descriptive Models of Design', special issue of Design Studies, 1997, 18:4.

［12］AKINO, DAVEB, PITHAVADIANS. Heuristic generation of layouts (HeGeL)//GERO J. Artificial intelligence in engineering design. Southampton: ComputationalMechanics Publications, 1988: 413-444.

［13］AKINO, LINC. Design protocol data and novel design decisions. Design Studies, 1995, 16: 211-236.

［14］ALBERTRS, RUNCOMA. A History of Research on Creativity//STERNBERG RJ. Handbook of Creativity. Cambridge: Cambridge University Press, 1999: 16-34.

［15］ALEXANDERC. The determination of components for an Indian village//JONES JC, THORNLEY DG. Conference on Design Methods. Oxford: Pergamon Press, 1963: 83-114.

［16］ALEXANDERC. Notes on the synthesis of form. Cambridge, MA: Harvard University Press, 1964.

［17］ALEXANDERC. State of art in design methodology: Interview with C. AlexanderDMG Newsletter, 1971: 3-7.

［18］ALEXANDERC, ISHIKAWAS, SILVERSTEINM. A pattern language, towns, buildings, constructions. New York: Oxford University Press, 1977.

［19］ALISEDAA. Abductive reasoning: logical investigations into discovery and explanation. Springer, 2006,41(123):129-146.

［20］ALLEN G.Charles Moore: monographs on contemporary architecture. New York: Whitney Library of Design, 1980.

［21］AMABILETM. The social psychology of creativity: A componential conceptualisation. Journal of Personality and Social Psychology, 1983, 45: 357-376.

［22］AMABILETM. The social psychology of creativity. New York: Springer Verlag, 1983.

［23］AMABILETM. Entrepreneurial creativity through motivational synergy. Journal of Creative Behavior,1997, 31: 18-26.

［24］AMABILETM. How to kill creativity//Harvard Business Review on Breakthrough Thinking. Boston: Harvard Business School Press, 1999: 1-28.

［25］American Heritage Dictionary.http://ahdictionary.com/. Accessed 5 Mar 2014.

［26］ANDERSONJR. Cognitive psychology and its implications.San Francisco, CA: W. H. Freeman, 1980.

［27］ANDERSONJR. Methodologies for studying human knowledge. Behavioral and Brain Sciences, 1987, 10: 467-505.

［28］ANDERSONJR, BOWERGH. Human associative memory. New York: V. H. Winston & Sons,

1973.

[29] ANDERSONP. Decision making by objection and the Cuban missile crisis. Administrative Science Quarterly, 1983, 28: 201-222.

[30] ANDOT. Tadao Ando: buildings, projects, writings. New York: Rizzoli International, 1984.

[31] ANDOT. Tadao Ando. GA Architect, 8, Tokyo: ADA Edita, 1987.

[32] ANNARELLALA. Encouraging creativity and imagination in the classroom. Illinois: Viewpoints, 1999.

[33] ARCHERB. Systematic method for designers//CROSS N. Developments in design methodology. New York: John Wiley & Sons, 1965: 57-82.

[34] ARCHERB. An overview of the structure of the design process//MOORE GT. Emerging methods in environmental design and planning. Cambridge, MA: MIT Press, 1970: 285-307.

[35] ARCHERB. Whatever became of design methodology? Design Studies, 1979, 1(1): 17-18.

[36] ATKINRH. Mathematical Structure in human affairs. London: Heinemann EducationalBooks, 1974.

[37] ATKINRH. An approach to structure in architectural and urban design. Environment and Planning B, 1975, 2: 21-57

[38] ATKINSONRC, SHIFFRINRM. Human memory: a proposed system and its control processes//SPENCEKW, SPENCE JT. The psychology of learning and motivation, New York: Academic Press, 1968, 2: 89-195.

[39] ATKINSONRC, SHIFFRINRM. The control of short-term memory. Scientific American, 1971, 225(2): 82-90.

[40] ATMANC, CHIMKAJ, BURSICK M, et al. A comparison of freshman andsenior engineering design processes. Design Studies, 1999, 20(2): 131-152.

[41] AUSTINJR. A cognitive framework for understanding demographic influences in groups. International Journal of Organizational Analysis, 1997, 5: 342-359.

[42] BACHELORPA, MICHAELWB. The structure-of-intellect model revisited//RuncoMA. The Creativity Research Handbook, Cresskill, NJ: Hampton Press, 1997, 1: 155-182.

[43] BAERJM. The effects of task-specific divergent-thinking training. Journal of Creative Behavior, 1996: 30: 183 - 187.

[44] BAKERGE, DUGGERJC. Helping students develop problem solving skills. The Technology Teacher, 1986, 45(4): 10-13.

[45] BARDACHE. Problems of problem definition in policy analysis. Research in Public Policy & Analysis and Management, 1981, 1: 161-171.

[46] BARDACHE. A practical guides for policy analysis:The eightfold path to more effective problem solving. New York, NY: Chatham House Publishers, 2000.

[47] BARLOWHB. Why have multiple cortical areas? Vision Research, 1986, 26 (1): 81 - 90.

[48] BARNESL, ChristensenC, Hansen, A. Teaching and the case method: text, cases, and readings. Boston, MA: Harvard Business School Press, 1994.

[49] BARRONFX. The disposition toward originality. Journal of Abnormal SocialPsychology, 1955, 51: 478-485.

[50] BARRONF. Creative person and creative process. New York, NY: Holt, Rinehart & Winston, 1969.

[51] BARRONF. Putting creativity to work//Sternberg RJ. The nature of creativity, New York, NY: Cambridge University Press, 1988: 76-98.

[52] BARRONFX, HARRINGTONDM. Creativity, intelligence and personality. Annual Review of Psychology, Palo Alto, CA: Annual Reviews, 1981: 439-476.

[53] BASADURMS, GRAENGB, SCANDURATA. Training effects on attitudes toward divergent thinking among manufacturing engineers. Journal of Applied Psychology, 1986, 71: 612 - 617.

[54] BASADURM, RUNCOMA, VEGALA. Understanding how creative thinking skills, attitudes, and behaviors work together: A causal process model. Journal of Creative Behavior, 2000, 34: 77-100.

[55] BAUGHMANWA, MUMFORDMD. Process-analytic models of creative capacities: Operations influencing the combination-and-reorganization process. Creativity ResearchJournal, 1995, 8: 37-62.

[56] BAYAZITN. Investigating design: A review of forty years of design research. Design Issues. 2004, 20:1, 16-29.

[57] BEAZLEYM. The world atlas of architecture. New York: Portland House, 1988.

[58] BEGHETTORA, KAUFMANJC. Toward a broader conception of creativity: A case for mini-c creativity. Psychology of Aesthetics, Creativity, and the Arts, 2007, 1: 73-79.

[59] BELKAOUIA. Human information processing in accounting. New York: Quorum Books, 1989.

[60] BENNETTA,ELMANC. Qualitative research: recent developments in case study methods. Annual Review of Political Science. 2006, 9: 455-476.

[61] BLAKEP. The master builders. New York: Norton, 1960.

[62] BLANKMS,FOSSDJ. Semantic facilitation and lexical access during sentenceprocessing. Memory & Cognition, 1978, 6: 644-652.

[63] BLOOMERKC,MOORECW. Body, memory, and architecture. New Haven: Yale University Press, 1977.

[64] BOISVERTDR. Charles Leslie Stevenson//Zalta EN. The Stanford Encyclopedia of Philosophy, 2011.

[65] BOORSTINDJ. The creators: A history of heroes of the imagination. New York: Random House, 1992.

[66] BOWER G H. Organizational factors in memory. Cognitive Psychology, 1970, 1: 18-46. BRADSHAW G, LANGLEY P W,SIMON H A. Studying scientific discovery by computersimulation, Science, 1983, 222: 971-975.

[67] BREWER M B. Research design and issues of validity//REIS H,JUDDC. Handbook of Research Methods in Social and Personality Psychology. Cambridge: Cambridge University Press 2000: 3-16.

[68] BROADBENT G. Design method in architecture//BROADBENTG,WARD A. Design methods in architecture. New York: George Wittenborn, 1969: 15-21.

[69] BROLINC. Creativity and critical thinking. Tools for preparedness for the future. Krut,1992, 53: 64-71.

[70] BROOKSHA. Frank Lloyd Wright and the prairie school. New York: George Braziller,1984.

[71] BRUNNER J S,GOODNOWJ J,AUSTIN G A. A study of thinking. New York: John Wiley, 1956.

[72] BUFFON M D. Discourse on style//COOPER L. Theories of style. New York: Macmillan., 1923: 169-179.

[73] BURSTINER I. Creativity training: Management tool for high school department chairmen. Journal of Experimental Education, 1973, 41: 17-19.

[74] BUSCHMANN F,MEUNIER R, ROHNERT H,et al. Pattern-oriented software architecture: A system of patterns. New York: John Wiley & Sons, 1996.

[75] CANDY L,EDMONDS E. Creative design of the Lotus bicycle: implications for knowledge support systems research. Design Studies,1996, 17(1): 71-90.

[76] CARROLL J M, THOMAS J C,MALHOTRA, A. Presentation and representation in designproblem-solving. British Journal of Psychology, 1980, 71: 143-153.

[77] CASTIJ. The Cambridge Quintet: a work of scientific speculation. Reading, Mass: Addison-Wesley,1998.

[78] CASTILLO L C. The effect of analogy instruction on young children's metaphor comprehension. Roeper Review, 1998, 21: 27-31.

[79] CAVARNOS C. Plato's theory of fine art. Athens, Greece: Astir Publishing Co., 1973.

[80] CHAN C S. Cognition in design process//Proceedings of the 11th Annual Conference of the Cognitive Science Society. Hillsdale, NJ: Lawrence Erlbaum, 1989: 291-298.

[81] CHAN C S. Cognitive processes in architectural design problem solving. Design Studies, 1990, 11(2): 60-80.

[82] CHAN C S. Psychology of style in design. Ph.D. dissertation. Carnegie Mellon University, 1990.

[83] CHAN C S. Exploring individual style through Wright's design. Journal of Architectural and Planning Research, 1992, 9(3): 207-238.

[84] CHAN C S. How an individual style is generated? Environment and Planning B: Planning & Design, 1993, 20(4): 391-423.

[85] CHAN C S. Operational definition of style. Environment and Planning B: Planning andDesign, 1994, 21(2): 223-246.

[86] CHAN CS. A cognitive theory of style. Environment and Planning B: Planning and Design, 1995, 22(4): 461-474.

[87] CHAN C S. Mental image and internal representation. Journal of Architectural and Planning Research, 1997, 14(1): 52-77.

[88] CHAN C S. Can style be measured? Design Studies, 2000, 21(3): 277-291.

[89] CHAN CS. Design in a full-scale immersive environment. In Proceedings of the 2da. Conferencia VenezolanasobreAplicaciones de Computadoras en Arquitectura, 2001: 36-53.

[90] CHAN CS. An examination of the forces that generate a style. Design Studies, 2001,22(4): 319-346.

[91] CHAN C S. Thoughts of Herbert A. Simon -on cognitive science in design//ChiuML. CAAD Talks 2: Dimensions of Design Computation, Taipei: Garden City Press, 2003: 34-43.

[92] CHAN C S. Does Color have Weaker Impact on Human Cognition than Material? CAAD Future07, Amsterdam: Springer, 2007: 373-384.

[93] CHAN C S. Design cognition: Cognitive science in design. Beijing: China Architecture & Building Press, 2008.

[94] CHAN C S. The impact of design representation to design thinking. New Architecture,2009, 3: 88-90.

[95] CHAN C. S. Design Representation and Perception in Virtual Environments//WANGXY, TSAI J.Collaborative Design Virtual Environments, Amsterdam: Springer, 2011: 29-40.

[96] CHAN C S. Phenomenology of Rhythm in Design. Journal of Frontiers of ArchitecturalResearch, 1(3), 2012: 253-258.

[97] CHAN C S, HILL L,CRUZ-NEIRA C. Can design be done in full-scale representation? //Proceedings of the 4th Design Thinking Research Symposium -Design Representation. Boston: MIT, 1999, II: 139-148.

[98] CHAN C S,WENG C. How real is the sense of presence in a virtual environment?// Bhatt A.Proceedings of the 10th International Conference on Computer Aided Architectural Design Research in Asia. New Delhi: TVB School of Habitat Studies, 2005: 188-197.

[99] CHAN C S,XIONG Y.The features and forces that define, maintain, and endanger Beijing courtyard housing.Journal of Architectural and Planning Research,24(1),42-64.

[100] CHASE W G,SIMON H A. Perception in chess. Cognitive Psychology, 1973, 4: 55-81.

[101] CHEN K,OWEN C. Form language and style description. Design Studies, 1997, 18: 249-274.

[102] CHI MTH, HASSOK M, LEWIS M W,et al. Self-explanations: how students study and use examples in learning to solve problems. Cognitive Science, 1989, 13: 145-182.

[103] CHILDE G. Old world prehistory: Neolithic//TAX S.Anthropology today: selections. Chicago: University of Chicago Press, 1962.

[104] CHING F D K. Architecture: form, space &order. New York: Van Nostrand Reinhold,1979.

[105] CHING F D K. A visual dictionary of architecture. New York: Van Nostrand Reinhold, 1995.

[106] CHIOU S C,KRISHNAMURTI R. The grammar of Taiwanese traditional vernacular dwellings.Environment and Planning B, Planning and Design, 1995, 22: 689-720.

[107] CHRISTENSEN L B. Experimental methodology.6th ed.Needham Heights, MA: Simon & Schuster, 1994.

[108] CHUANG M C,CHEN C C. Exploring the perception and recognition of the eastern andwestern style: Using chairs as examples. In Proceedings of the 1994 Conference onTechnology & Teaching -- Industrial Design Section, 1994.

[109] CHYSIKOU E G,WEISBERG RW. Following the wrong footsteps: Fixation effects of pictorial examples in design problem-solving task. Journal of Experimental Psychology: Leaning,Memory, and Cognition, 2005, 31(5): 1134-1148.

[110] CLAPHAM M M. Ideational skills training: A key element in creativity

trainingprograms. Creativity Research Journal, 1997, 10: 33-44.

[111] CLAPHAM M M,SCHUSTER D H.Can engineering students be trained to think more creatively. Journal of Creative Behavior, 1992, 26: 165-171.

[112] CLEAVER D G. Art: An introduction. San Diego, CA: Harcourt Brace Jovanovich, 1985.

[113] COLLINS A M,LOFTUS E F. Spreading activation theory of semantic processing. Psychological Review, 1975, 82: 407-428.

[114] COLLINS AM,QUILLIAN M R.Retrieval time from semantic memory. Journal of VerbalLearning and Verbal Behavior, 1969, 8: 240-248.

[115] CONNORS J. The Robie House of Frank Lloyd Wright. Chicago: The University of Chicago Press, 1984.

[116] CONATI C,VANLEHN,K. Toward computer-based support of meta-cognitive skills:acomputational framework to coach self-explanation. International Journal of Artificial Intelligence in Education, 2000, 11: 398-415.

[117] COOPER R,PRESS M.The design agenda: A guide to successful design management. Chichester, UK:John Wiley & Sons, 1995.

[118] COUCLELIS H.On some problems in defining sets for Q-analysis. Environmentand Planning B: Planning and Design, 1983, 10(4): 423-438.

[119] COX C M. The early mental traits of three hundred geniuses. Stanford,CA: Stanford University Press, 1926.

[120] CRAFT A. Creativity across the primary curriculum. London: Routledge, 2000.

[121] CRAWLEY E,SPELLER T,WHITNEY D. Using shape grammar to derive cellular automata rule patterns. Complex Systems, 2007, 17: 79-102.

[122] CRICK F,KOCH C. Consciousness and neuroscience, Cerebral Cortex, 1998, 8(2): 97-107.

[123] CROSS N. Developments in design methodology. New York: John Wiley & Sons, 1984.

[124] CROSS N. Natural intelligence in design. Design Studies, 1999, 20(1): 25-39.

[125] CROSS N. Designerly ways of knowing: Design discipline versus design science// PICAZZAROS,ARRUDA A,DE MORALES D.Design Plus Research, Proceedings of the Politenico di Milano Conference, 2000: 43-48.

[126] CROSS N. Design cognition: Results from protocol and other empirical studies of deign Activity// EASTMANE,MCCRACKEN M,NEWSTETTER W.Design knowing and learning: Cognition in design education. Amsterdam: Elsevier, 2001: 79-103.

[127] CROSS N. Design thinking: Understanding how designers think and work. Oxford: Berg, 2011.

[128] CROSS N, CHRISTIAANS H,DORST K.Analysing Design Activity. Chichester, UK: John Wiley &Sons,1996.

[129] CROSS, N. CLAYBURN CROSS, A. Winning by design: the methods of Gordon Murray, racing cardesigner. Design Studies, 1996, 17(1): 91-107.

[130] CROSS N. CROSS A C. Observations of teamwork and social processes in design. Design Studies, 1995,16:143-170.

[131] CROSS N, DORST K,ROOSENBURG N. Research in Design Thinking. Delft, The Netherlands:
Delft University Press, 1992.

[132] CROSS N,EDMONDS E.Expertise in Design, University of Technology, Sydney: Australia Creativity and Cognition Press, 2003.

[133] CSIKSZENTMIHALYI M. Creativity: Flow and the Psychology of Discovery and Invention. New York: HarperCollins, 1996.

[134] CSIKSZENTMIHALYI M. Implications of a systems perspective for the study of creativity//STERNBERG R J.Handbook of Creativity. Cambridge: Cambridge University Press, 1999: 313-335.

[135] DACEY J. Concepts of Creativity: A history//RUNCO M A,PRITZER S R.Encyclopedia of Creativity, Amsterdam: Elsevier,1999,1:309-322.

[136] DACEY J,LENNON K. Understanding creativity: the interplay ofbiological,psychological and social factors, Buffalo, NY: Creative Education Foundation, 2000.

[137] DANIELS R R, HEATH R G, ENNS K S. Fostering creative behavior among university women. Roeper Review, 1985, 7: 164-166.

[138] DARKE J. The primary generator and the design process. Design Studies, 1979, 1(1): 36-44.

[139] DAVIES S, CASTELL A. Contextualizing design: narratives and rationalization in empirical studies of software design. Design Studies, 1992, 13(4): 379-392.

[140] DAVIS S F, PALLADINO JJ. Psychology. 3rd ed. Upper Saddle River, NJ: Prentice-Hall, 2002.

[141] DE GROOT A D. Thought and choice in chess. The Hague: Mouton, 1965.

[142] DERY D. Problem definition in policy analysis. Lawrence: University Press of Kansas, 1984.

[143] DE QUINCEY T. Essays on style, rhetoric, and language. Boston: Allyn and Bacon, 1893.

[144] DORST K. Analyzing design activity: new directions in protocol analysis. Design Studies, 1995, 16(2): 139-142.

[145] DORST K, CROSS N. Creativity in the design process: co-evolution of problem-solution. Design Studies, 2001, 22(5): 425-437.

[146] DOWNING F. Conversations in Imagery. Design Studies, 1992, 13: 291-319.

[147] DUL J, HAK T. Case study methodology in business research. Oxford: Butterworth-Heinemann, 2008.

[148] DUNCKER K. On problem solving. Psychological Monographs, 1945, 58: 270.

[149] DUNN W N. Public policy analysis: An introduction, Upper Saddle River, NY: Prentice Hall, 2004.

[150] DUNSTER D. Michael Graves, Architectural Monographs 5. New York: Rizzoli, 1979.

[151] DURKIN J. Expert Systems: Design and Development. New Jersey: Prentice-Hall, 1994.

[152] EASTMAN C. On the analysis of intuitive design processes//MOORE G T. Emerging methods in environmental design and planning. Cambridge, MA: MIT Press, 1970: 21-37.

[153] EASTMAN C. New directions in design cognition: Studies of representation and recall//EASTMANC, MCCRACKEN M, NEWSTELLER W. Design knowing and learning, Amsterdam: Elsevier, 2001: 147-198.

[154] EBBINGHAUS H. A contribution to experimental psychology. New York: Teachers College, Columbia University, 1913.

[155] EBERHARD J P. We ought to know the difference//MOORE G T. Emerging methods in environmental design and planning. Cambridge, MA: MIT Press, 1970: 363-367.

[156] ECHENIQUE M. Models: a discussion//MARTIN L, MARCH L. Urban space andstructures. Cambridge: Cambridge University Press, 1972: 164-174.

[157] EINBINDER H. An American genius: Frank Lloyd Wright. New York: Philosophical Library, 1986.

[158] EISENHARDT K. Building theories from case study research. The Academy of Management Review, 1989, 14(4): 532-550.

[159] EISENMANN R. Mental illness, deviance and creativity//RUNCO M A. The creative research handbook. Cresskill, NJ: Hampton Press, 1997, 1: 295-312.

[160] ERICSSON K A, SIMON HA. Verbal reports as data. Psychological Review, 1980, 87: 215-251.

[161] ERICSSON KA, SIMON H A. Protocol Analysis: Verbal Reports as Data. Cambridge, MA: MIT Press. 1996: 48-62.

[162] EVANS H M. An invitation to design. New York: Macmillan, 1982.

[163] EYSENCK H J. Creativity and personality: Suggestions for a theory. Psychological Inquiry, 1993, 4(3): 147-178.

[164] EYSENCK H. Genius: The Natural History of Creativity. Cambridge: Cambridge University Press, 1995.

[165] EYSENCK H J. Creativity and personality//RUNCO M A. The creativity research handbook. Cresskill, NJ: Hampton Press, 1997, 1: 41-66.

[166] FAERCH C, KASPER G. Introspection in second language research. Clevedon, Great

Britain: Multilingual Matters, 1987.

[167] FARAH M. Visual agnosia. Cambridge, MA: MIT Press, 2004.

[168] FEIST G J. The function of personality in creativity: The nature and nurture of the creative person//KAUFMAN J C,STERNBERG R J.Cambridge handbook of creativity. New York, NY: Cambridge University Press,2010:113-130.

[169] FELDMAN D H. The development of creativity//STERNBERG R J.Handbook of creativity. Cambridge: Cambridge University Press, 1999: 169-188.

[170] FELDMAN D H, CZIKSZENTMIHALYI M,GARDNER H. Changing the world, a framework for the study of creativity.Westport, CT: Praeger, 1994.

[171] FINCH M. Style in art history. Metuchen, NJ: Scarecrow Press, 1974.

[172] FINKE R A,WARD T B,SMITH S M. Creative cognition: theory, research, and applications. Cambridge, MA: MIT Press,1992.

[173] FISCHER H R. Abductive reasoning as a way of worldmaking. Foundations of Science, 2001, 6(4):361-381.

[174] FLACH F. Disorders of the pathways involved in the creative process. Creativity Research Journal, 1990, 3: 158-165.

[175] FLEMMING U. More than the sum of parts: the grammar of Queen Anne houses, Environment and Planning B, Planning and Design, 1987, 14, 323-350.

[176] FLYVBJERG B. Five Misunderstandings about case study research. Qualitative Inquiry, 2006, 12(2): 219-245.

[177] FOWLER M. Patterns of enterprise application architecture. Boston: Addison-Wesley, 2002.

[178] FOZ A T K. Observations on designer behavior in the parti. Master's thesis, Massachusetts Institute of Technology, 1972.

[179] FRITH C. Making up the mind: How the brain creates our mental world. London: Blackwell Publishing, 2007.

[180] FRITZ R L. Problem solving attitude among secondary marketing education students. Marketing Educators Journal, 1993, 19: 45-59.

[181] FURUYAMA M. Tadao Ando. Zurich: Artemis Verlags-AG, 1993.

[182] FURUYAMA M. Tadao Ando, *1941: the geometry of human space. Hong Kong: Taschen, 2006: 7-20.

[183] GALLE P. Design rationalization and the logic of design: a case study. Design Studies, 1996,17(3): 253-275.

[184] GALTON F. Hereditary Genius: an inquiry into its laws and consequences. London: Macmillan, 1869.

[185] GAMMA E, HELM R, JOHNSON R,et al. Design patterns: Elements of reusableobject-oriented software. Boston: Addison-Wesley, 1994.

[186] GARDNER H. Art, mind, and brain: A cognitive approach to creativity. New York: Basic Books, 1982.

[187] GARDNER H. Frames of Mind: the theory of multiple intelligences. New York: Basic Books, 1983: 170-204.

[188] GARDNER H. Creating minds. New York: Basic Books, 1993.

[189] GARDNER H. Seven creators of the modern era//BROCKMAN J.Creativity. New York: Simon & Schuster, 1993: 28-47.

[190] GERO J S.Design computing and cognition' 04, dordrecht.The Netherlands: Kluwer Academic Publishers, 2004.

[191] GERO J S.Design computing and cognition' 06, dordrecht.The Netherlands: Springer, 2006.

[192] GERO J S.Design computing and cognition' 10, dordrecht.The Netherlands: Springer, 2010.

[193] GERO J S,GOEL A K.Design computing and cognition' 08, dordrecht.The Netherlands: Springer, 2008.

[194] GERO J S,MCNEILL T. An approach to the analysis of design protocols. Design Studies, 1998, 19(1): 21-61.

[195] GERETSEGGER H,PEINTNER M. Otto Wagner, 1841-1918, the Expanding City, the

Beginning of Modern Architecture. New York: Rizzoli, 1979: 26-31.

[196] GERSICK C. Time and transition in work teams: Toward a new model of group development. Academy of Management Journal, 1988, 31: 9-41.

[197] GETZELS SW, CSIKSZENTMIHALYI M. The creative vision: A longitudinal study of problem finding in art. New York: Wiley, 1976.

[198] GHISELIN B. The creative process. New York: Mentor, 1955.

[199] GILL B. Many masks, a life of Frank Lloyd Wright。New York: Putnam, 1987.

[200] GLAHN E. Unfolding the Chinese building standards: Research on the Yinzaofashi// Steinhardt N S.Chinese traditional architecture. New York: China Institute in America, 1984: 47-57.

[201] GLOVER J A, RONNING R R, REYNOLDS C R. Handbook of creativity: Perspectives on individual differences. New York: Plenum Press, 1989.

[203] GLUCK M A, MERCADO E, MYERS C E. Learning and memory: From brain to behavior. New York: Worth, 2007.

[204] GOEL V, PIROLLI P. The structure of design problem spaces. Cognitive Science, 1992, 16: 395-429.

[205] GOLDSCHMIDT G. The dialectics of sketching. Creativity Research, 1991, 4(2): 123-143.

[206] GOLDSCHMIDT G, PORTER W.Design representation, London: Springer Verlag, 2004.

[207] GOLDSTEIN K M, BLACKMAN S. Cognitive style: Five approaches and relevant research. New York: John Wiley, 1978.

[208] GOLEMAN D, KAUFMAN D, RAY M. The creative spirit. New York: Dutton, 1992.

[209] GOMBRICH E H. Art and illusion: A study in the psychology of pictorial representation. New York: Pantheon, 1960.

[210] GOMBRICH E H. Style//SILLS D L. International Encyclopedia of the Social Sciences. New York: Macmillan, 1968, 352-361.

[211] GOMBRICH E H. Meditations on a hobby horse. Oxford: Phaidon, 1971.

[212] GOMBRICH E H. The image and the eye. Oxford: Phaidon, 1982.

[213] GOODRIDGE J. Rhythm and timing of movement in performance drama, dance and ceremony. London: Jessica Kingsley, 1998.

[214] GRECO A.The concept of representation in psychology//GRECO A. Cognitive Systems, 1995: 247-256.

[215] GREEN C S, BAVELIER D. Action video game modifies visual selective attention. Nature, 2003, 423: 534-537.

[216] GREENE T M. The arts and the art of criticism. Princeton, NJ: Princeton University Press, 1940.

[217] GUILFORD J P. Creativity. American Psychologist, 1950, 5: 444-454.

[218] GUILFORD J P. Traits of creativity//ANDERSONH H,ANDERSON M S.Creativity and its cultivation, addresses presented at the interdisciplinary symposia on creativity. New York: Harper, 1959: 142-161.

[219] GUILFORD J P. The nature of human intelligence. New York: McGraw-Hill,1967.

[220] GUILFORD J P. Some changes in the structure-of-intellect model. Educational and Psychological Measurement, 1988, 48: 1-4.

[221] GUINDON R. Designing the design process: exploiting opportunistic thoughts. Human Computer Interaction, 1990, 5: 305-344.

[222] GUR R C, REYHER J. Enhancement of creativity via free image and hypnosis. American Journal of Clinical Hypnosis, 1976, 18: 237-249.

[223] HAMPTON J, DUBOIS D. Psychological models of concepts: Introduction//MECHELENI V,AMPTONJ H,MICHALSKI R S,et al. Categories and concepts: theoretical views and inductive data analysis. London: Academic Press, 1993: 11-33.

[224] HARLEY T A. The psychology of language: from data to theory. East Sussex, UK: Psychology Press, 1995: 175-205.

[225] HARRIS S,SUTTON R. Functions of parting ceremo-nies in dying organizations. Academy of Management Journal, 1986, 29: 5-30.

[226] HARTT F. History of Italian Renaissance. New York: Abrams, 1994.

［227］HATCH L. Problem solving approach//KEMPW H,SCHWALLER A E. Instructional Strategies for Technology Education. Mission Hills, CA: Glencoe, 1988.

［228］HAUSMAN C S. A discourse on novelty and creation. Albany, NY: State University of New York Press, 1984.

［229］HAYES J R. The Complete Problem Solver. Philadelphia, PA: The Franklin Institute, 1981: 51-69.

［230］HAYES J R. Cognitive processes in creativity//TORRANCEE P,GLOVER J A, RONNING R R, et al. Handbook of creativity. New York: Plenum Press, 1989: 135-146.

［231］HAYES J R,SIMON H A.Understanding written problem instructions//GREGG L. Knowledge and Cognition. Hillsdale, New Jersy:Lawrence Erlbaum Associates, 1974:167-200.

［232］HAYES-ROTH B,HAYES-ROTH F.Concept learning and the recognition and classification of examples.Journal of Verbal learning and Verbal Behavior,1977,16: 321-338.

［233］HEALTH T. Social aspect of creativity and their impact on creativity modeling Creativity//GEROJ S,MAHER M L.Modeling creativity and knowledge-based creative design. Hillsdale, NJ: Erlbaum, 1993: 9-23.

［234］HEATH T. Method in architecture. New York: Wiley, 1984.

［235］HERSEY G,Freedman R. Possible Palladian Villas.Cambridge, MA: MIT Press, 1992.

［236］HESSE M. Models and analogies in science. Indiana: University of Notre Dame Press, 1966.

［237］HITCHCOCK H. In the nature of materials. New York: Duell, Sloan and Pearce, 1942.

［238］HOLL S. Questions of perception: Phenomenology of architecture.San Francisco: William Stout Publishers, 2006.

［239］HOWARD S. Trade-off decision making in user interface design. Behaviour & Information Technology, 1997, 16(2): 98-109.

［240］HUGHES J,PARKES S. Trends in the use of verbal protocol analysis in software engineering research. Behaviour & Information Technology, 2003, 22: 127-140.

［241］HUMPHREYS G,RIDDOCH M. To see but not to see: A case study of visual agnosia. Hillsdale, NJ: Lawrence Erlbaum Associates, 1987.

［242］ISAKSEN S. Educational implications of creativity research: An updated rationale for creative learning//GRONHAUGK,KAUFMANN G. Innovation: A cross-disciplinary Perspective. Oslo: Norwegian University Press, 1988: 167-203.

［243］ISOZAKI A, ANDO T,FUJIMORI T. The contemporary tea house: Japan's top architects redefine a tradition. Tokyo: Kodansha International, 2007: 58-61.

［244］JAEGGI S M, BUSCHKUEHL M, JONIDES J,et al. Improving fluid intelligence with training on working memory. Proceedings of the National Academy of Sciences, 2008, 105(19): 6829-6833.

［245］JANSSON D G,SMITH S M. Design fixation. Design Studies, 1991, 12(1): 3-11.

［246］JEHN KA,CHADWICK C,THATCHER S M. To agree or not to agree: The effects of value congruence, individual demographic, dissimilarity, and conflict on workgroup outcomes. International Journal of Conflict Management, 1997, 8: 287-305.

［247］JENCKS C. The language of post-modern architecture. New York: Rizzoli, 1977: 80.

［248］JOHNSON E.Charles Moore: Buildings and projects,1949—1986.New York:Rizzoli, 1986.

［249］JOHNSON S C. Hierarchical clustering schemes. Psychometrika, 1967, 32, 241-254.

［250］JONES J C. A method of systematic design//JONES J C, THORNLEY D G.Conference on Design Methods. Oxford: Pergamon Press, 1963: 53-73.

［251］JONES J C. Design methods: Seeds of human futures. London: Wiley, 1970.

［252］JONES J C. How my thoughts about design methods have changed during the years. Design Methods and Theories: Journal of DMG and DRS, 1977, 11: 1.

［253］JORDAN R F. A concise history of western architecture. London: Harcourt Brace Jovanovich Inc., 1969.

［254］JOWETT B. The dialogues of Plato. (Vol. I -IV)4th ed.Oxford: Clarendon Press, 1967.

［255］KANT I. Critique of Pure Reason. Cambridge: Cambridge University Press, 1998.

［256］KAPLAN C,SIMON H A. In search of insight, Cognitive Psychology, 1990, 22: 374-419.

［257］KATSNELSON A. No gain from brain training. Nature, 2010, 464: 1111.

［258］KAUFMAN J C,BEGHETTO R A. Beyond big and little: The four C model of creativity. Review of General Psychology, 2009, 13: 1-12.

［259］KAUFMAN S B,KAUFMAN J C. Ten years to expertise, many more to greatness: An investigation of modern writers. Journal of Creative Behavior, 2007, 41: 114-124.

［260］KIDDER T. Soul of a new machine. New York: Avon, 1982.

［261］KIRSCH J L,KIRSCH R A.The structure of Paintings: Formal Grammar and Design, Environment and Planning B: Planning and Design, 1986, 13(2): 163-176.

［262］KIRSCH J L,KIRSCH R A. The Anatomy of Painting Style: Description with Computer Rules, Leonardo, 1988, 21(4): 437-444.

［263］KNIGHT T W. The generation of Hepplewhite-style chair back designs. Environment and Planning B, Planning and Design, 1980, 7: 227-238.

［264］KOENDERINK J. Vision as a user interface//ROGOWITZ B E.Human Vision and Electronic Imaging, SPIE-IS&T Electronic Imaging, 2011, 7865.

［265］KOFFKA K. Principles of gestalt psychology. New York: Harcourt Brace, 1935.

［266］KOHLER W. Grouping in visual perception//MURCHISON C.Psychologies of 1930. Worcester, Mass: Clark University Press, 1930: 143-147.

［267］KORF R E. Toward a model of representational changes. Artificial Intelligence, 1980, 14: 41-78.

［268］KONING H,EIZENBERG J. The language of the prairie: Frank Lloyd Wright's prairie houses. Environment and Planning B, 1981, 8(3): 295-323.

［269］KOSHALEK R,HUTT D. Richard meier, architect.LA: Monacelli Press, 1999.

［270］KOSSLYN S M. Information representation in visual images. Cognitive Psychology, 1975, 7: 341-370.

［271］KOSSLYN S M,POMERANTZ J R. Imagery, propositions, and the form of internal representations, Cognitive Psychology, 1977, 9: 52-76.

［272］KOTOVSKY K, HAYES J R,SIMON H A. Why are some problems hard: evidence from Tower of Hanoi, Cognitive Psychology, 1985, 17: 248-294.

［273］KRAUSS RI,MYER J R. Design: a case history//MOORE G T.Emerging Methods in Environmental Design and Planning. Cambridge, MA: MIT Press, 1970: 11-20.

［274］KROEBER A. Style and civilizations. Ithaca, NY: Cornell University Press, 1957.

［275］KROEBER A. An anthropologist looks at history. Berkeley, CA: University of California Press, 1963.

［276］KUBIE L S. Neurotic distortion of the creative process. Lawrence: University of Kansas press, 1958.

［277］KUBLER G. The shape of time. New Haven: Yale University Press, 1962.

［278］KUBLER G. Towards a reductive theory of visual style//LANG B.The concept of style. Philadelphia, PA: University of Pennsylvania Press, 1979: 119-127.

［279］KULKARNI D,SIMON H A. The processes of scientific discovery: The strategy of experimentation, Cognitive Science, 1988, 12: 139-175.

［280］KURTZ K H. Foundations of psychological research: Statistics, methodology, and measurement. Boston, MA: Allyn and Bacon, 1966.

［281］KYUNG W S. Space puzzle in concrete box: finding design competence that generates the modern apartment house in Seoul. Environment and Planning B, 2007, 34: 1071-1084.

［282］LAKOFF G. Women, fire and dangerous things: What categories reveal about the mind. Chicago: University of Chicago Press, 1987.

［283］LAKOFF G. The contemporary theory of metaphor//ORTONY A.Metaphor and thought. New York: Cambridge University Press, 1993: 202-251.

［284］LAKOFF G,JOHNSON M. The metaphorical structure of the human conceptual system. Cognitive Science, 1980, 4(2): 195-208.

［285］LAKOFF G,JOHNSON M. Metaphors we live by. London: University of Chicago Press, 2003.

［286］LANG J, BURNETTE C,MOLESKI W, et al. Emerging issues in architecture// LANGJ,BURNETTEC,MOLESKI W,et al. Designing for human behavior: Architecture and the behavioral sciences. Stroudsburg, PA: Dowden, Hutchinson & Ross, Inc.,1974: 3-14.

［287］LANGLEY P,SIMON HA, BRADSHAW G L,et al. Scientific discovery. Cambridge, MA:

MIT Press, 1987.

［288］LARKIN J H. Teaching problem solving in physics: The psychological laboratory and the practical classroom//Tuma D T, Reif F. Problem solving and education: Issues in teaching and research. Hilldale, NJ: Lawrence Erlbaum Associates, 1980: 111-126.

［289］LARKIN J H, MCDERMOTT J, SIMON D P, et al. Expert and novice performance in solving physics problems. Science, 1980, 208: 1335-1342.

［290］LARUE J. Guidelines for style analysis. New York: W. W. Norton, 1970.

［291］LAUZZAN R, Williams L. A rule system for analysis in the visual arts. Leonardo, 1988, 21(4): 445-452.

［292］LAWSON B. Design in mind. Oxford: Butterworth-Heinemann, 1994.

［293］LAWSON B. How designers think, the design process demystified. Amsterdam: Elsevier, 2006.

［294］LIPMAN J. Frank Lloyd Wright and the Johnson Wax Buildings. New York: Rizzoli, 1986.

［295］LITTLEJOHN D. Architect, the life and work of Charles W. Moore, New York: Holt, Rinehart and Winston, 1984.

［296］LLOYD P, CHRISTIAANS H. Designing in context, delft. The Netherlands: Delft University Press, 2001.

［297］LLOYD P, LAWSON B, SCOTT P. Can concurrent verbalization reveal design cognition? Design Studies, 1996, 16(2): 237-259.

［298］LLOYD P, SCOTT P. Discovering the design problem. Design Studies, 1994, 15(2): 125-140.

［299］LOGAN B, SMITHERS T. Creativity and design as exploration//GERO JS, MAHER ML. Modelling creativity and knowledge-based creative design. Hillsdale, NJ: Lawrence Erlbaum Associates, 1993: 139-175.

［300］MACCORMAC R C. The anatomy of Wright's aesthetic. Architectural Review, 1968, 143: 143-146.

［301］MACCORMAC R C. Froebel's kindergarten gifts and the early work of Frank Lloyd Wright. Environment and Planning B, 1974, 1: 29-50.

［302］MAGNANI L. Abductive cognition. The epistemological and eco-cognitive dimensions of hypothetical reasoning. Berlin, Heidelberg: Springer-Verlag, 2009.

［303］MAHER M L, POON J. Modeling design exploration as co-evolution. Computer-Aided Civil and Infrastructure Engineering, 1996, 11(3): 195-209.

［304］MANSON G C. Wright in the nursery; the influence of Froebel education on his work. Architectural Review, 1953, 113: 349-351.

［305］MANSON G C. Frank Lloyd Wright to 1910. New York: Van Nostrand Reinhold, 1958.

［306］MARCH L J. The Logic of Design//CROSS N. Developments in design methodology. New York: John Wiley & Sons, 1984: 265-276.

［307］MARTIN RL. The design of business: Why design thinking is the next competitive advantage. Boston, Mass: Harvard Business Press, 2009.

［308］MARTINDALE C. The clockwork muse: The predictability of artistic change. New York: Basic Books, 1990.

［309］MARTINDALE C. Creativity and connectionism//SMITHS M, WARD T B, FINKER A. The creative cognition approach. Cambridge, MA: MIT Press, 1995: 250-268.

［310］MCCLELLAND J, RUMELHART D. Parallel distributed processing, vol. II. Cambridge, Mass: MIT Press, 1986.

［311］MCCORMACK A J. Training creative thinking in general education science. Journal of College Science Teaching, 1974, 4: 10-15.

［312］MCCORMACK J P, CAGAN J, VOGEL C M. Speaking the Buick language: capturing, understanding, and exploring brand identity with shape grammars. Design Studies, 2003, 25(1): 1-29.

［313］MCDONNELL J, LLOYD P. About: designing-analysing design meetings. London, UK: Taylor & Francis, 2009.

［314］MCNEILL T, GERO J. Understanding conceptual electronic design using protocol analysis. Research in Engineering Design, 1998, 10(3): 129-140.

［315］MEADOR K S. The effects of synectics training on gifted and non-gifted kindergarten students. Journal for the Education of the Gifted, 1994, 18: 55‐73.

［316］MEIER R. Richard meier, architect, buildings and projects, 1966-1976. New York: Oxford University Press, 1976.

［317］MEIER R. Richard Meier, Architect, 1964/1984. New York: Rizzoli, 1984.

［318］MESSICK S. Personality consistencies in cognition and creativity//MESSICK, ASSOCIATES. Individuality in learning. San Francisco, CA: Jossey-Bass, 1976: 4-22.

［319］MEYER L B. Toward a theory of style//LANG B. The concept of style. Philadelphia, PA: University of Pennsylvania Press, 1979: 3-44.

［320］MILLER G A. The magical number seven, plus or minus two: some limits on our capacity for processing information. Psychological Review, 1956, 63: 81-97.

［321］MINSKY M, PAPERT S. Research at the laboratory in vision, language, and other problems of intelligence. MIT Artificial Intelligence Memo 252, 1972.

［322］MITCHELL W J. The logic of architecture. Cambridge, MA: MIT press, 1990.

［323］MITHEN S. The singing Neanderthals: The origins of music, language, mind and body. London: Weidenfeld & Nicolson, 2005.

［324］MONTGOMERY H, SVENSON O. Process and structure in human decision making. Chichester, Great Britain: John Wiley & Sons, 1989.

［325］MOONEY R L. A conceptual model for integrating four approaches to the identification of creative talent//TAYLOR C W, BARRON F. Scientific creativity: Its recognition and development. New York: Wiley, 1963: 331-340.

［326］MORAN S, JOHN-STEINER V. Creativity in the making: Vygotsky's contemporary contribution to the dialectic of development and creativity//SAWYERR K, JOHN-STEINER V, MORAN S, et al. Creativity and development. New York: Oxford University Press, 2003: 61-90.

［327］MOOS S. Venturi, Rauch, & Scott Brown building and project, New York: Rizzoli, 1987.

［328］MUMFORD M D. Where have we been, where are we going? Taking stock in creativity research. Creativity Research Journal, 2003, 15: 107-120.

［329］MUMFORD M D, BAUGHMAN W A, SAGER C E. Picking the right material: Cognitive processing skills and their role in creative thought//RUNCO M A. Critical and creative thinking. Cresskill, NJ: Hampton, 2003: 19-68.

［330］MUMFORD M D, GUSTAFSON S G. Creativity syndrome: Integration, application, and innovation. Psychological Bulletin, 1988, 103: 27-43.

［331］MUMFORD MD, MOBLEY M I, UHLMAN C E, et al. Process analytic models of creative capacities. Creativity Research Journal, 1991, 4: 91‐122.

［332］MUMFORD M D, PETERSON NG, CHILDS R A. Basic and cross-functional skills: Taxonomies, measures, and findings in assessing job skill requirements//PETERSONN G, MUMFORD M D, BORMAN W C, et al. An occupational information system for the 21st century: The development of O*NET. Washington, DC: American Psychological Association, 1999: 49-76.

［333］MUNRO T. The morphology of art as a branch of aesthetic//BEARDSLEY M, SCHUELLERH. Aesthetic inquiry: Essays on art criticism and the philosophy of art. Belmont, CA: Dickenson Publishing, 1967: 43-53.

［334］Museum of Modern Art. Five architects. New York: Oxford University Press, 1975.

［335］NEMETH C J, NEMETH-BROWN B. Better than individuals? The potential benefits of dissent and diversity for group creativity//PAULUS P B, NIJSTAD B A. Group creativity: Innovation through collaboration. New York: Oxford University Press, 2003: 63-84.

［336］NEWELL A. Limitations of the current stock of ideas about problem solving//KENTA, TAULBEE O E. Electronic information handling. Washington: Spartan Books, 1965: 195-208.

［337］NEWELL A. Heuristic programming: Ill-structured problems//ARONOFSKY J. Progress in operations research. New York: Wiley, 1969: 360-414.

［338］NEWELL A. Production systems: Models of control structures//CHASE W G. Visual information processing. New York: Academic Press, 1973: 463-526.

[339] NEWELL A. Unified theories of cognition. Cambridge, MA: Harvard University Press, 1990.

[340] NEWELL A, SHAW J C, SIMON H A. Elements of a theory of human problem solving. Psychological Review, 1958, 85: 151-166.

[341] NEWELL A, SHAW J C, SIMON H A. The process of creative thinking//GRUBERH, TERRELL G, WERTHEIMER M. Contemporary approaches to creative thinking. New York: Atherton Press, 1962.

[342] NEWELL A, SIMON H A. The logic theory machine. IRE Transactions on Information Theory, 1956, IT-2(3): 61-79.

[343] NEWELL A, SIMON H A. Human problem solving. Englewood Cliffs, NJ: Prentice-Hall, 1972.

[344] NEWTON E. Style and vision in art. The Listener, 1957, 57: 467-469.

[345] NORMAN D. The design of everyday things. New York: Basic Books, 2002.

[346] O' CRAVEN K M, KANWISHER NK. Mental imagery of faces and places activatescorresponding stimulus-specific brain regions. Journal of Cognitive Neuroscience, 2000, 12(6): 1013-23.

[347] OLSON C B. Fostering critical thinking skills through writing. Educational Leadership, 1984, 42: 28-39.

[348] PAIVIO A. Imagery and verbal processes. New York: Holt, Rinhart and Winston, 1971.

[349] PAIVIO A. Mental representations: A dual coding approach. New York: Oxford University Press, 1986.

[350] PATRICK C. Creative thought in artists. The Journal of Psychology, 1937, 4(1): 35-73.

[351] PEARSON C. California Academy of Science. San Francisco. Architectural Record, 2009 (1): 58-69.

[352] PEIRCE C S. Pragmatism as a principle and method of right thinking: The 1903 Harvard lectures on pragmatism. SUNY Press, 1997.

[353] PEIRCE C S. On the Logic of Drawing History from Ancient Documents//Peirce Edition Project. The Essential Peirce: Selected Philosophical Writings, 1893—1913, by Charles S. Peirce, Bloomington: Indiana University Press, 1998: 95.

[354] PEPPERELL R. The perception of art and the science of perception//ROGOWITZB E, PAPPAST N, DE RIDDER H. Human Vision and Electronic Imaging XVII, SPIE-IS&T Electronic Imaging, 2012, 8291.

[355] PIAGET J. The origin of intelligence in the child new fetter lane. New York: Routledge & Kegan Paul, 1953.

[356] PIAGET J. The psychology of intelligence. London: Routledge &Kegan Paul, 1967.

[357] PIANO R. Renzo Piano: Building workshop: 1964-1988. Tokyo: A+U Publishing Co., 1989: 14-22.

[358] PIANO R. Renzo Piano: sustainable architectures: arquitecturassostenibles. CA: Gingko Press, 1998: 56-59.

[359] PINFIELD L. A field evaluation of perspectives on orga-nizational decision making. Administrative Science Quarterly, 1986, 31: 365-388.

[360] PINKAVA V. Classification in medical diagnostics: On some limitations of Q-analysis. International Journal of Man-Machine Studies, 1981, 15: 221-237.

[361] PIRAZOLLI-T' SERSTEVENS M. Living architecture, Chinese. New York: Grosset& Dunlap, 1971.

[362] POSNER M I. Cognition: An introduction. Glenview, IL: Scott, Foresman, 1973.

[363] POSNER M I, KEELE S W. On the genesis of abstract ideas. Journal of Experimental Psychology, 1968, 77: 353-363.

[364] POTHORN H. Architectural styles: An historical guide to world design. New York: Facts On File, 1982.

[365] PYLYSHYN Z W. What the mind' s eye tells the mind' s brain: A critique of mental imagery. Psychological Bulletin, 1973, 80: 1-24.

[366] RAMACHANDRAN V S, HIRSTEIN W. The science of art: A neurological theory of aesthetic experience. Journal of Consciousness Studies, 1999, 6(6-7): 15-51.

[367] RAPOPORT A. House form and culture. Englewood Cliffs, NJ: Prentice-Hall, 1969.

[368] RAND H J. Creativity-its social, economic and political significance//OLSENF. The nature of creative thinking. New York: Industrial Research Institute, Inc., 1952: 12-15.

[369] REED S K. Structural descriptions and the limitations of visual images. Memory

and Cognition, 1974, 2: 329-336.

[370] REED S K,FRIEDMAN M P. Perceptual vs. conceptual categorization. Memory and Cognition, 1973, 1: 157-163.

[371] REITMAN W R. Heuristic decision procedures, open constraints, and the structure of ill-defined problems//SHELLEY M W,BRYAN G L. Human judgments and optimality. New York: Wiley, 1964: 282-315.

[372] REYNOLDS J. Discourses on art. New Haven: Yale University Press, 1997.

[373] RICKARDS T,FREEDMAN B. A re-appraisal of creativity techniques in industrial training. Journal of European Industrial Training, 1979, 3: 3-8.

[374] RIEGL A. Historical grammar of the visual arts. New York: Zone Books, 2004.

[375] RITTEL H. The DMG 5th Anniversary Report. Berkeley, CA: Design Methods Group, 1972.

[376] RITTEL H. The reasoning of designers. Arbeitspapier A-88-4. Stuttgart: Institut für Grundlagen der Planung, Universit.t Stuttgart, 1988.

[377] RITTEL H,WEBBER M. Dilemmas in a general theory of planning. Policy Sciences, 1973, 4(2): 155-169.

[378] RODGERS P. Articulating design thinking. Faringdon. UK: Libri Publishing, 2012.

[379] RORICK H. The Frank Lloyd Wrighter//NEGROPONTE N. Reflections on computer aids to design and architecture. New York: Petrocelli, 1975: 49-60.

[380] ROSCH E. Natural categories. Cognitive Psychology, 1973, 4: 328-350.

[381] ROSCH E. Principles of categorization//ROSCH E,LLOYDS B. Cognition and Categorization. Hillsdale, NJ: Laurence Erlbaum Associates, 1978: 189-206.

[382] ROSCH E,MERVIS C B. Family resemblances: Studies in the internal structure of categories. Cognitive Psychology, 1975, 7: 573-605.

[383] ROSCH E, MERVIS C B, GRAY W D,et al. Basic objects in natural categories. Cognitive Psychology, 1976, 8: 382-440.

[384] ROSENHEAD J. What's the problem? An introduction to problem structuring methods. Interfaces, 1996, 26(6): 117-131.

[385] ROSENSHINE B. Advances in research on instruction//LLOYDJ W,KAMEENUI E J,CHARD D. Issues in Educating Students with Disabilities. Mahwah, NJ: Lawrence Erlbaum Associates, 1997: 197-220.

[386] ROSS D W. A theory of pure design; harmony, balance, rhythm. New York: Peter Smith, 1933.

[387] ROSSMAN J. The psychology of the inventor; a study of the patentee. Washington, DC: Inventors Publishing Co., 1931.

[388] ROSTAN S M. Problem finding, problem solving, and cognitive controls: An empirical investigation of critically acclaimed productivity. Creative Research Journal, 1994, 7: 97-110.

[389] ROWE P. Design thinking. Cambridge, MA: MIT Press, 1987.

[390] RUBINSTEIN M F. Patterns of problem solving. Englewood Cliffs, NJ: Prentice-Hall, 1975.

[391] RUMELHART D E,ORTONY A. The representation of knowledge in memory//ANDERSONR C, SPRIOR J,MONTAGUE W E. Schooling and the acquisition of knowledge. Hillsdale, NJ: Lawrence Erlbaum Associates, 1977: 99-135.

[392] RUNCO M A. Flexibility and originality in children's divergent thinking. Journal of Psychology. 1986, 120: 345-352.

[393] RUNCO M A. Divergent thinking. NJ: Norwood, Norwood, 1991.

[394] RUNCO M A. Creativity and its discontents//SHAWM P. Creativity and Affect. Norwood, NJ: Ablex, 1994: 102-123.

[395] RUNCO MA,RICHARDS R. Eminent creativity, everyday creativity, and health. Norwood, NJ: Ablex, 1998.

[396] RYHAMMER L,BROLIN C. Creativity research: historical considerations and main lines of development. Scandinavian Journal of Educational Research,1999, 43(3):259-273.

[397] SASHIN J I. Affect tolerance: A model of affect-response using catastrophe theory. Journal of Social and Biological Structures, 1985, 8(2): 175-202.

[398] SASS L. A Palladian construction grammar-design reasoning with shape grammars

and rapid prototyping. Environment and Planning B, 2007, 34: 87-106.

[399] SCHAPIRO M. Style//TAX S. Anthropology today: Selections. Chicago: University of Chicago Press, 1962: 278-303.

[400] SCHOENFELD A H,HERRMANN D J. Problem perception and knowledge structure in expert and novice mathematical problem solvers. Journal of Experimental Psychology: Learning, Memory and Cognition. 1982, 8(5): 484-494.

[401] SCHON D A. The reflective practitioner. London, UK: Temple-Smith, 1983.

[402] SCHON D A. Educating the Reflective Practitioner: Toward a New Design for Teaching and Learning in the Professions, San Francisco: Jossey-Bass Publishers, 1987.

[403] SCHWARTING J M. Teaching style: The first term at Columbia. Journal of the Graduate School of Architecture and Planning, 1984, 5: 7-24.

[404] SCOTT F. Essays on style, rhetoric, and language. Boston: Allyn and Bacon, 1893.

[405] SCOTT G. The architecture of humanism. London: The Architecture Press, 1980.

[406] SCOTT G, LERITZ L,MUMFORD M D. The effectiveness of creativity training: Aquantitative review. Creativity Research Journal, 2004, 16(4): 361-388.

[407] SCULLY V J. Frank Lloyd Wright. New York: George Braziller, 1960.

[408] SELTZER K,BENTLEY T. The creative age: knowledge and skills for the new economy, London: Demos, 1999.

[409] SHAW MP,RUNCO MA. Creativity and effect. Norwood, NJ: Ablex Publishing, 1994.

[410] SHAYWITZ S. Overcoming dyslexia: A new and complete science-based program for reading problems at any level. New York: Alfred Knopf Publisher, 2003.

[411] SHEPARD R N. Representation of structure in similarity data: Problems and prospects. Psychometrika, 1974, 39: 373-421.

[412] SHEPARD R N,METZLER J. Mental rotation of three-dimensional objects. Science, 1971, 171: 701-703.

[413] SIMON H A. Sciences of the artificial. Cambridge, MA: MIT Press, 1969.

[414] SIMON H A. The structured of ill-structured problem. Artificial Intelligence, 1973, 4: 181-201.

[415] SIMON H A. How Big is a Chunk? Science, 1974, 183: 482-488.

[416] SIMON H A. Style in design//ARCHEA J,EASTMAN C. Proceedings of the 2nd Annual Environmental Design Research Association Conference, Stroudsburg, PA: Dowden, Hutchinson & Ross, 1975: 1-10.

[417] SIMON H A. What we know about the creative process, Frontiers in creative and innovative management. Cambridge, MA: Ballinger Publishing Co., 1985: 3-20.

[418] SIMON H A,CHASE W. Skill in Chess. American Scientist, 1973, 61: 394-403.

[418] SIMON H A,HAYES J R. The understanding process: Problem isomorphs. Cognitive Psychology, 1976, 8: 165-190.

[419] SIMON H A,KAPLAN CA. Foundations of Cognitive Science//POSNER M I. Foundations of Cognitive Science, Cambridge, MA: MIT Press, 1989: 1-47.

[420] SIMON H A, NEWELL A,SHAW J C. The processes of creative thinking//GRUBERH E, TERRELL G,WERTHEIMER M. Contemporary Approaches to Creative Thinking, New York:Lieber-Atherton, Inc, 1962: 63-119.

[420] SIMONTON D K. Creative productivity, age, and stress: A biographical time-series analysis of 10 classical composers. Journal of Personality and Social Psychology, 1977, 35: 791-804.

[421] SIMONTON D K. Greatness: Who makes history and why. New York: The Guilford Press, 1994.

[422] SIMONTON D K. Fickle fashion versus immortal fame: Transhistorical assessments of creative products in the opera house. Journal of Personality and Social Psychology, 1998, 75: 198-210.

[423] SIMONTON D K. Creative development as acquired expertise: Theoretical issues and an empirical test. Developmental Review, 2000, 20: 283-318.

[424] SIMONTON D K. Creativity in science: Chance, logic, genius, and zeitgeist. Cambridge: Cambridge University Press, 2004.

[425] SINGER W,GRAY CM. Visual feature integration and the temporal correlation

hypothesis, Annual Review of Neuroscience, 1995, 18: 555-86.

[426] SINHA P. Creativity in fashion. Journal of Textile and Apparel, Technology and Management. 2002, 2(9): 1-16.

[427] SMITH E E. Concepts and induction//POSNER M I.Foundations of cognitive science. Cambridge, MA: MIT Press, 1989: 501-526.

[428] SMITH E E,MEDIN D L. Categories and concept. Cambridge, MA: Harvard University Press, 1981.

[429] SMITH M E, MCEVOY L K,GEVINS A. Neurophysiological indices of strategy development and skill acquisition. Cognitive Brain Research, 1999, 7(3): 389-404.

[430] SMITH W. A dictionary of Greek and Roman antiquities. London: John Murray, 1875.

[431] SMITHIES K M. Principles of design in architecture. New York: Van Nostrand Reinhold, 1981.

[432] SPARSHOTT F. The structure of aesthetics. Toronto:University of Toronto Press,1965.

[433] SPEARMAN C E. The creative mind. New York: Appleton-Century, 1931.

[434] SPRAGUE P. Guide to Frank Lloyd Wright and Prairie School architecture in Oak Park. Oak Park Bicentennial Commission of the American Revolution, Oak Park, IL, 1976.

[435] STASSER G,BIRCHMEIER Z. Group creativity and collective choice//PAULUS P B,NIJSTAD BA.Group Creativity: Innovation through collaboration. New York: Oxford University Press, 2003: 85-109.

[436] STEIN M I. Creativity and culture. Journal of Psychology, 1953, 36: 311-322.

[437] STEINER F H. Frank Lloyd Wright in Oak Park and River Forest. Chicago, Il: Sigma Press, 1982.

[438] STERNBERG R J. The nature of creativity. Cambridge, MA: Cambridge University Press, 1988.

[439] STERNBERG R J. Successful intelligence. New York: Plume, 1997.

[440] STERNBERG R J.Handbook of creativity.New York:Cambridge University Press,1999.

[441] STERNBERG R J. The nature of creativity. Creativity Research Journal, 2006, 18(1): 87-98.

[442] STERNBERG R J. College admissions for the 21st century. Cambridge, MA: Harvard University Press, 2010.

[443] STERNBERG R J. The assessment of creativity: An investment-based approach. Creativity Research Journal, 2012, 24(1): 3-12.

[444] STERNBERG R J,GASTEL J. Coping with novelty in human intelligence: An empirical investigation. Intelligence 1989, 13: 187-197.

[445] STERNBERG R J,KAUFMAN J C. The Cambridge handbook of creativity. Cambridge: Cambridge University Press, 2010.

[446] STERNBERG R J,LUBART T I. The concept of creativity: Prospects and paradigms// STERNBERG R J.Handbook of creativity. New York: Cambridge University Press, 1999: 3-15.

[447] STEWART S. Interpreting Design Thinking,special issue of Design Studies,2011,32:6.

[448] STINY G. Ice-ray: A note on the generation of the Chinese lattice designs. Environment and Planning B, 1977, 4: 89-98.

[449] STINY G. Introduction of shape and shape grammars. Environment and Planning B, 1980, 7: 343-351.

[450] STINY G,GIPS J. Shape grammars and the generative specification of painting and Sculpture//FREIMANC V.Proceedings of IFIP Congress 71, Amsterdam: North-Holland, 1972: 1460-1465.

[451] STINY G,MARCH L. Design machines. Environment and Planning B: Planning and Design, 1981, 8: 245-255.

[452] STINY G,MITCHELL W. The Palladian grammar. Environment and Planning B,1978, 5(1): 5-18.

[453] STINY G,MITCHELL W. The grammar of paradise: on the generation of mughul gardens. Environment and Planning B, 1980, 7(2): 209-226.

[454] STORRERW A. The architecture of Frank Lloyd Wright. Cambridge, MA:MIT Press, 1978.

[455] STREICH E R. An original-owner interview survey of Frank Lloyd Wright's residential architecture. EDRA 3/AR8 Conference, 1972, 2(13.10): 1-8.

[456] SUEDFELD P. Information processing as a personality model//SCHRODERH M,SUEDFELDP.

Personality theory and information processing, New York: Ronald Press, 1971: 3-14.

[457] SUWA M, PURCELL T,GERO J. Macroscopic analysis of design processes based on a scheme for coding designers' cognitive actions. Design Studies, 1998, 19: 455-483.

[458] TAFEL E. Apprentice to genius: Years with Frank Lloyd Wright, New York: McGraw-Hill, 1979.

[459] TAYLOR C W.Creativity: Progress and potential. New York: McGraw-Hill, 1964: 178.

[460] TAYLOR C W. Various approaches to and definitions of creativity//STERNBERGR J.The nature of creativity: Contemporary psychological perspectives, Cambridge: Cambridge University Press, 1988: 99-124.

[461] TEUBER M L. New aspects of Paul Klee's Bauhaus style//TEUBER M L.Paul Klee: Paintings and Watercolors from the Bauhaus Years, 1921-1931. Des Moines Art Center, 1973: 6-17.

[462] THEVENOT C,OAKHILL J. Representations and strategies for solving dynamic and static arithmetic word problems: The role of working memory capacities. European Journal of Cognitive Psychology, 2006, 18: 756-775.

[463] THOMAS J C,CARROLL J M. The psychological study of design. Design Studies, 1979, 1: 5-11.

[464] THORNDIKE E L. Animal Intelligence, New York: Macmillan, 1911.

[465] TIDWELL J. Designing Interfaces: Patterns for Effective Interaction Design. Sebastopol, CA: O'Reilly Media, Inc., 2005.

[466] TOROSSIAN A. A guide to aesthetics. Stanford University, CA: Stanford University Press, 1937.

[467] TORRANCE E P. Guiding creative talent. Englewood Cliffs, NJ: Prentice Hall, 1962.

[468] TORRANCE E P. Torrance tests of creativity. Princeton: Personnel Press, 1966.

[469] TORRANCE E P. Creativity. What research says to the teacher, Series, No. 28. Washington, DC: National Education Association, 1969.

[470] TORRANCE E P. Are the Torrance tests of creative thinking biased against or in favor of "disadvantaged" groups? Gifted Child Quarterly, 1971, 15: 75-80.

[471] TORRANCE E P. The Torrance tests of creative thinking: Norms-technical manual. Princeton, NJ: Personal Press, 1974.

[472] TORRANCE E P. The nature of creativity as manifest in its testing//STERNBERGR J. The nature of creativity. New York, NY: Cambridge University Press, 1988: 43-75.

[473] TOVEY M. Styling and design: intuition and analysis in industrial design. Design Studies, 1997, 18: 5-31.

[474] TRALBAUT M E. Van Gogh, le mal aimé. Lausanne: Edita, 1969.

[475] TURING A A. Computing machinery and intelligence. Mind, LIX(236), 1950: 433-460.

[476] TVERSKY A. Features of similarity. Psychological Review, 1977, 84: 327-352.

[477] TWOMBLY R C. Frank Lloyd Wright, his life and his architecture. New York: Wiley, 1979.

[478] URTON G. Signs of the IndaKhipu: Binary Coding in the Andean Knotted-String Records. Austin, TX: University of Texas Press, 2003.

[479] VALKENBURG R,DORST K. The reflective practice of design teams. Design Studies, 1998, 19(3): 249-271.

[480] VAN ZANTEN D. bSchooling the Prairie School: Wright's early style as a communicable System//BOLONC R,NELSON R S,SEIDEL L.The nature of Frank Lloyd Wright, Chicago: University of Chicago Press, 1988: 70-84.

[481] VERNON P E. The nature-nurture problem in creativity//GLOVERJ A,RONNINGR R, REYNOLDS C R.Handbook of creativity: Perspectives on individual differences, New York: Plenum, 1989: 93-110.

[482] VESELY A. Problem delimitation in public policy analysis. Central European Journal of Public Policy, 2007, 1(1): 80-100.

[483] VISSER W. Use of episodic knowledge and information in design problem solving. Design Studies, 1995, 16: 171-187.

[484] VISSER W. Designing as construction of representations: A dynamic viewpoint in cognitive design research. Human-Computer Interaction, 2006, 21: 103-152.

[485] WACKERNAGEL W. Poetics, rhetoric, and the theory of style//COOPER L. Theories of style. New York: Macmillan, 1923: 1-22.

[486] WADE J. Architecture, problems, and purposes. New York: Wiley, 1977.

[487] WALLAS G. The art of thought. New York: Harcourt, Brace and Company, 1926.

[488] WATSON J B. Is thinking merely the action of language mechanisms? British Journal of Psychology. 1920, 11: 87-104.

[489] WAUGH NC, NORMAN DA. Primary memory. Psychological Review, 1965, 72: 89-104.

[490] WEINBERG R. Intelligence and IQ: Landmark issues and great debates. American Psychologist, 1989, 44(2): 98-104.

[491] WEITZ M. Problems in aesthetics. London: Macmillan, 1970.

[492] WERTHEIMER M. Untersuchungen zurLehre von der Gestalt II//PsycologischeForschung, 4, 301-350. Translation, entitled Laws of Organization in Perceptural Forms, published in Ellis, W. A Source Book of Gestalt Psychology. London: Routledge, 1999: 71-88.

[493] WERTHEIMER M. Productive thinking. New York: Harper & Row, 1959.

[494] WHITE C E J. Letters from the studio of Frank Lloyd Wright. Journal of Architectural Education, 1971, 25: 104-112.

[495] WHYTE L L. A scientific view of the creative energy of Man//Philipson M. Aesthetics today. Cleveland, OH: World Publishing, 1961: 349-374.

[496] WICKELGREN W A. How to solve problems. San Francisco: Freeman, 1974.

[497] WILS J. Frank Lloyd Wright//BROOKS H A. Writings on Wright. Cambridge, MA: MIT Press, 1985: 139-145.

[498] WIMMER G E, SHOHAMY D. Preference by association: How memory mechanisms in the hippocampus bias decisions. Science, 2012, 338(6104): 270-273.

[499] WINOGRAD T W. Frame representations and the declarative-procedural controversy// BOBROWD G, COLLINS A. Representation and understanding: studies in cognitive science. New York: Academic, 1975: 185-200.

[500] WOLLHEIM R. Pictorial style: Two views//LANG B. The concept of style. Philadelphia, PA: University of Pennsylvania Press, 1979: 129-145.

[501] WOODMAN R W, SCHOENFELDT L F. Individual differences in creativity: An interactionist perspective//GLOVERJ A, RONNING R R, REYNOLDS C R. Handbook of creativity. Perspectives on individual differences. New York: Plenum Press, 1989: 3-32.

[502] WOOLLEY R N, PIDD M. Problem structuring —a literature review. Journal of the Operational Research Society, 1981, 32(3): 197-206.

[503] WRIGHT F L. In the cause of architecture. Architectural Record, 1908, 23: 155-221.

[504] WRIGHT F L. Frank Lloyd Wright: The life work of the American architect. Wendingen, Holland: Santpoort, 1925.

[505] WRIGHT F L. In the cause of architecture. Architectural Record, 1928, 63: 49-57.

[506] WRIGHT F L. Modern architecture:being the Kahn lectures for 1930. Princeton: Princeton University Press, 1931.

[507] WRIGHT F L. Studies and executed buildings//GUTHEIM F A. Frank Lloyd Wright on architecture. New York: Duell, Sloan and Pearce, 1941: 59-76.

[508] WRIGHT F L. An autobiography. New York: Duell, Sloan & Pearce, 1943.

[509] WRIGHT F L. The future of architecture. New York:Horizon, 1953.

[510] WRIGHT F L. The natural house. New York: Horizon, 1954.

[511] WRIGHT F L. The work of Frank Lloyd Wright. New York: Bramhall House, 1965.

[512] WRIGHT F L. Frank Lloyd Wright, his life, his work, his words. New York: Horizontal, 1966.

[513] YESTON M. The stratification of musical rhythm. New Heaven: Yale University Press, 1976.

[514] ZHANG J. The nature of external representations in problem solving. Cognitive Science, 1997, 21(2): 179-217.

中英人名及建筑名称对照检索

中英术语对照检索